普通高等教育规划教材

MCS-51 单片机原理与应用

康维新　主　编
孙玉芳　侯九阳　副主编
武　狄　乔　爽　参　编

中国轻工业出版社

图书在版编目（CIP）数据

MCS-51单片机原理与应用/康维新主编．—北京：中国轻工业出版社，2009.1
普通高等教育规划教材
ISBN 978-7-5019-6586-1

Ⅰ．M… Ⅱ．康… Ⅲ．单片微型计算机-高等学校-教材 Ⅳ．TP368.1

中国版本图书馆CIP数据核字（2008）第132479号

内 容 提 要

本书深入浅出地介绍了MCS-51单片机的原理及应用技术。全书共分六章，内容包括：单片机概述、MCS-51单片机的结构和原理、MCS-51单片机的指令系统及程序设计、MCS-51单片机的基本系统及扩展技术、单片机的接口与应用、单片机开发系统与应用实例。另外，本书还提供了较为实用的设计实例，供读者参考。

本书可作为大学本科电类、计算机类、机械类及其它理工科专业的单片机课程教材，适合自学，也可供从事单片机开发与应用的工程技术人员参考。

周琳辉、诸葛晓舟、卜建新、黄志成、黄晨晖、陈爱东、曹林、段焕林等老师审阅了此稿，在此表示感谢。

责任编辑：王　淳
策划编辑：王　淳　　责任终审：孟寿萱　　封面设计：锋尚设计
版式设计：东方信邦　　责任校对：燕　杰　　责任监印：胡　兵　马金路

出版发行：中国轻工业出版社（北京东长安街6号，邮编：100740）
印　　刷：北京宝莲鸿图科技有限公司
经　　销：各地新华书店
版　　次：2009年1月第1版第1次印刷
开　　本：787×1092　1/16　印张：13.75
字　　数：282千字
书　　号：ISBN 978-7-5019-6586-1/TP·092　　定价：24.00元
读者服务部邮购热线电话：010-65241695　85111729　传真：85111730
发行电话：010-85119845　65128898　传真：85113293
网　　址：http://www.chlip.com.cn
Email：club@chlip.com.cn
如发现图书残缺请直接与我社读者服务部联系调换
51176J1X101ZBW

前　言

单片机自20世纪70年代问世以来，在工业控制、智能仪器设备、办公自动化以及家用电器等诸多领域中得到广泛应用。在众多单片机家族中，MCS-51以其系统的结构完整一直是我国单片机应用领域的主流机型。

本书是根据国家“十一五”规划教材要求和参考了众多单片机教学用书编写的。本书在讲解MCS-51单片机基础知识的同时，增加了应用实例内容，并给出了相应的设计电路和参考程序。本书可作为大专院校“单片机原理及应用”和“单片机原理与接口”等与单片机相关课程的教材，并可供单片机设计人员和爱好者参考与自学。

本书由哈尔滨工程大学康维新教授担任主编，黑龙江工程学院孙玉芳和黑龙江科技学院侯九阳担任副主编。康维新编写了第4章第2、3、4节，孙玉芳编写了第3章，侯九阳编写了第5章，黑龙江工程学院乔爽编写了第1章、第2章和第4章第1节，黑龙江科技学院武狄编写了第6章。在此，对本书所参考的资料和书籍，及为本书提供帮助的老师表示衷心感谢。

由于编者水平有限，书中难免存在缺点和错误，敬请读者批评指正。

作　者

2008年6月于哈尔滨

目　录

第1章　单片机概述

单片机自20世纪70年代问世以来，已广泛地应用在工业自动化控制、自动检测、智能仪器仪表、家用电器、电力电子、机电一体化设备等方面。它可以单独地完成现代工业控制所要求的智能化控制功能，目前其应用越来越广泛。单片机的发展近几年也非常迅速。

1.1　单片机的概念

在半导体硅片上集成了微处理器（CPU），存储器（RAM，ROM，EPROM）和各种输入、输出接口；具有一台计算机的属性；也称为微控制器MCU；又称为嵌入式控制器EMCU。

根据控制应用的需要，单片机可分为通用型和专用型两大类。

（1）通用型

本书所介绍的单片机即为通用型单片机。通用型单片机是一种基本型号芯片，其资源丰富、性能全面。把可开发的内部资源，如RAM、ROM、I/O等功能部件全部提供给用户，用户可以根据需要设计成各种不同的系统。

（2）专用型

专门针对某些产品的特定用途而制作的单片机。如洗衣机功能控制器、IC卡读卡器、智能仪表等。“专用”单片机，针对性强且数量巨大，对系统结构的最简化、可靠性和成本的最佳化等方面都作了全面的考虑。“专用”单片机具有十分明显的综合优势，硬件和软件只为特定的用途服务，是专门针对某个特定产品而设计的。

1.2　单片机的历史及发展概况

单片机的发展史可分为四个阶段：

第一阶段（1974年～1976年）：单片机初级阶段。因工艺限制，单片机采用双片的形式，而且功能比较简单。如仙童公司生产的F8单片机。

第二阶段（1976年～1978年）：低性能单片机阶段。片内ROM、RAM容量较小且寻址范围不大于4K。以Intel公司制造的MCS-48单片机为代表。

第三阶段（1978年～1982年）：高性能单片机阶段。Intel公司的MCS-51系列、Mortorola公司的6801系列等。

第四阶段（1982年～现在）：8位单片机巩固发展及16位单片机、32位单片机推出阶段。如Intel公司的MCS-48、MCS-51、MCS-96系列单片机。

1.3 单片机的应用

1.3.1 单片机的特点

单片机体积小、功耗小、成本低、价格廉、控制功能强。由于单片机应用现场环境比较恶劣，要求单片机工作稳定而可靠。单片机允许电压变化范围很宽，通常，单片机使用5V电压，但是有的单片机芯片能在0.9～1.2V的低电压下正常工作。单片机适应温度范围划分为三个等级，即民用级，0～70℃；工业级，－40～85℃；军级，－65～125℃。单片机还可用于离线应用，对控制系统总体的分析、设计、仿真以及建模等工作。单片机在控制系统中还用于在线应用，成为控制系统、测控系统及信号处理系统的一个组成部分。

1.3.2 单片机的应用领域

由于单片机的以上特点，单片机在很多领域应用都很广泛。

（1）工业自动化

单片机主要用于过程控制、数据采集、测控系统、工业人工智能技术，在这些领域中单片机起到了越来越重要的作用。

（2）智能仪器仪表

应用单片机技术的智能仪表，精度高、体积小，目前十分普及。

（3）电子产品

在家电领域中应用单片机提高了家电的智能化。

（4）通讯方面

单片机广泛应用于各种通讯设备。

（5）军事方面

单片机应用于现代化的武器装备和军事系统。

（6）交通运输

单片机用于交通控制、智能指挥、城市整体交通监控等方面。

（7）终端及外部设备控制

计算机网络终端设备、银行终端及计算机外部设备都使用了单片机。

（8）多机分布式系统

可用多片单片机构成多片式测控系统，它使单片机应用进入一个新的水平。

1.4 MCS-51系列单片机

MCS是Intel公司生产的单片机的系列符号。

20世纪80年代中期以后，Intel公司以专利转让的形式把8051内核技术转让给了许多半导体芯片生产厂家，如ATMEL、PHILIPS、ANALOG DEVICES、DALLAS公司等。这些厂家生产与MCS-51指令系统兼容的单片机。这些兼容机与8051的系统结构（主要是指令系统）相同，采用CMOS工艺，因而常用80C51系列来称呼所有具有8051

指令系统的单片机。

不应该把它们直接称为 MCS-51 系列单片机，因为 MCS 只是 Intel 公司专用的单片机系列符号。本书如此称呼指所有具有该功能的单片机系列。

MCS-51 系列单片机及其兼容产品通常分成以下几类：

（1）基本型

典型产品：8031/8051/8751。

（2）增强型

典型产品：8032/8052/8752。它们的内部 RAM 增到 256 字节，8052、8752 的内部程序存储器扩展到 8KB，16 位定时器/计数器增至 3 个。

（3）低功耗型

典型产品：80C31/87C51/80C51。采用 CMOS 工艺，适于电池供电或其它要求低功耗的场合。

（4）专用型

8044/8744，用于总线分布式多机测控系统。

美国 Cypress 公司最近推出的 EZU SR-2100 单片机。

（5）超 8 位型

PHILIPS（飞利浦）公司：80C552/87C552/83C552 系列单片机。将 MCS-96 系列（16 位单片机）中的一些 I/O 部件如：高速输入/输出（HSI/HSO）、A/D 转换器、脉冲宽度调制（PWM）、看门狗定时器（WDT——Watch Dog Timer）等移植进来构成新一代 MCS-51 产品。功能介于 MCS-51 和 MCS-96 之间。目前已得到了较广泛的使用。

（6）片内闪烁存储器型

美国 ATMEL 公司推出的 AT89C51 单片机，受到应用设计者的欢迎。

尽管 MCS-51 系列以及 80C51 系列单片机有多种类型，但是掌握好 MCS-51 的基本型（8031、8051、8751 或 80C31、80C51、87C51）是十分重要的，因为它们是具有 MCS-51 内核的各种型号单片机的基础，也是各种增强型、扩展型等衍生品种的核心。

第 2 章　MCS-51 单片机的结构和原理

2.1　MCS-51 单片机的硬件结构

2.1.1　MCS-51 单片机的基本结构

MCS-51 单片机的基本结构如图 2-1 所示。

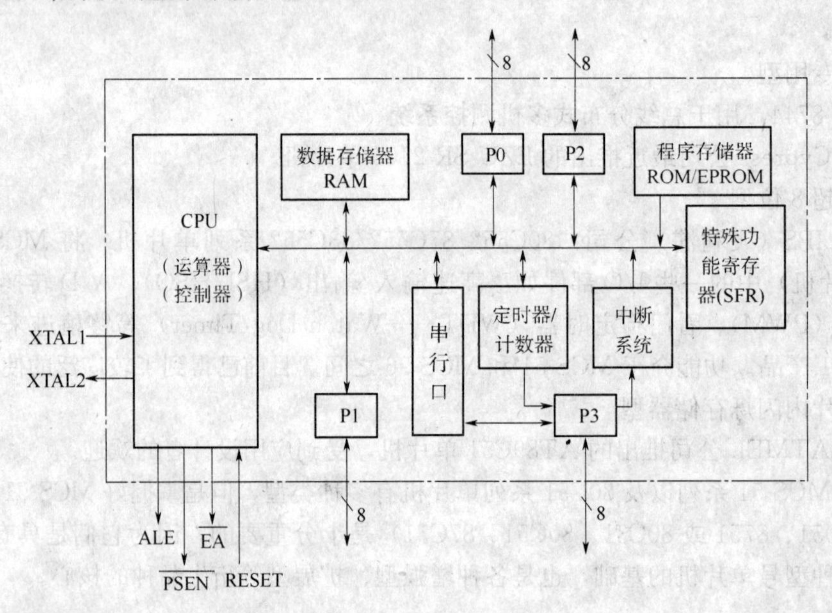

图 2-1　单片机结构框图

在一小块芯片上，集成了一个微型计算机的各个组成部分，每一片单片机包括：

① 一个 8 位的微处理器（CPU）：完成整个单片机系统的控制功能。

② 片内数据存储器（RAM）：在单片机的内部设置一定容量的 RAM，根据需要可外扩数据存储器。

③ 程序存储器（ROM/EPROM）：8031 没有此部件，8051 内部为 4KROM。

④ 四个 8 位并行 I/O 口（P0 口、P1 口、P2 口、P3 口）：单片机提供了数量多、功能强、使用灵活的并行 I/O 口。不同的单片机的并行 I/O 电路在结构上稍有差异。有些单片机的并行 I/O 口不仅可灵活地选作输入或输出，而且还具有多种功能。

⑤ 一个串行口：单片机的串行口是全双工的。

⑥ 两个 16 位定时器/计数器：单片机的定时/计数器可以独立工作。

⑦ 中断系统：单片机的中断系统有利于实现实时控制。

⑧ 特殊功能寄存器（SFR）：单片机的特殊功能寄存器共有 21 个。

2.1.2 MCS-51 的引脚及功能

MCS-51 单片机采用 40 引脚双列直插封装（DIP）或 44 引脚方形封装方式（4 只无用），如图 2-2 和图 2-3 所示。下面介绍 40 引脚结构。

40 只引脚按其功能来分，可分为三类：

① 电源及时钟引脚：Vcc、Vss；XTAL1、XTAL2。

② 控制引脚：/$\overline{\text{PSEN}}$、/$\overline{\text{EA}}$、ALE、RESET（即 RST）。

③ I/O 口引脚：P0、P1、P2、P3，为四个 8 位 I/O 口的外部引脚。

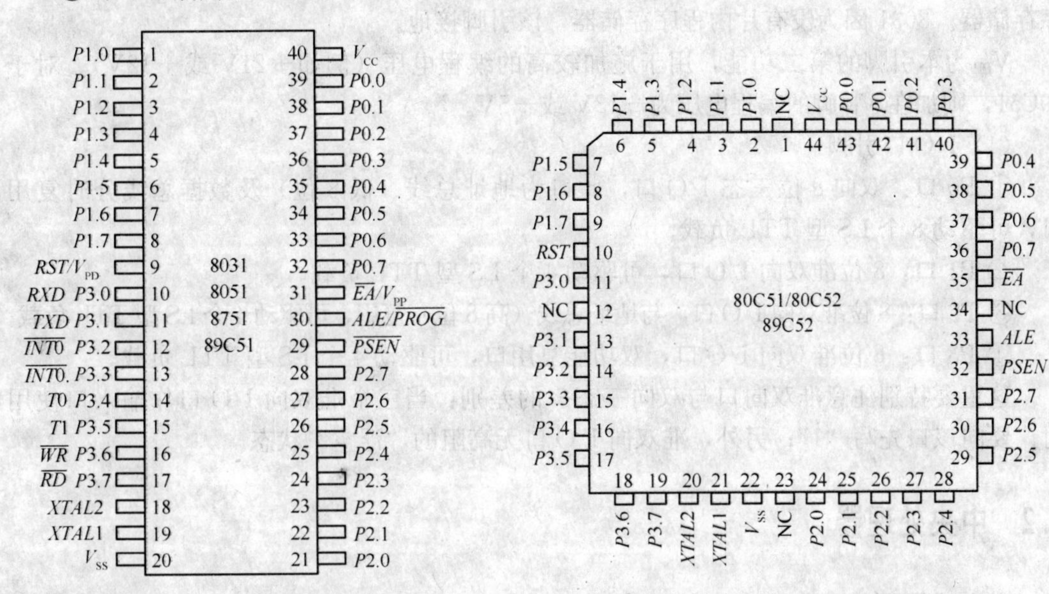

图 2-2　MCS-51 单片机引脚图（40 脚）

图 2-3　MCS-51 单片机引脚图（44 脚）

（1）电源引脚

接入单片机的工作电源。

① Vcc（40 脚）：接＋5V 电源。

② Vss（20 脚）：接地。

（2）时钟引脚

外接晶体与片内的反向放大器构成一个振荡器，也可外接晶体振荡器。

① XTAL1（19 脚）：此引脚是反向放大器的输入端。如果采用外接晶体振荡器时，此引脚应接地。

② XTAL2（18 脚）：接外部晶体的另一端。在单片机内部接反向放大器的输出端。采用外接振荡器时，该引脚接到内部时钟发生器的输入端。

（3）控制引脚

提供控制信号，有的引脚还具有复用功能。

① RST/V_{PD}（9 脚）：当振荡器运行时，再次引脚上出现两个机器周期的正跳变，将使单片机复位。在 Vcc 掉电期间，此引脚接备用电源。

② ALE/$\overline{PROG}$（30 脚）：可以驱动 8 个 LS 型 TTL 负载。ALE 功能把低位字节锁存

到外部锁存器。$\overline{PROG}$为本引脚的第二功能，$\overline{PROG}$为编程脉冲输入端，此引脚接受编程脉冲。

③ $\overline{PSEN}$（29 脚）：读外部程序存储器的选通信号。在从外部程序存储器取指令期间，在每个及其周期内两次有效。可以驱动 8 个 LS 型 TTL 负载。

④ $\overline{EA}/V_{PP}$（Enable Address/Voltage Pulse of Programing，31 脚）：

$\overline{EA}$为内外程序存储器选择控制端。$\overline{EA}=1$，单片机访问片内程序存储器，但在 PC（程序计数器）值超过 0FFFH（对于 8051、8751）时，即超出片内程序存储器的 4K 字节地址范围时，将自动转向执行外部程序存储器内的程序。$\overline{EA}=0$，单片机则只访问外部程序存储器。8031 因为没有片内程序存储器，该引脚接地。

V_{PP}为本引脚的第二功能，用于施加较高的编程电压（例如＋21V 或＋12V）。对于 89C51，则加在 V_{PP}脚的编程电压为＋12V 或＋5V。

（4）I/O 口引脚

① P0 口：双向 8 位三态 I/O 口，此口为地址总线（低 8 位）及数据总线分时复用口，可驱动 8 个 LS 型 TTL 负载。

② P1 口：8 位准双向 I/O 口，可驱动 4 个 LS 型 TTL 负载。

③ P2 口：8 位准双向 I/O 口，与地址总线（高 8 位）复用，可驱动 4 个 LS 型 TTL 负载。

④ P3 口：8 位准双向 I/O 口，双功能复用口，可驱动 4 个 LS 型 TTL 负载。

这里要特别注意准双向口与双向三态口的差别：当三个准双向 I/O 口作输入口使用时，要向该口先写“1”；另外，准双向 I/O 口无高阻的“浮空”状态。

2.2 中央处理器

中央处理器由运算器和控制器所构成。

2.2.1 运算器

对操作数进行算术、逻辑运算和位操作。

运算器包括一个可进行 8 位算术运算和逻辑运算的 ALU 单元，8 位的暂存器两个，8 位的累加器 A，寄存器 B 和程序状态寄存器 PSW 等。

（1）算术逻辑运算单元 ALU

可对 4 位、8 位和 16 位数据进行操作。可进行加、减、乘、除、与、或、异或等各种运算。

（2）累加器 A

它是使用最频繁的寄存器，也可写为 Acc。它是 ALU 单元的输入之一，又是 ALU 运算结果的存放单元。数据传送大多都通过累加器 A，经常作为数据传送的中转站。MCS-51 增加了一部分可以不经过累加器的传送指令，这样，既可加快数据的传送速度，又减少了累加器的“瓶颈堵塞”现象。在指令中用助记符 A 表示。

（3）程序状态寄存器 PSW

用于标志指令执行后的信息状态，相当于一般微处理器的标志寄存器。可位寻址，每一位的功能如下：

	D7	D6	D5	D4	D3	D2	D1	D0	
PSW	Cy	Ac	F0	RS1	RS0	OV	—	P	D0H

① Cy（PSW.7）：进位标志位。在执行算术和逻辑运算中有进位或借位置 1，否则清 0。也可由软件置位和清除。

② Ac（PSW.6）：辅助进位标志位。在运算中低 4 位有进位或借位置 1，否则清 0。也可由软件置位和清除。

③ F0（PSW.5）：标志位。由用户使用的一个状态标志位，用户可根据程序的需要定义该位。

④ RS1、RS0（PSW.4、PSW.3）：四组工作寄存器区选择控制位，如表 2-1。

表 2-1　　选择控制位

RS1	RS0	所选的四组寄存器
0	0	0 区（内部 RAM 地址 00H～07H）
0	1	1 区（内部 RAM 地址 08H～0FH）
1	0	2 区（内部 RAM 地址 10H～17H）
1	1	3 区（内部 RAM 地址 18H～1FH）

⑤ OV（PSW.2）：溢出标志位。指示运算是否产生溢出。

⑥ PSW.1 位：保留位，未用。

⑦ P（PSW.0）：奇偶标志位。P=1，A 中“1”的个数为奇数；P=0，A 中“1”的个数为偶数。

2.2.2 控制器

（1）程序计数器 PC（Program Counter）

存放下一条要执行的指令在程序存储器中的地址，是一个 16 位专用寄存器。程序执行，程序计数器自动加 1。执行有条件或无条件转移指令时，程序计数器将被置入新的数值，从而使程序的流向发生变化。在执行调用子程序调用或响应中断时，PC 的现行值进入堆栈保护，将子程序的入口地址或中断向量的地址送入 PC。程序返回时能回到原位置。

（2）指令寄存器 IR、指令译码器及控制逻辑电路

指令寄存器 IR 是用来存放指令操作码。IR 的输出送指令译码器，对指令进行编译，结果送定时控制逻辑电路。定时控制逻辑电路根据译码结果发出控制信号，各部件完成相应的工作。

2.3 时钟电路与时序

时钟电路用于产生 MCS-51 单片机工作时所必需的时钟控制信号。时序是指指令执行中各个信号之间的相互关系。电路在唯一的时钟信号作用下严格的按时序进行工作。单片机能够有条不紊的工作都是以时钟信号为基准。时钟频率直接影响单片

机的速度。

常用的时钟电路有两种方式，一种是内部时钟方式，一种是外部时钟方式，结构如图2-4、图2-5所示。

如图2-4所示的内部时钟电路，内部有一个用于构成振荡器的高增益反相放大器，反相放大器的输入端为芯片引脚XTAL1，输出端为引脚XTAL2，分别为引脚18和19。电容C1和C2典型值通常选择为30pF左右，对振荡频率有微调作用，晶体的振荡频率在1.2～12MHz之间。

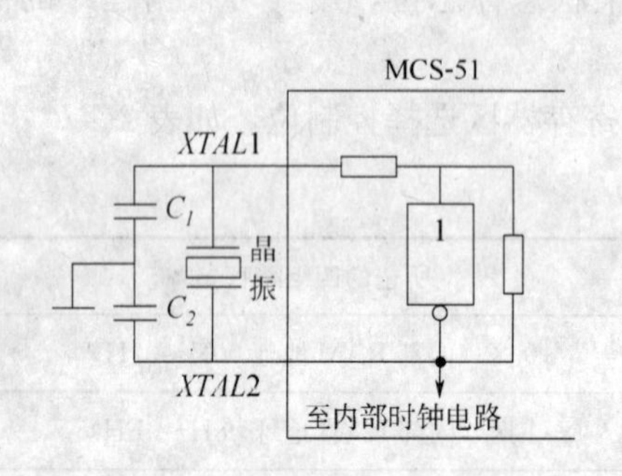

图2-4 单片机的内部时钟电路

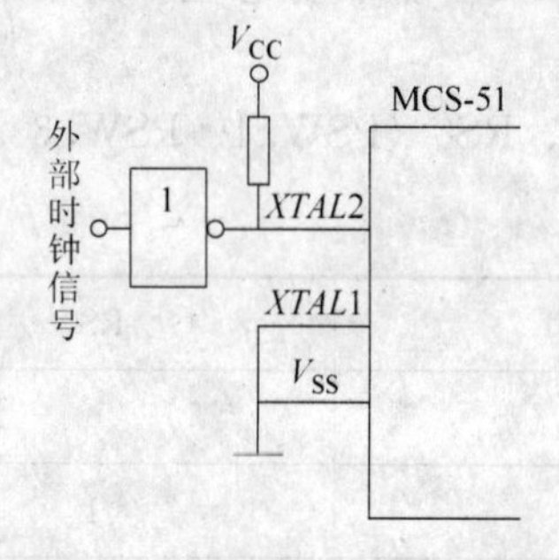

图2-5 单片机的外部时钟电路

现在的某些高速单片机芯片的时钟频率已达40MHz。

如图2-5所示的外部时钟方式，常用于多片MCS-51单片机同时工作。由XTAL2输入，直接送至内部时钟电路。

单片机执行的指令均是在CPU控制器的时序控制电路的控制下进行的，各种时序均与时钟周期有关，执行一条指令所需的时间则以机器周期为单位。

2.3.1 时钟周期

时钟周期是单片机的基本时间单位。若时钟的晶体的振荡频率为fosc，则时钟周期Tosc＝1/fosc。如fosc＝6MHz，Tosc＝166.7ns。两个时钟周期为一个状态周期。

2.3.2 机器周期

CPU完成一个基本操作所需要的时间称为机器周期。每条指令都由一个或几个机器周期组成。每个机器周期完成一个基本操作，如取指令、读或写数据等。MCS-51单片机每12个时钟周期为一个机器周期，即Tcy＝12/fosc。若fosc＝6MHz，Tcy＝2μs；fosc＝12MHz，Tcy＝1μs。

MCS-51的一个机器周期包括12个时钟周期，分为六个状态：S1～S6。每个状态又分为两拍：P1和P2。因此，一个机器周期中的12个时钟周期表示为：S1P1、S1P2、S2P1、S2P2、…、S6P2，如图2-6所示。

2.3.3 指令周期

执行任何一条指令时，都可以分为取指令阶段和指令执行阶段。取指令阶段，可以把程序计数器PC中地址送到程序存储器，并从中取出需要执行指令的操作码和操作数。指令执行阶段可对指令操作码进行译码，以产生一系列控制信号完成指令的执行。从机器执

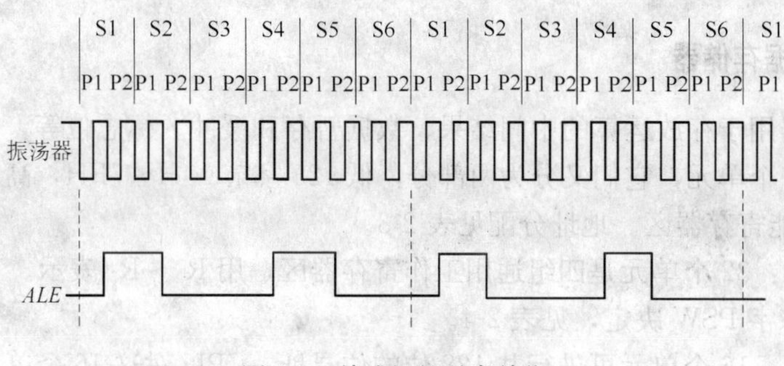

图 2-6 单片机的时序单位

行指令的速度来看，单字节和双字节指令都可能是单周期或双周期，只有乘除指令占用 4 个周期。

ALE 信号是为地址锁存而定义的，该信号每有效一次，则对应 MCS-51 的一次读指令的操作。ALE 信号以时钟脉冲 1/6 的频率出现，因此在一个机器周期中，ALE 信号两次有效（但要注意，在执行访问外部数据存储器的指令 MOVX 时，将会丢失一个 ALE 脉冲）。

2.4 MCS-51 存储器的结构

MCS-51 系列单片机存储器配置方式采用数据存储器和程序存储器地址空间分开的形式，并且有四个存储空间：片内程序存储器和片外程序存储器、片内数据存储器和片外数据存储器。这种程序存储器和数据存储器分开的形式称为哈佛结构。

2.4.1 程序存储器

MCS-51 单片机的程序存储器用于存放经调试正确的应用程序和表格之类的固定常数。程序存储器的最大扩展空间为 64KB。

程序存储器中的 0000H 地址是系统程序的启动地址，有 5 个单元具有特殊用途。

五种中断源的中断入口地址，通常在这些中断入口地址中都存放一条绝对跳转指令，跳向中断服务子程序。中断入口地址如表 2-2 所示。

表 2-2 中断源的中断入口地址

中断源	入口地址
外部中断 0 $\overline{INT0}$	0003H
定时器 0（T0）	000BH
外部中断 1 $\overline{INT1}$	0013H
定时器 1（T1）	001BH
串行口	0023H

2.4.2 内部数据存储器

数据存储器用于存放运算的中间结果、数据暂存和缓冲、标志位等。片内数据存储器最大可寻址 256 个单元，它们又分为两部分，低 128 字节 00H～7FH，高 128 字节 80H～FFH 是特殊功能寄存器区。地址分配见表 2-3。

00H～1FH：32 个单元是四组通用工作寄存器区，用 R_0～R_7 表示。工作寄存器区的选择由程序状态字 PSW 决定，见表 2-4。

20H～2FH：16 个单元可进行共 128 位的位寻址，CPU 对这 16 个单元不仅可以字节寻址还可以位寻址，每一位都有自己的位地址。CPU 可通过直接寻址对位进行清 0 和置位。

30H～7FH：用户 RAM 区，只能进行字节寻址，用作数据缓冲区以及堆栈区。这段地址区间为用户任意分配空间，设为堆栈段栈顶由用户定义。堆栈是个特殊的存储器，主要功能是暂时存放地址和数据，在中断处理和子程序调用中用来保护现场。堆栈的特点是先进后出，也就是先进入堆栈的数据在弹出时是后出来的。

表 2-3　　片内存储器配置

地址	区域
7FH ↕ 30H	用户 RAM 区（堆栈、数据缓冲区）
2FH ↕ 20H	可位寻址区
1FH ↕ 18H	第 3 组工作寄存器区
17H ↕ 10H	第 2 组工作寄存器区
0FH ↕ 08H	第 1 组工作寄存器区
07H ↕ 00H	第 0 组工作寄存器区

表 2-4 工作寄存器区的选择

RS1	RS0	工作寄存器区
0	0	区 0（片内数据存储器 00H～07H）
0	1	区 1（片内数据存储器 08H～0FH）
1	0	区 2（片内数据存储器 10H～17H）
1	1	区 3（片内数据存储器 18H～1FH）

2.4.3 特殊功能寄存器（SFR）

CPU 对各种功能部件的控制采用特殊功能寄存器集中控制方式，共 21 个。有的 SFR 可进行位寻址，它们分布在 80H～FFH 的 RAM 空间。表 2-5 是 SFR 的名称及其分布。

表 2-5 SFR 的名称及其分布

特殊功能寄存器号	名称	字节地址	位地址
B	寄存器 B	F0H	F7H～F0H
A	累加器	E0H	E7H～E0H
PSW	程序状态字	D0H	D7H～D0H
IP	中断优先级控制	B8H	BFH～B8H
P3	P3 口	B0H	B7H～B0H
IE	中断允许控制	A8H	AFH～A8H
P2	P2 口	A0H	A7H～A0H
SBUF	串行数据缓冲器	99H	
SCON	串行控制	98H	9FH～98H
P1	P1 口	90H	97H～90H
TH1	定时/计数器 1 高字节	8DH	
TH0	定时/计数器 0 高字节	8CH	
TL1	定时/计数器 1 低字节	8BH	
TL0	定时/计数器 0 低字节	8AH	
TMOD	定时/计数器方式控制	89H	
TCON	定时/计数器控制	88H	8FH～88H
PCON	电源控制	87H	
DPH	数据指针高字节	83H	
DPL	数据指针低字节	82H	
SP	堆栈指针	81H	
P0	P0 口	80H	87H～80H

具有位地址的 SFR，其字节地址的末位是 0H 或 8H。

下面介绍 SFR 块中的某些寄存器。

(1) 数据指针 DPTR

数据指针 DPTR 是 MCS-51 单片机中唯一一个 16 位寄存器，可以用立即寻址也可将其分成两个 8 位寄存器。高位字节寄存器用 DPH 表示，低位字节寄存器用 DPL 表示。

(2) 寄存器 B

是为执行乘法和除法操作设置的。乘法中，将相乘的两个数分别放在 A 和 B 中，运算结果放在 AB 寄存器对中，A 放低 8 位，B 放高 8 位。除法中，被除数取自 A，除数取自 B，商放在 A 中，余数放在 B 中。

在不执行乘、除法操作的情况下，可把它当作一个普通寄存器来使用。

(3) 串行数据缓冲器 SBUF

存放欲发送或已接收的数据，一个字节地址。物理上是由两个独立的寄存器组成，一个是发送缓冲器，另一个是接收缓冲器。

2.4.4 位地址空间

内部 RAM 的 20H～2FH 单元既可以作一般的存储单元使用也可以对每一位进行寻址，这个区域我们称之为位寻址区。该区域共有 211 个（128 个+83 个）寻址位，位地址范围为 00H～FFH。内部 RAM 的可寻址位（字节地址 20H～2FH）见表 2-6。

表 2-6 内部 RAM 位寻址区地址表

字节地址	位地址							
2FH	7FH	7EH	7DH	7CH	7BH	7AH	79H	78H
2EH	77H	76H	75H	74H	73H	72H	71H	70H
2DH	6FH	6EH	6DH	6CH	6BH	6AH	69H	68H
2CH	67H	66H	65H	64H	63H	62H	61H	60H
2BH	5FH	5EH	5DH	5CH	5BH	5AH	59H	58H
2AH	57H	56H	55H	54H	53H	52H	51H	50H
29H	4FH	4EH	4DH	4CH	4BH	4AH	49H	48H
28H	47H	46H	45H	44H	43H	42H	41H	40H
27H	3FH	3EH	3DH	3CH	3BH	3AH	39H	38H
26H	37H	36H	35H	34H	33H	32H	31H	30H
25H	2FH	2EH	2DH	2CH	2BH	2AH	29H	28H
24H	27H	26H	25H	24H	23H	22H	21H	20H
23H	1FH	1EH	1DH	1CH	1BH	1AH	19H	18H
22H	17H	16H	15H	14H	13H	12H	11H	10H
21H	0FH	0EH	0DH	0CH	0BH	0AH	09H	08H
20H	07H	06H	05H	04H	03H	02H	01H	00H

其余的 83 个可寻址位分布在特殊功能寄存器 SFR 中，如表 2-5 所示。

2.5 MCS-51 并行 I/O 端口

MCS-51 有四个双向的 8 位并行 I/O 端口（Port），记作 P0～P3。每个端口都是 8 位，属于特殊功能寄存器，还可位寻址。每一条 I/O 线都能独立地作为输入输出线，MCS-51 单片机复位后它们的初态为 1。每个端口包括一个输出锁存器，一个输入缓冲器，使 CPU 很方便地实现与外部设备或芯片的信息交换。

2.5.1 P0 端口

P0 端口可作为普通的输入输出口，在实际应用中主要作为地址/数据复用口。它分时传送低 8 位地址和 8 位数据，地址和数据的分时传送主要由 ALE 信号和地址锁存器共同实现。

如图 2-7 所示，P0 口的电路主要由以下几部分组成：

① 一个数据输出锁存器，用于数据位的锁存。

② 两个三态的数据输入缓冲器，分别用于锁存器数据和引脚数据的输入缓冲。

③ 一个多路转接开关 MUX，其一个输入来自锁存器，另一个输入为“地址/数据”；输入转接由“控制”信号控制。设置多路转接开关的目的，是因为 P0 口既可作为通用 I/O 口，又可作为系统的地址/数据线，由 MUX 实现锁存器输出和地址/数据线之间的接通转接。

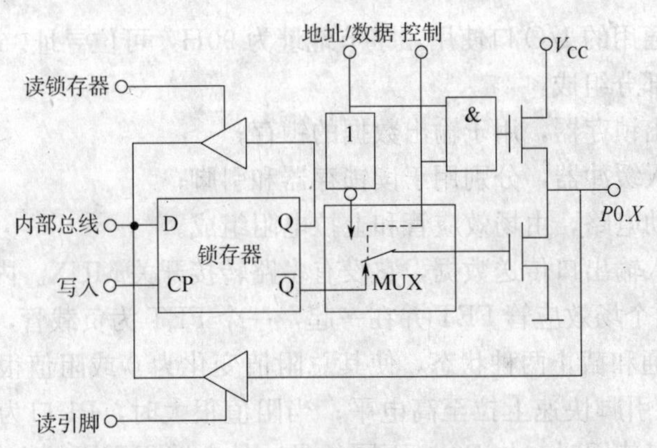

图 2-7　P0 端口结构框图

④ 数据输出的驱动和控制电路，由两只场效应管（FET）组成。如图 2-7 所示，上面的那只场效应管构成上拉电路。驱动器上方的场效应管用于外部存储器读/写时，作为地址/数据总线用；其它情况场效应管被开路。

P0 口传送地址或数据时，CPU 发出控制信号，打开上面的与门，使多路转接开关 MUX 打向上边，使内部地址/数据线与下面的场效应管处于反相接通状态。这时的输出驱动电路由于上下两个 FET 处于反相，形成推拉式电路结构，大大的提高了负载能力。而当输入数据时，数据信号则直接从引脚通过输入缓冲器进入内部总线。

另外，P0 口也可作为通用的 I/O 口使用。这时，CPU 发来的“控制”信号为低电平，MUX 受控制信号的作用将输出锁存器的 $\overline{Q}$ 端与驱动器的上拉场效应管 VT1 的栅极接通，并封锁与门，使与门输出为 0，将输出驱动电路的上拉场效应管截止，而多路转接开关 MUX 打向下边，与 D 锁存器的$\overline{Q}$端接通。

当 P0 口作为输出口使用时，来自 CPU 的“写入”脉冲加在 D 锁存器的 CP 端，内部总线上的数据写入 D 锁存器，经锁存器的 $\overline{Q}$ 端送至场效应管 VT2 的栅极，再反向，并向端口引脚 P0. x 输出，这样它的状态正好与内部总线上的状态相同。但要注意，由于输出电路是漏极开路（因为这时上拉场效应管截止），必须外接上拉电阻才能有高电平输出。

当 P0 口作为输入口使用时，根据指令的不同应区分“读引脚”和“读端口”（或称“读锁存器”）两种方式。CPU 内部会自行判断这两种方式。为此，在 P0 口电路中有两个用于读入的三态缓冲器。“读引脚”就是直接读取引脚 P0. x 上的状态，这时由“读引脚”信号把下方缓冲器打开，引脚上的状态经缓冲器读入内部总线；“读端口”则是“读锁存器”信号打开上面的缓冲器，把锁存器 Q 端的状态读入内部总线。在读锁存器信号的作用下，CPU 先将端口的原数据读入（读自 Q 端，而不是引脚），经过运算修改后，再写回到端口输出，即所谓的“读—修改—写”。例如，执行一条“ANL P0，A”指令的过程是：不直接读引脚上的数据，而是 CPU 先读 P0 口 D 锁存器中的数据，当“读锁存器”信号有效，读锁存器的三态缓冲器开通，$\overline{Q}$端数据送入内部总线和累加器 A 中的数据进行“逻辑与”操作，结果送回 P0 端口锁存，此时，锁存器的内容和引脚是一致的。

2.5.2 P1 端口

P1 端口只作为通用的 I/O 口使用，字节地址为 90H，可位寻址。结构如图 2-8 所示。

P1 口由如下几部分组成：

① 一个数据输出锁存器，用于输出数据的锁存；

② 两个三态输入缓冲器，分别用于读锁存器和引脚；

③ 数据输出驱动电路，由场效应管和上拉电阻组成。

P1 口只作为输入输出口传送数据，它没有多路转接开关 MUX。内部上拉电阻与电源相连，电阻实质是两个场效应管 FET 并在一起，一个 FET 为负载管，其电阻固定；另一个 FET 可工作在导通和截止两种状态，使其总阻值变化为 0 或阻值很大两种情况。当阻值近似为 0 时，可将引脚快速上拉至高电平；当阻值很大时，P1 口为高阻输入状态。因此，P1 口作为输出口使用时，与 P0 口不同的是，外电路无需再接上拉电阻；P1 口作为输入口使用时，应先向其锁存器先写入“1”，使输出驱动电路的 FET 截止。由于片内负载电阻较大，所以不会对输入的数据产生影响。

2.5.3 P2 端口

P2 端口的结构和 P0 端口的结构很相似，字节地址为 A0H，可位寻址。如图 2-9 所示，P2 口电路由以下几部分组成：

① 一个数据输出锁存器，用于输出数据的锁存；

② 两个三态输入缓冲器，分别用于读锁存器和引脚；

③ 一个多路转接开关 MUX，它的一个输入来自锁存器 Q 端，另一个来自内部地址的高 8 位；

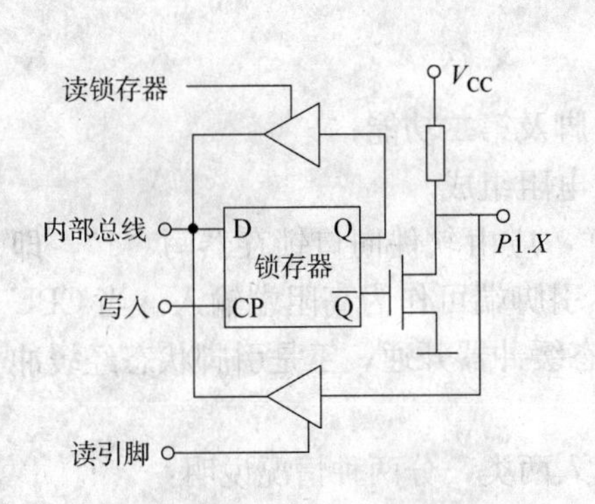

图 2-8　P1 端口结构框图

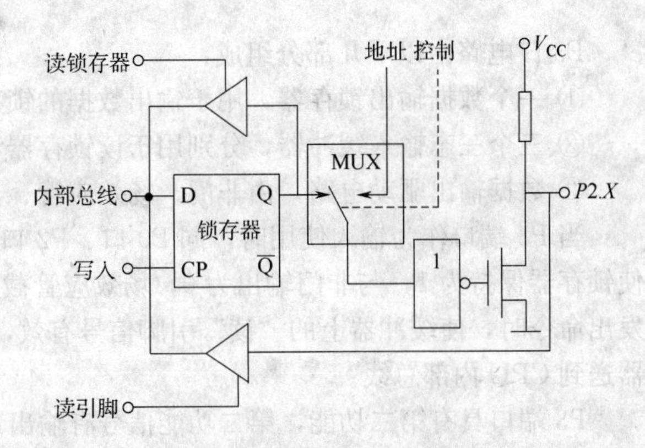

图 2-9　P2 端口结构框图

④ 数据输出驱动电路，由非门、场效应管、上拉电阻组成。

在实际应用中，因为 P2 口主要用于为系统提供高位地址，因此同 P0 口一样，在口电路中有一个多路转接开关 MUX。但 MUX 的一个输入端不再是“地址/数据”，而是单一的“地址”，这是因为 P2 口只作为地址线使用。当 P2 口作为高位地址线使用时，多路转接开关应接向“地址”端。正因为只作为地址线使用，口的输出用不着是三态的，所以，P2 口也是一个准双向口。

当 CPU 对片内存储器和 I/O 口进行读写时（执行 MOV 指令或 $\overline{EA}=1$，执行 MOVC 指令），由内部硬件自动使开关 MUX 接向锁存器的 Q 端，这时 P2 口为一般 I/O 口；当 CPU 对片外存储器或 I/O 口进行读写操作时（执行 MOVX 指令或 $\overline{EA}=0$，执行 MOVC 操作指令），开关 MUX 接向地址线端，这时 P2 口只输出高 8 位地址。

2.5.4　P3 端口

P3 端口的原理与 P1 端口类似，字节地址为 B0H，可位寻址。结构如图 2-10所示。

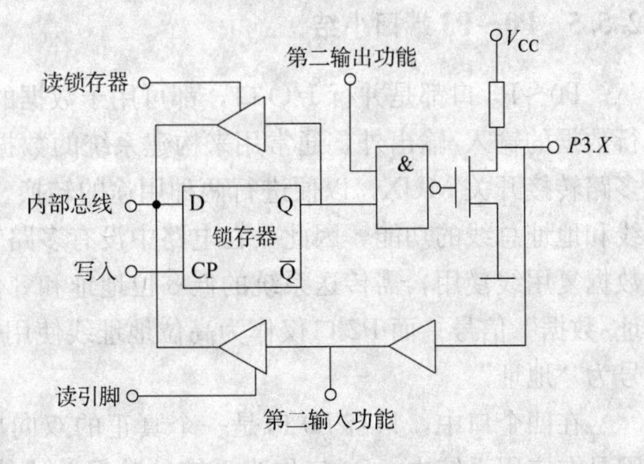

图 2-10　P3 端口结构框图

P3 端口具有第二功能，如表 2-7 所示。

表 2-7　　P3 端口的第二功能定义

口位地址	第二功能
P3.0	RXD（串行输入口）
P3.1	TXD（串行输出口）
P3.2	$\overline{INT0}$（外部中断 0）
P3.3	$\overline{INT1}$（外部中断 1）
P3.4	T0（定时器 0 外部计数输入）
P3.5	T1（定时器 1 外部计数输入）
P3.6	$\overline{WR}$（外部数据存储器写选通）
P3.7	$\overline{RD}$（外部数据存储器读选通）

P3 口电路由以下几部分组成：

① 一个数据输出锁存器，用于输出数据的锁存；

② 三个三态输入缓冲器，分别用于读锁存器和引脚及第二功能；

③ 数据输出驱动电路，由非门、场效应管、上拉电阻组成。

当 P3 端口作为输入使用时，同 P0 口、P2 口一样，应由软件向口锁存器写“1”，即使锁存器保持为 1，与非门输出为 0，场效应管截止，引脚端可作为高阻端输入。当 CPU 发出命令时，使缓冲器上的“读”引脚信号有效，三态缓冲器开通，于是引脚状态经缓冲器送到 CPU 内部总线。

P3 端口具有第二功能，第二功能信号有输出和输入两类，分两种情况说明：

① 对作为第二功能输出的引脚，当作通用的 I/O 口使用时，电路中的“第二输出功能”线应保持高电平，与非门开通，以使锁存器的 Q 端输出通路保持畅通；当输出第二功能信号时，该锁存器应预先置“1”，使与非门对“第二输出功能”信号的输出是畅通的，从而实现第二功能信号的输出。

② 对作为第二功能输入的引脚，在口线引脚的内部增加了一个缓冲器，输入的信号就从这个缓冲器的输出端取得。而作为通用的 I/O 口线使用的输入，仍取自三态缓冲器的输出端。总的来说，P3 口无论是作为输入口使用还是第二功能信号的输入，锁存器输出和“第二输出功能”线都应保持高电平。

2.5.5 P0～P3 端口小结

P0～P3 口都是并行 I/O 口，都可用于数据的输入和输出。但 P0 口和 P2 口除了可进行数据的输入/输出外，通常用来构建系统的数据总线和地址总线，所以在电路中有一个多路转接开关 MUX，以便进行两种用途的转换。而 P1 口和 P3 口没有构建系统的数据总线和地址总线的功能，因此，在电路中没有多路转接开关 MUX。由于 P0 口可作为地址/数据复用线使用，需传送系统的低 8 位地址和 8 位数据，因此 MUX 的一个输入端为“地址/数据”信号；而 P2 口仅作为高位地址线使用，不涉及数据，所以 MUX 的一个输入信号为“地址”。

在四个口中，只有 P0 口是一个真正的双向口，P1～P3 这三个口都是准双向口。原因是在应用系统中，P0 口作为系统的数据总线使用时，为保证数据的正确传送，需要解决芯片内外的隔离问题，即只有在数据传送时芯片内外才接通；不进行数据传送时，芯片内外应处于隔离状态。为此，要求 P0 口的输出缓冲器是一个三态门。

在 P0 口中，输出三态门是由两只场效应管（FET）组成，所以说它是一个真正的双向口。而其它的三个口 P1～P3 中，上拉电阻代替 P0 口中的场效应管，输出缓冲器不是三态的，因此不是真正的双向口，只能称其为准双向口。

P3 口的口线具有第二功能，为系统提供一些控制信号。因此，在 P3 口电路增加了第二功能控制逻辑。这是 P3 口与其它各口的不同之处。

第 3 章　MCS-51 单片机的指令系统及程序设计

程序是由一条条的指令组成的，指令是 CPU 用于控制功能部件完成某一指定动作的指示和命令。所有指令的集合称为指令系统，它是表征计算机性能的重要指标之一，每台计算机都有其特有的指令系统。MCS-51 单片机的指令系统，一条指令对应着一种基本操作。由于计算机只能识别二进制数，所以指令也必须用二进制形式来表示，称为指令的机器码或机器指令。

MCS-51 单片机指令系统共有 33 种功能，42 种助记符，111 条指令。

按指令在程序存储器中所占的字节来分，指令可分为以下几类：

① 单字节指令 49 条；

② 双字节指令 45 条；

③ 三字节指令 17 条。

按指令的执行时间来分，指令可分为以下几类：

① 1 个机器周期（12 个时钟振荡周期）的指令 64 条；

② 2 个机器周期（24 个时钟振荡周期）的指令 45 条；

③ 4 个机器周期（48 个时钟振荡周期）的指令 2 条，只有乘、除两条指令的执行时间为 4 个机器周期。

另外，MCS-51 单片机有一个操作位变量的指令子集，称为位指令，也称为布尔处理机。位指令在进行位变量处理的程序设计时十分有效、方便。

3.1　指令格式及寻址方式

3.1.1　指令格式

指令格式，即指令的结构形式。在 MCS-51 指令中，一般指令主要由操作码、操作数组成。操作码用来规定指令进行什么操作，指明执行什么性质和类型的操作，例如，数的传送、算术运算、移位等。操作数则是指令操作的对象，操作数指明操作的数据本身或者是操作的数据所在的地址。

MCS-51 单片机的指令长度不同，有单字节指令、双字节指令、三字节不同长度的指令。指令长度不同，格式也就不同。

① 单字节指令：指令只有一个字节，操作码和操作数同在一个字节中。

② 双字节指令：一个字节为操作码，另一个字节是操作数。

③ 三字节指令：操作码占一个字节，操作数占两个字节。其中操作数既可能是数据，也可能是地址。

三种指令的具体格式如图 3-1 所示。

MCS-51 单片机指令系统包括 49 条单字节指令、45 条双字节指令和 17 条三字节

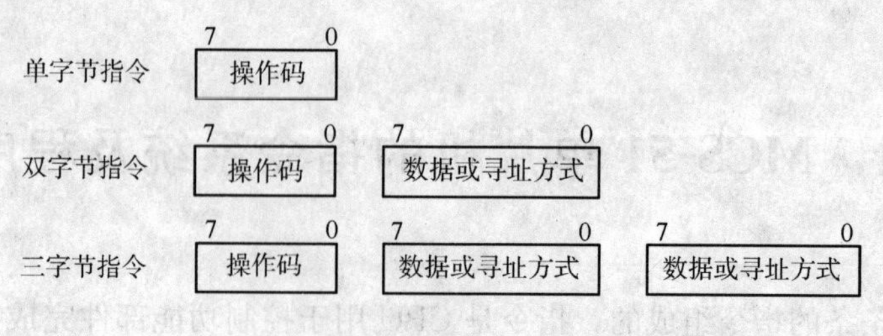

图 3-1 三种指令的具体格式

指令。

在后续内容中将详细地讲解 MCS-51 单片机的 111 条指令，会用到以下符号。现对指令中符号的意义进行一下说明：

● Rn（n=0～7）——当前选中的寄存器区中的八个工作寄存器 R0～R7。
● Ri（i=0，1）——当前选中的寄存器区中的两个工作寄存器 R0、R1。
● direct——8 位的内部数据存储器单元的地址。
● #data——包含在指令中的 8 位常数，也叫立即数。
● #data16——包含在指令中的 16 位常数，也叫立即数。
● addr16——包含在指令中的 16 位目的单元的地址。
● addr11——包含在指令中的 11 位目的单元的地址。
● rel——8 位带符号的偏移字节，简称偏移量。范围为－128～＋127。
● DPTR——数据指针，可用作 16 位地址寄存器。
● bit——内部 RAM 或专用寄存器中的直接可寻址位。
● A——累加器，有时也写作 Acc。
● B——专用寄存器，主要用于乘法和除法指令中。
● C——进位标志或进位位，或布尔处理机中的累加器。
● @——间址寄存器或基址寄存器的前缀，如@Ri、@DPTR。主要用于采用寄存器间接寻址方式的指令中。
● / ——位操作数的前缀，表示对该位操作数取反，如/bit。
● ×——片内 RAM 的直接地址或寄存器。
●（×）——由×寻址的单元中的内容。
● →——箭头右边的内容被箭头左边的内容所代替。

3.1.2 寻址方式

在指令的操作数位置上，用于表征、寻找操作数的方式定义为“寻址方式”。一条指令采用什么样的寻址方式，是由指令的功能决定的，寻址方式越多，指令功能就越强。正确的理解、掌握寻址方式，是学习、使用指令的关键。在 MCS-51 单片机中，共使用了七种寻址方式，它们分别是：寄存器寻址、直接寻址、立即寻址、寄存器间接寻址、变址寻址、相对寻址和位寻址。

3.1.2.1 寄存器寻址方式

此种寻址方式的操作数在寄存器中。

MOV A，Rn ；（Rn）→A，n=0～7

表示把寄存器 Rn 的内容传送给累加器 A。

此种寻址方式的寻址范围包括：

① 4 组通用工作寄存器区共 32 个工作寄存器；

② 部分特殊功能寄存器，例如 A、B 以及数据指针寄存器 DPTR 等。

设累加器 A 的内容为 20H，则执行 MOV　R1，A 指令后，内部 RAM　09H 单元的值就变为 20H，如图 3-2 所示。

以下是一些采用寄存器寻址方式的例子：

```
MOV   P1，A     ；将累加器 A 的内容送到 P1 口
MOV   P1，R4    ；将寄存器 R4 的内容送到 P1 口
CLR    A        ；将累加器 A 清 0
CPL    A        ；将累加器 A 中的内容取反
RL     A        ；将累加器 A 的内容循环左移一位
```

3.1.2.2　直接寻址方式

此种寻址方式的操作数直接以单元地址的形式给出。

MOV　A，40H

此种寻址方式的寻址范围包括：

① 内部 RAM 的 128 个单元；

② 特殊功能寄存器。

其中，特殊功能寄存器除了可以单元地址的形式给出外，还可以用寄存器符号的形式给出，这两种形式都属于直接寻址方式。例如：

MOV　A，80H　与　MOV　A，P0 是等价的

直接寻址方式是访问特殊功能寄存器的唯一寻址方式。

设内部 RAM　3AH 单元的内容是 88H，那么指令 MOV　A，3AH 的执行过程如图 3-3 所示。

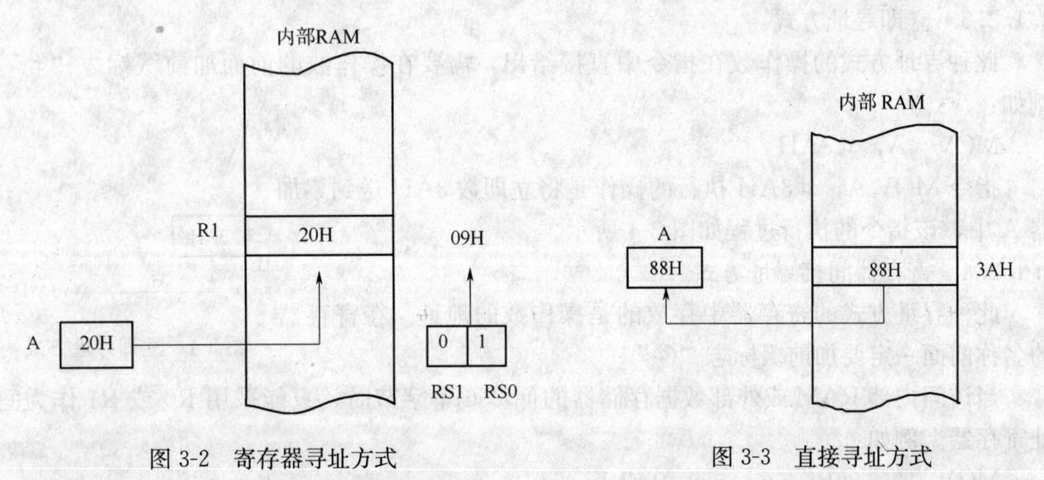

图 3-2　寄存器寻址方式　　　　图 3-3　直接寻址方式

使用直接寻址应注意的几个问题：

① 指令助记符中的 direct 是用十六进制数表示的操作数地址。当地址恰好在 SFR 区域时，指令也可以用寄存器名来表示。如：

MOV　A，80H　　可以写成　MOV　A，P0

后者用 SFR 中寄存器的名字取代它的物理地址 80H。很明显，后者更容易阅读和交流，所以我们提倡使用 SFR 中寄存器名称来代替直接地址。如：

MOV　A，SBUF　；串口数据缓冲器数据送 A

MOV　IE，#00H　；初始化中断允许寄存器

MOV　TH1，#0FEH　；为定时器 1 赋初值

尽管使用 SFR 的寄存器名称来取代直接地址，可以带来程序的可读性，但是在汇编时，仍要将寄存器名字转换为直接地址。

② 当直接地址在工作寄存器区中时，可以使用两种寻址方式来访问。如：

MOV　A，00H　　；将 RAM 中 00H 单元数据送累加器 A

MOV　A，R0　　；将工作寄存器 R0 的内容送累加器 A

这里使用了不同的寻址方式，其指令的结构也不相同。

前者的机器码是：11100101（0E5H）、00000000（00H）　双字节

后者的机器码是：11101000（0E8H）　　　　　　　　单字节

在物理结构上，R0 与 RAM 的 00H 单元恰好是同一单元，所以不同的指令而执行结果是一样的。

类似的还有累加器 A，如：

INC　A　　　　　寄存器寻址方式（单字节）

INC　ACC　　　　直接寻址方式（双字节）

INC　0E0H　　　 直接寻址方式（双字节）

③ 在指令系统中，字节地址与位地址是完全不同的概念。前者用 direct 表示，而后者用 bit 表示，但在指令中都是用十六进制表示的数。如：

MOV　A，20H　；将 RAM 中的字节地址为 20H 的单元的内容送 A 中

MOV　C，20H　；将位寻址区中的位地址为 20H 的位单元的内容送 PSW 中的 Cy 中

3.1.2.3　立即寻址方式

此种寻址方式的操作数在指令中直接给出，需要在操作数的前面加前缀标志“#”。例如：

MOV　A，#3AH

指令 MOV A，#3AH 执行的操作是将立即数 3AH 送到累加器 A 中，该指令的执行过程如图 3-4 所示。

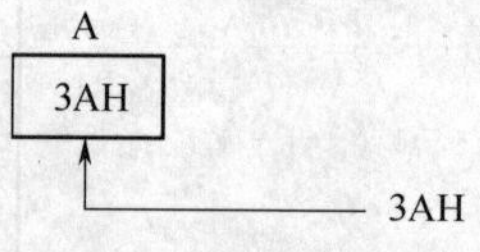

图 3-4　立即寻址方式

3.1.2.4　寄存器间接寻址方式

此种寻址方式的寄存器中存放的是操作数的地址。在寄存器的名称前面一定要加前缀标志“@”。

当访问内部 RAM 或外部数据存储器的低 256 个字节时，只能采用 R0 或 R1 作为间址寄存器。例如：

MOV　A，@Ri　　；i=0 或 1

其中，Ri 中的内容如为 40H，则上条指令执行的结果是把内部 RAM 中 40H 单元的内容送到累加器 A 中。

此种寻址方式的寻址范围包括：

① 访问内部 RAM 低 128 个单元，其通用形式为@Ri；

② 对片外数据存储器的 64K 字节的间接寻址，例如：

MOVX　A，@DPTR

③ 片外数据存储器的低 256 字节，例如：

MOVX　A，@Ri

④ 堆栈区。

堆栈操作指令 PUSH 和 POP 使用堆栈指针 SP 作为间址寄存器。

设 R0＝3AH，内部 RAM　3AH 中的值是 65H，则指令 MOV A，@R0 的执行结果是累加器 A 的值变为 65H。该指令的执行过程如图 3-5 所示。

使用寄存器间接寻址指令时应注意的几个问题：

① 间址寄存器 Ri 只能使用 R0、R1 寄存器（i＝0，1）。

② 间接寻址方式不仅用于片内 RAM，同样也适用于片外 RAM。对于片内 RAM 使用 Ri 寄存器，寻址范围为 00H～7FH；而对于片外 RAM，可以使用 Ri，也可以使用 DPTR 作间址寄存器。两者区别在于，前者的寻址范围为 00H～7FH，而后者寻址范围为 0000H～FFFFH。

③ 间接寻址的指令不能访问 SFR 中的单元。如下面的程序是错误的，

MOV　R1，＃80H

MOV　A，@R1　；因为 80H 为 SFR 的物理地址。

3.1.2.5　变址寻址方式

此种寻址方式是以 DPTR 或 PC 作基址寄存器，以累加器 A 作为变址寄存器。例如：

MOVC　A，@A＋DPTR

其中，A 的原有内容为 02H，DPTR 的内容为 0300H，该指令执行的结果是把程序存储器 0302H 单元的内容传送给 A。该指令的执行过程如图 3-6 所示。

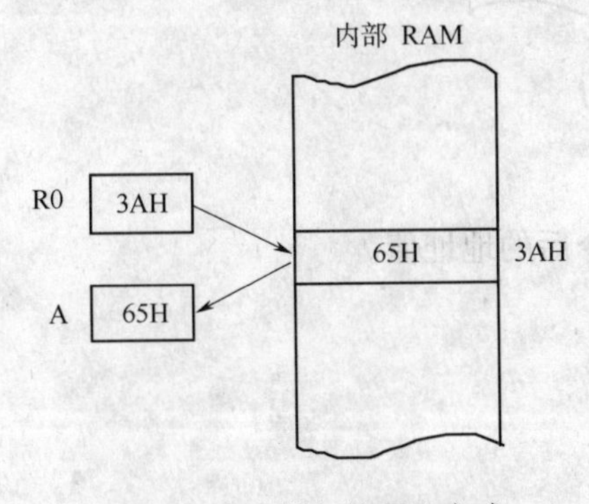

图 3-5　寄存器间接寻址方式

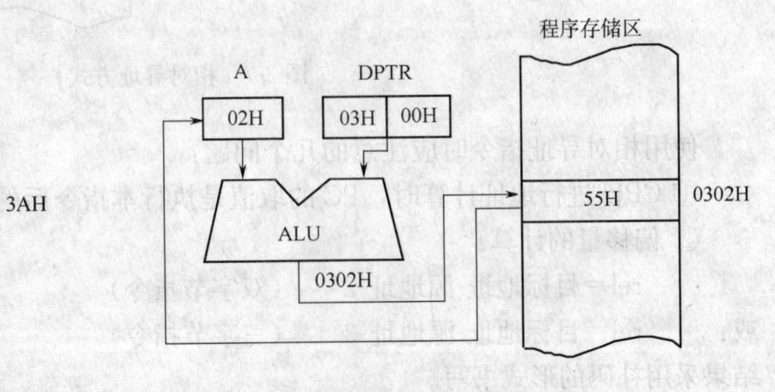

图 3-6　变址寻址方式

使用变址寻址指令时应注意的几个问题：

① 变址寻址方式是专门针对程序存储器的寻址方式，寻址范围可达到 64KB。

② 变址寻址方式的指令只有三条：

MOVC　A，@A＋DPTR

MOVC　A，@A＋PC

JMP　　@A＋DPTR

3.1.2.6　相对寻址方式

此种寻址方式主要用于转移类指令。在相对寻址的转移指令中，给出了地址偏移量，以“rel”表示，即把PC的当前值加上偏移量就构成了程序转移的目的地址，如下式所示：

目的地址＝转移指令所在的地址 ＋ 转移指令的字节数＋ rel

其中的偏移量rel是一个带符号的8位二进制补码数，范围是：－128～＋127。即相对寻址可以向地址增加方向最大可转移“127＋转移指令字节”个单元地址，向地址减少方向最大可转移“128－转移指令字节”个单元地址。

例如：SJMP　54H

此条指令执行的操作是将PC当前的内容与54H相加，结果再送回PC中，成为下一条将要执行的指令的地址。

设指令SJMP　54H的机器码80H　54H，并存放在地址为2000H的单元处。当执行到该指令时，先从2000H和2001H单元取出指令，PC自动变为2002H；再把PC的内容与操作数54H相加，形成目标地址2056H，再送回PC，使得程序跳转到2056H单元继续执行。该指令的执行过程如图3-7所示。

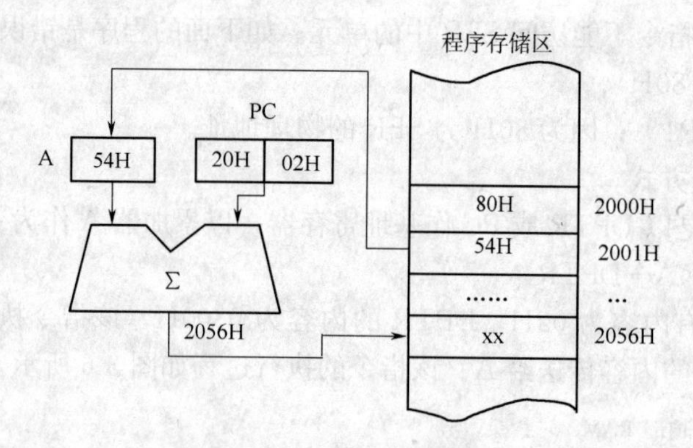

图3-7　相对寻址方式

使用相对寻址指令时应注意的几个问题：

① CPU进行地址计算时，PC的取值是执行本指令后的地址值。

② 偏移量的计算：

rel＝目标地址-源地址-2　　（双字节指令）

或：　rel＝目标地址-源地址-3　　（三字节指令）

结果采用补码的形式书写。

为了减少计算偏移量的计算，汇编程序允许使用“符号地址”的方式来代替偏移量。如：

SJMP　loop1

汇编程序在翻译时，自动计算并将结果替换符号地址loop1。

③ 如果转移地址的范围超过相对寻址的范围（－128 ～ ＋127）时，就要采用别的方法，否则在编译时，会提示出错。

3.1.2.7　位寻址方式

此种寻址方式主要用于位操作类指令，用于位地址空间的位单元寻址。MCS-51有位处理功能，可以对数据位进行操作。

例如：SETB　3DH

此条指令执行的操作是将内部RAM位寻址区中的3DH位置1。

设内部RAM　27H单元的内容是00H，执行SETB　3DH后，由于3DH对应着内部RAM　27H的第5位，因此该位变为1，也就是27H单元的内容变为20H。该指令的执行过程如图3-8所示。

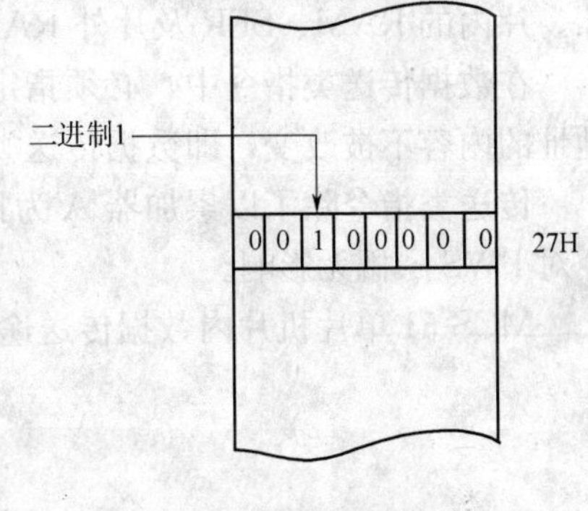

图3-8　位寻址方式

此种寻址方式的寻址范围包括：

① 内部RAM中的位寻址区。位有两种表示方法：一种是单元地址，例如，40H；另一种是单元地址加上位，例如，(28H).0，指的是28H单元中的最低位。它们是等价的。

② 特殊功能寄存器中的可寻址位。在指令中有如下四种表示方法：

a. 直接使用位地址。例如PSW.5的位地址为0D5H。

b. 位名称的表示方法。例如PSW.5是F0标志位，可使用F0表示该位。

c. 单元地址加位数的表示方法。例如：(0D0H).5。

d. 特殊功能寄存器符号加位数的表示方法。例如：PSW.5。

3.2　MCS-51指令系统

MCS-51单片机的指令按功能划分，可以分为如下五类：

(1) 数据传送类指令

此类指令主要用于完成数据在单片机内部之间的传送。传送的数据分为8位数和16位数两种。除了奇偶位外，指令的执行对PSW无影响。

(2) 算术运算类指令

此类指令主要用于操作数之间的加、减、乘、除运算的操作。多数情况下，操作数之一在累加器A中，结果也保留在累加器A中，运算结果要影响PSW中的标志位（进位标志、奇偶和溢出标志等）。

(3) 逻辑操作类指令

此类指令主要用于操作数之间的逻辑加、逻辑与、取反、异或和移位等操作。多数情况下，一个操作数在累加器A中，结果也存于累加器A。移位指令分为左移、右移和带进位、不带进位几种情况。与算术类指令相比，逻辑类指令基本不影响PSW的内容。

(4) 控制转移类指令

此类指令主要用于条件转移、无条件转移，调用和返回。执行的根本机理是通过修改程序指针PC的内容，使CPU转到另一处执行，从而改变程序的流向。

(5) 位操作指令

此类指令主要用于位传送、位置位、位运算和位控制转移等操作。位操作指令是按位操作而不是按字节操作。位控制转移的判断不是检测某一个字节而是对某一个位进行检测，并决定是否进行程序转移。这类指令基本不影响 PSW 的内容。

3.2.1 数据传送类指令

数据传送类指令是编程中使用最多的，也是最主要的操作。它的功能是将数据在累加器、片内的 RAM、SFR 及片外 RAM、ROM 之间进行传送。

在数据传送类指令中，必须指定被传送数据的源地址和目标地址。在传送过程中，源地址的内容不被改变，即数据传送类指令有“复制”的特性，而不是“剪切”。

传送类指令除了以累加器 A 为目标的传送对 PSW 的 P 位有影响外，其余的传送类指令对 PWS 一概无影响。

MCS-51 单片机片内数据传送途径，如图 3-9 所示。

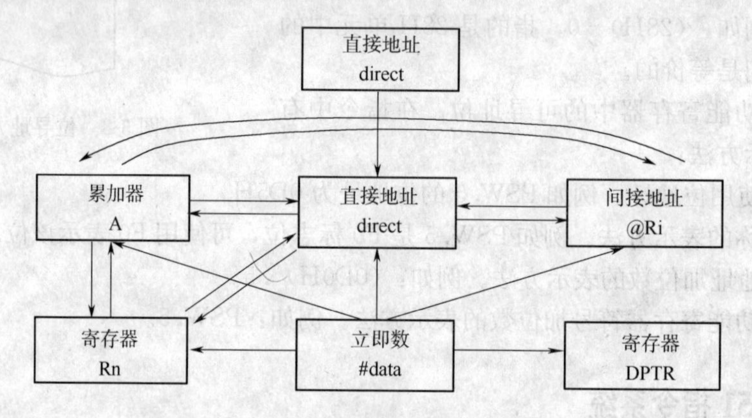

图 3-9　单片机内部数据传送途径

3.2.1.1　数据传送类指令的通用格式

MOV　〈目的操作数〉,〈源操作数〉

(1) 以累加器为目的操作数的指令

```
MOV  A，Rn       ；(Rn) →A，n=0～7
MOV  A，@Ri      ；((Ri)) →A，i=0，1
MOV  A，direct   ；(direct) →A
MOV  A，#data    ；#data→A
```

例如：

```
MOV  A，R6       ；(R6) →A，寄存器寻址
MOV  A，@R0      ；((R0)) →A，间接寻址
MOV  A，70H      ；(70H) →A，直接寻址
MOV  A，#78H     ；78H→A，立即寻址
```

这组指令的功能是把源操作数所寻址的内容送到累加器 A 中。

(2) 以 Rn 为目的操作数的指令

```
MOV  Rn，A       ；(A) →Rn，n=0～7
MOV  Rn，direct  ；(direct) →Rn，n=0～7
```

MOV　Rn，#data　；#data→Rn，n=0～7

这组指令的功能是把源操作数的内容送入当前一组工作寄存器区的R0～R7中的某一个寄存器中。

(3) 以直接地址direct为目的操作数的指令

MOV　direct，A　　　；(A) →direct

MOV　direct，Rn　　　；(Rn) →direct，n=0～7

MOV　direct1，direct2　；(direct 2) →direct 1

MOV　direct，@Ri　　；((Ri)) →direct

MOV　direct，#data　　；#data→direct

这组指令的功能是把源操作数送入直接地址所指出的存储单元中。其中direct指的是内部RAM或SFR的地址。

(4) 以寄存器间接地址为目的操作数的指令

MOV　@Ri，A　　；(A) → ((Ri))，i=0，1

MOV　@Ri，direct　；(direct) → ((Ri))

MOV　@Ri，#data　；#data→ ((Ri))

这组指令的功能是把源操作数所寻址的内容送到@Ri所间接寻址的内部RAM中(而不是外部RAM)。

(5) 16位数传送指令

MOV　DPTR，#data16　；#data16→DPTR

这是唯一的一条16位数据的传送指令，指令执行的结果是将立即数的高8位送入DPH中，立即数的低8位送入DPL中。

3.2.1.2　堆栈操作指令

堆栈操作是一种特殊的数据传送指令。

在MCS-51内部的RAM中可以设定一个"后进先出"(LIFO-Last In First Out)的区域，称作堆栈，主要用来保存程序的断点。堆栈指针SP指出堆栈的栈顶位置(系统上电时，SP=07H)。

(1) 进栈指令

PUSH　direct

进栈指令先将堆栈指针SP加1，然后把direct中的内容送到栈指针SP所指示的内部RAM单元中。

例如，当(SP)=60H、(A)=30H、(B)=70H时，执行下列指令：

PUSH　ACC　；(SP)+1=61H→SP，(A) →61H

PUSH　B　　；(SP)+1=62H→SP，(B) →62H

结果：

(61H)=30H，(62H)=70H，(SP)=62H

(2) 出栈指令

POP　direct

出栈指令将SP所指示的栈顶单元(内部RAM单元)的内容送入direct字节单元中，然后栈指针SP减1。

例如，当（SP）＝62H、（62H）＝70H、（61H）＝30H 时，执行下列指令：

POP　DPH　　；（（SP））→DPH，（SP）－1→SP

POP　DPL　　；（（SP））→DPL，（SP）－1→SP

结果：

(DPTR）＝7030H，（SP）＝60H

（3）注意事项

使用堆栈操作类指令时需要注意以下几点：

① 寻址方式为直接寻址。所以 PUSH　A 是错误的，应当是 PUSH ACC 或 PUSH 0E0H。同理，PUSH　R0 也是错误的。

② 进栈是堆栈向上“生长”的过程，即 SP＋1。出栈则相反。

③ 系统上电时，SP＝07H。

④ SP 的值可以根据需要进行修改，以适应具体编程的需要。在确定栈区位置时要考虑对数据区的影响，以避免数据区与栈区冲突。

（4）执行过程

堆栈操作类指令的执行过程如图 3-10 所示。

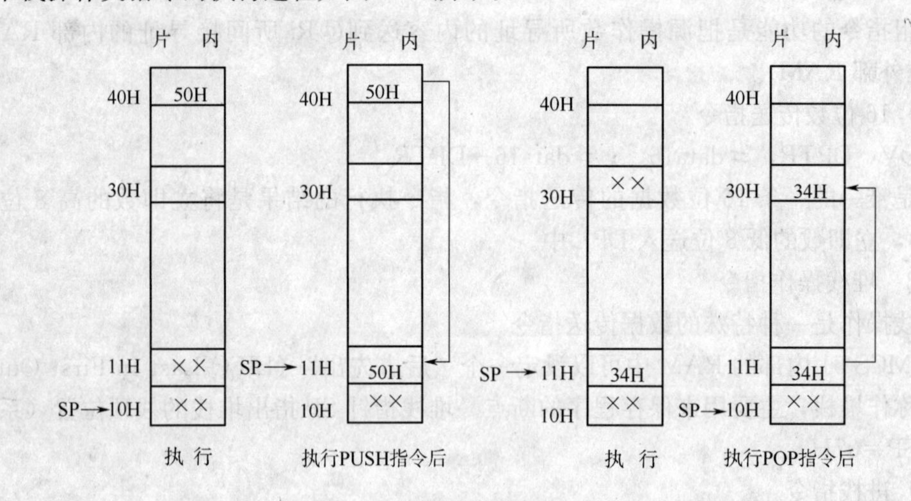

图 3-10　堆栈类操作指令的执行过程

（5）堆栈操作类指令举例

① 下面是一个 BCD 码转换为二进制的子程序 BCD2B 中有关堆栈操作的例子。在这里，进栈操作是为了保护主程序中相关寄存器中的数据，因为子程序要使用这些寄存器。

```
        ORG     0800H
BCD2B:PUSH    PSW
        PUSH    ACC
        PUSH    B
        ⋮
        POP     B
        POP     ACC
        POP     PSW
```

RET

② 堆栈操作指令，除了可以在子程序的设计中对主程序的数据进行保护，还可以根据堆栈操作的特点完成一些特殊的操作。

设片内 RAM 的 30H 单元中存有 x，40H 单元中存有 y。试将两个单元的内容互换。

```
PUSH   30H
PUSH   40H
POP    30H
POP    40H
```

3.2.1.3 累加器 A 与外部数据存储器的传送指令

```
MOVX   A，@DPTR   ；((DPTR))→A，读外部 RAM/IO
MOVX   A，@Ri     ；((Ri))→A，读外部 RAM/IO
MOVX   @DPTR，A   ；(A)→((DPTR))，写外部 RAM/IO
MOVX   @Ri，A     ；(A)→((Ri))，写外部 RAM/IO
```

此类指令的功能主要是读外部 RAM 存储器或 I/O 中的一个字节的数据到累加器 A 中，或把累加器 A 中的一个字节的数据写到外部 RAM 存储器或 I/O 中。

采用 DPTR 作间接寻址寄存器，可以寻址片外数据存储器的 64K 个单元地址。其中的高 8 位地址（DPH）由 P2 口输出，低 8 位地址（DPL）由 P0 口输出。

若采用 Ri（i=0，1）作间接寻址寄存器，则可寻址片外数据存储器的 256 个单元地址。8 位地址和数据均由 P0 口输出，可选用其它任何输出口线来输出高于 8 位的地址（一般选用 P2 口输出高 8 位的地址）。

MOV 后面的“X”表示单片机访问的是片外 RAM 存储器或 I/O。

3.2.1.4 查表指令

此类指令共两条，主要用于读取程序存储器中的数据表格等常数。查表指令均采用基址寄存器加变址寄存器间接寻址方式。

(1) MOVC A，@A+PC

以 PC 作为基址寄存器，A 的内容作为无符号整数和 PC 中的内容（下一条指令的起始地址）相加后得到一个 16 位的地址，然后将该地址所指出的程序存储单元的内容送到累加器 A 中。

例如，(A)=30H 时，执行地址 1000H 处的指令：

1000H：MOVC A，@A+PC

本指令占用一个字节，下一条指令的地址为 1001H，(PC)=1001H 再加上 A 中的 30H，得 1031H，结果将程序存储器中 1031H 的内容送入 A 中。

此条指令的优点是不改变特殊功能寄存器及 PC 的状态，根据 A 的内容就可以取出表格中的常数。缺点是表格只能存放在该条查表指令后面的 256 个单元之内，表格的大小受到限制，而且表格只能被一段程序所利用。

(2) MOVC A，@A+DPTR

以 DPTR 作为基址寄存器，A 的内容作为无符号数和 DPTR 的内容相加得到一个 16 位的地址，再把由该地址所指出的程序存储器单元的内容送到累加器 A 中。

例如，(DPTR)=8100H、(A)=40H，执行指令：

MOVC　A，@A+DPTR

指令执行的结果是将程序存储器中8140H单元的内容送入到累加器A中。

这条查表指令的执行结果只和指针DPTR及累加器A的内容有关，而与该指令存放的地址及常数表格存放的地址无关，因此表格的大小和位置可以在64K程序存储器中任意安排，一个表格可以为各个程序块公用。

两条指令都是在MOV的后面加“C”，“C”是CODE的第一个字母，即代码的意思。

例：在累加器A中存放有0～9间的某个数，现要求查出该数的7段共阴显示代码，并将代码传回累加器。

在程序存储器中划出一个区域用于存放0～9的7段共阴显示代码，比如将代码存放在0400H开始的地方。程序如下：

```
⋮
MOV    DPTR，#0400H
MOVC  A，@A+DPTR
⋮
ORG  0400H
DB   3FH     ；0的7段共阴显示代码
DB    06H    ；1的7段共阴显示代码
DB    5BH    ；2的7段共阴显示代码
DB    4FH    ；3的7段共阴显示代码
DB    66H    ；4的7段共阴显示代码
⋮
```

注意：我们只能将程序存储器中的数据传出（读出），而不能将数据传入（写入）程序存储器。因此，语句：

```
MOVC     @A+DPTR，A
MOVC     @A+PC，A
```

都是错误的。

3.2.1.5　字节交换指令

```
XCH  A，Rn
XCH  A，direct
XCH  A，@Ri
```

例如：(A)＝80H、(R7)＝08H、(40H)＝F0H、(R0)＝30H、(30H)＝0FH，执行下列指令：

```
XCH  A，R7     ；(A)与(R7)互换
XCH  A，40H    ；(A)与(40H)互换
XCH  A，@R0    ；(A)与((R0))互换
```

结果：

(A)＝0FH，(R7)＝80H，(40H)＝08H，(30H)＝F0H

3.2.1.6　半字节交换指令

```
XCHD  A，@Ri
```

累加器A的低4位与内部RAM单元内容的低4位交换。

例如：(R0) =60H、(60H) =3EH、(A) =59H，执行下列指令：

```
XCHD  A，@R0
```

结果：

(A) =5EH，(60H) =39H

3.2.1.7　数据传送类指定举例

例：将片内RAM　30H单元的内容与40H单元中的内容互换。

方法1（直接地址传送法）：

```
MOV   31H，30H
MOV   30H，40H
MOV   40H，31H
SJMP  $
```

方法2（间接地址传送法）：

```
MOV   R0，#40H
MOV   R1，#30H
MOV   A，@R0
MOV   B，@R1
MOV   @R1，A
MOV   @R0，B
SJMP  $
```

方法3（字节交换传送法）：

```
MOV   A，30H
XCH   A，40H
MOV   30H，A
SJMP  $
```

方法4（堆栈传送法）：

```
PUSH  30H
PUSH  40H
POP   30H
POP   40H
SJMP  $
```

以上四种实现方法的特点请读者根据以前所学的知识认真体会。

3.2.2　算术运算类指令

算术运算类指令主要用于单字节数的加、减、乘、除法指令，都是针对8位二进制无符号数。

此类指令的执行结果将使PSW中的进位（Cy）、辅助进位（Ac）、溢出（OV）等三种标志位置“1”或清“0”，但是增1和减1指令不影响这些标志。

3.2.2.1　加法指令

共有四条加法运算指令：

ADD　A，Rn　　；(A) ＋ (Rn) →A，n=0～7

ADD　A，direct　；(A) ＋ (direct) →A

ADD　A，@Ri　　；(A) ＋ ((Ri)) →A，i=0，1

ADD　A，#data　；(A) ＋#data→A

这四条 8 位二进制数加法指令的一个加数总是来自累加器 A，而另一个加数可由寄存器寻址、直接寻址、寄存器间接寻址和立即寻址等不同的寻址方式得到。其相加的结果总是放在累加器 A 中。

使用加法指令时，要注意累加器 A 中的运算结果对各个标志位的影响：

① 如果位 7 有进位，则置“1”进位标志 Cy，否则清“0”Cy。

② 如果位 3 有进位，置“1”辅助进位标志 Ac，否则清“0”Ac。

③ 如果位 6 有进位，而位 7 没有进位；或者位 7 有进位，而位 6 没有进位，则溢出标志位 OV 置“1”，否则清“0”OV。

溢出标志位 OV 的状态只有在带符号数加法运算时才有意义。当两个带符号数相加时，OV=1，表示加法运算超出了累加器 A 所能表示的带符号数的有效范围。

例如，(A) =53H、(R0) =FCH，执行指令：

ADD　A，R0

结果为：

(A) =4FH，Cy=1，Ac=0，OV=0，P=1

注意：上面的运算中，由于位 6 和位 7 同时有进位，所以标志位 OV=0。

例如，(A) = 85H、(R0) =20H、(20H) =AFH，执行指令：

ADD　A，@R0

结果为：

(A) =34H，Cy=1，Ac=1，OV=1，P=1

注意：由于位 7 有进位，而位 6 无进位，所以标志位 OV=1。

使用加法指令时需要注意以下几点：

① 参加运算的数据都应当是 8 位的，结果也是 8 位并影响 PSW。

② 根据编程者的需要，8 位数据可以是无符号数 (0～255)，也可以是有符号数 (−128～+127)。

③ 不论编程者使用的数据是有符号数还是无符号数，CPU 都将它们视为有符号数 (补码) 进行运算并影响 PSW。

3.2.2.2　带进位加法指令

在这类指令中，进位标志位 Cy 参加运算，因此是三个数相加。共四条：

ADDC　A，Rn　　；(A) ＋ (Rn) ＋Cy→A，n=0～7

ADDC　A，direct　；(A) ＋ (direct) ＋Cy→A

ADDC　A，@Ri　　；(A) ＋ ((Ri)) ＋Cy→A，i=0，1

ADDC　A，#data　；(A) ＋#data＋Cy→A

例如，(A) =85H、(20H) =FFH、Cy=1，执行以下指令：

ADDC　A，20H

结果为：

(A) =85H，Cy=1，Ac=1，OV=0，P=1（A 中 1 的位数为奇数）

例：编写计算 12A4H+0FE7H 的程序，将结果存入内部 RAM 的 41H 和 40H 单元中，其中 40H 单元存放低 8 位，41H 单元存放高 8 位。

单片机指令系统中只提供了 8 位数的加减法运算指令，两个 16 位数（双字节）的相加可分为两步进行，第一步先对低 8 位相加，第二步再对高 8 位相加。

程序如下：

```
MOV   A，#0A4H     ；被加数低 8 位→A
ADD   A，#0E7H     ；加数低 8 位 E7H 与之相加，A=8BH，Cy=1
MOV   40H，A       ；A→（40H)，存低 8 位结果
MOV   A，#12H      ；被加数高 8 位→A
ADDC  A，#0FH      ；加数高 8 位+A+Cy，A=22H
MOV   41H，A       ；存高 8 位运算结果
```

注意：这里的 Cy 是指令执行前的 Cy；对 PSW 的影响同 ADD 指令。

3.2.2.3 增 1 指令

增 1 指令共有如下五条：

```
INC   A
INC   Rn        ；n=0～7
INC   direct
INC   @Ri       ；i=0，1
INC   DPTR
```

增 1 指令不影响程序状态字 PSW 中的任何标志。即使变量原来为 FFH，加 1 后将溢出为 00H（指前四条指令），标志位也不会受到任何影响。

第五条指令 INC　DPTR 是 16 位数的增 1 指令。指令首先对低 8 位指针 DPL 的内容执行加 1 的操作，当产生溢出时，就对 DPH 的内容进行加 1 的操作，并不影响标志 Cy 的状态。

使用增 1 指令时需要注意以下几点：

① 除了第一条指令对 PSW 的 P 位有影响外，其余的指令对 PSW 均无影响。

② 由于上述原因，INC 指令不能作为一般数据的算术运算功能来使用。INC 主要在控制、循环语句中使用，用于修改数据指针等。

3.2.2.4 十进制调整指令

十进制调整指令主要用于对 BCD 码的十进制数加法运算结果进行修正。

(1) 指令格式

```
DA   A
```

两个 BCD 码按二进制相加之后的结果，必须经本指令的调整才能得到正确的压缩 BCD 码的结果。

二进制数的加法运算原则并不能适用于十进制数的加法运算，所以有时会产生错误结果。例如：

3+6=9　　0011+0101=1001　运算结果正确

7＋8＝15　0111＋1000＝1111　运算结果不正确

9＋8＝17　1001＋1000＝00001 C＝1 结果不正确

（2）BCD 码十进制数加法运算的出错原因

BCD 码只用了其中的 10 个二进制的编码，还有 6 个没用到的编码（1010，1011，1100，1101，1110，1111）称为无效码。凡 BCD 码十进制数的加法运算结果进入或者跳过无效码编码区时，其结果就是错误的。

（3）BCD 码十进制数加法运算的调整方法

调整的方法是把结果加 6 调整，即所谓十进制调整修正。

① 累加器低 4 位大于 9 或辅助进位位 Ac＝1，则进行低 4 位加 6 修正。

② 累加器高 4 位大于 9 或进位位 Cy＝1，则进行高 4 位加 6 修正。

③ 累加器高 4 位为 9，低 4 位大于 9，则高 4 位和低 4 位分别加 6 修正。

具体是通过执行指令 DA　A 来自动实现的。

例：（A）＝56H，（R5）＝67H，把它们看作为两个压缩的 BCD 数，进行 BCD 数的加法。执行指令：

```
ADD     A，R5
DA      A
```

由于高、低 4 位分别大于 9，所以要分别加 6 进行十进制调整对结果进行修正。

结果为：

（A）＝23H，Cy＝1

可见，56＋67＝123，结果是正确的。

3.2.2.5　带借位的减法指令

带借位的减法指令共有如下四条：

```
SUBB  A，Rn          ；（A）-（Rn）-Cy→A，n＝0～7
SUBB  A，direct      ；（A）-（direct）-Cy→A
SUBB  A，@Ri         ；（A）-（（Ri））-Cy→A，i＝0，1
SUBB  A，＃data      ；（A）-＃data-Cy→A
```

上述指令是把累加器 A 中的内容减去指定的变量的内容和进位标志 Cy 的值，结果存在累加器 A 中。

使用带借位的减法指令时，要注意标志位：

① 如果位 7 需借位，则置“1”Cy 位，否则清“0”Cy 位。

② 如果位 3 需借位，则置“1”Ac 位，否则清“0”Ac 位。

③ 如果位 6 需借位，而位 7 不需借位；或者位 7 需借位，位 6 不需借位，则置“1”溢出标志位 OV，否则清“0”OV 位。

例如，（A）＝C9H、（R2）＝54H、Cy＝1，执行指令：

```
SUBB  A，R2
```

结果：

（A）＝74H，Cy＝0，Ac＝0，OV＝1（位 6 向位 7 借位）

使用带借位的减法指令时需要注意以下几个问题：

① 在单片机内部，减法指令实际上是采用补码的加法来实现的。但要判定减法结果

的编程者，可以按二进制减法法则来验证。

② 无论相减的两个数是无符号数还是有符号数，减法操作总是按有符号数来处理并影响 PSW 中相关的标志位的。

③ 在 MCS-51 单片机的指令系统中没有不带 Cy 位的减法指令，所以在使用 SUBB 指令前必须使用一条清除 Cy 位的指令：CLR　C。

3.2.2.6　减 1 指令

减 1 指令共有如下四条：

```
DEC   A          ；(A) -1→A
DEC   Rn         ；(Rn) -1→Rn，n=0～7
DEC   direct     ；(direct) -1→direct
DEC   @Ri        ；((Ri)) -1→(Ri)，i=0，1
```

减 1 指令不影响标志位。

3.2.2.7　乘法指令

乘法和除法指令是 MCS-51 单片机中唯一的两个单字节 4 周期指令，它相当于 4 条加法指令的运行时间。

```
MUL   AB         ；A×B→BA
```

如果积大于 255，则置“1”溢出标志位 OV。

3.2.2.8　除法指令

```
DIV   AB         ；A/B→ A（商），余数→ B
```

如果 B 的内容为“0”（即除数为“0”），则存放结果的 A、B 中的内容不定，并置“1”溢出标志位 OV。

3.2.3　逻辑操作类指令

3.2.3.1　简单逻辑操作指令

在 MCS-51 单片机的指令系统中，专门设计了单字节、单周期对累加器清 0 和取反的指令。

(1) CLR　A

此条指令的功能是累加器 A 清“0”。不影响 Cy、Ac、OV 等标志位。

(2) CPL　A

此条指令的功能是将累加器 A 的内容按位逻辑取反，不影响标志位。

用传送指令也可以实现对累加器 A 的清 0 和取反操作，但是它们都是双字节指令。

取反指令 CPL　A 可以很方便的实现求补操作。

例：已知 30H 单元中有一个数 x，写出对它求补的程序。

程序如下：

```
MOV   A，30H
CPL   A
INC   A
MOV   30H，A
```

3.2.3.2　左环移指令

RL　A

此条指令的功能是将累加器 A 的 8 位内容向左环移一位，A 的位 7 循环移入位 0，不影响标志位。

左环移指令的执行过程如图 3-11 所示。

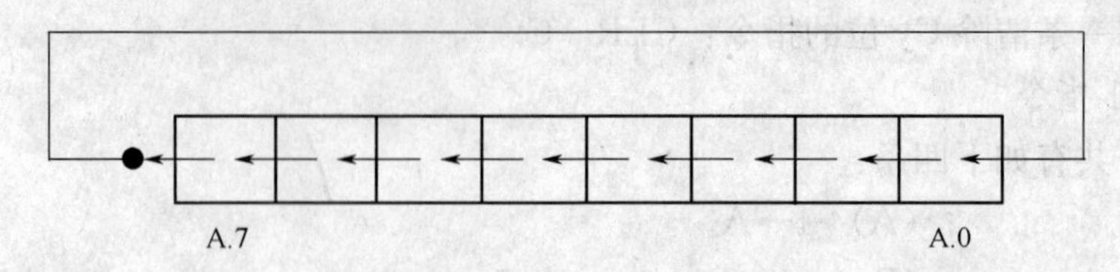

图 3-11　左环移指令

3.2.3.3　带进位左环移指令

RLC　A

此条指令的功能是将累加器 A 的 8 位内容和进位标志位 Cy 一起向左环移一位，A.7 移入进位位 Cy 中，而将 Cy 移入 A.0 中，不影响其它标志位。

带进位左环移指令的执行过程如图 3-12 所示。

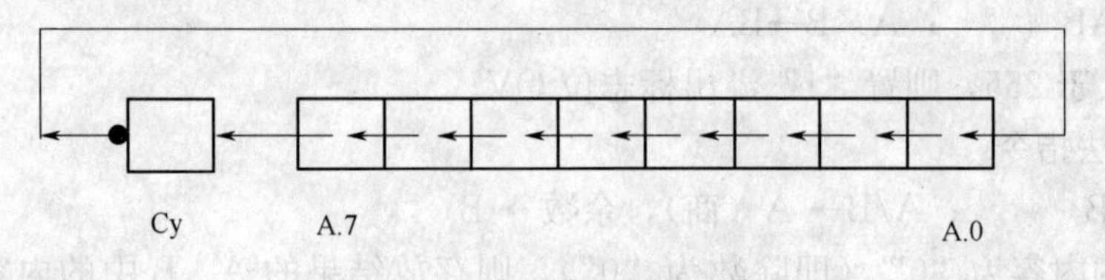

图 3-12　带进位左环移指令

3.2.3.4　右环移指令

RR　A

此条指令的功能是将累加器 A 的 8 位内容向右环移一位，将位 A.0 的内容移入位 A.7 中，不影响其它标志位。

右环移指令的执行过程如图 3-13 所示。

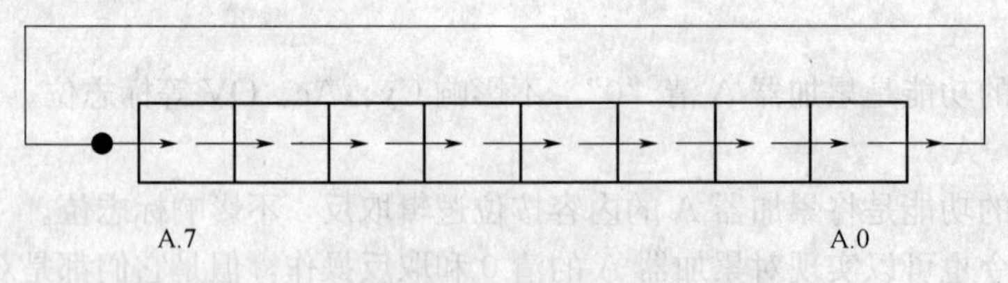

图 3-13　右环移指令

3.2.3.5　带进位右环移指令

RRC　A

此条指令的功能是将累加器 A 中的 8 位内容和进位标志位 Cy 一起向右环移一位，A.0 位的内容进入 Cy 位，Cy 位的内容移入 A.7 位。

带进位右环移指令的执行过程如图 3-14 所示。

3.2.3.6　累加器半字节交换指令

SWAP　A

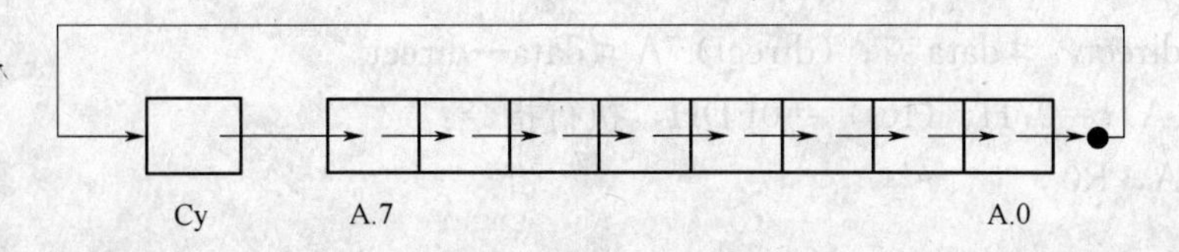

图 3-14 带进位右环移指令

此条指令的功能是将累加器 A 中的高半字节（A.7～A.4）内容和低半字节（A.3～A.0）内容互换。

例如，（A）＝0C5H，执行指令：

SWAP A

结果：

（A）＝5CH

例：在 M1 和 M1＋1 单元有一个 16 位数（M1 存低 8 位），试编程将其扩大 2 倍（设结果小于 65535）。

程序如下：

```
CLR  C          ；清除 Cy 位
MOV R1，＃M1     ；指针赋值
MOV A，@R1       ；取低 8 位数据
RLC  A          ；循环左移，Cy 进低位，高位进 Cy
MOV @R1，A       ；移位后数据回送
INC  R1         ；指针加 1
MOV A，@R1       ；取高 8 位数据
RLC  A          ；循环左移，Cy 进低位
MOV @R1，A       ；数据回送
```

例：M1、M2 单元中有两个 BCD 码，试编程将其紧缩为一个字节并存入 M1 单元。

程序如下：

```
MOV  R1，＃M1
MOV  A，@R1
SWAP A
INC  R1
ORL  A，@R1
MOV  M1，A
```

3.2.3.7 逻辑与指令

逻辑与指令共有如下六条：

```
ANL  A，Rn         ；（A）∧（Rn）→A，n＝0～7
ANL  A，direct     ；（A）∧（direct）→A
ANL  A，＃data      ；（A）∧＃data→A
ANL  A，@Ri        ；（A）∧（（Ri））→A，i＝0，1
ANL  direct，A     ；（direct）∧（A）→direct
```

ANL　direct，#data　；(direct) ∧ #data→direct

例如，(A) =07H、(R0) =0FDH，执行指令：

ANL　A，R0

结果：

(A) =05H

例：已知 R0=30H 和 (30H) =0AAH，试问执行下列指令后累加器 A 和 30H 单元中的内容是什么?

执行指令及结果：

(1) MOV　A，#0FFH
　　ANL　A，R0
　　(A=30H，(30H) =0AAH)

(2) MOV　A，#0FH
　　ANL　A，30H
　　(A=0AH，(30H) =0AAH)

(3) MOV　A，#0F0H
　　ANL　A，@R0
　　(A=0A0H，(30H) =0AAH)

(4) MOV　A，#80H
　　ANL　30H，A
　　(A=80H，(30H) =80H)

很明显，ANL 操作可以从某个存储单元中取出某几位，而把其它的位屏蔽掉(清 0)。

例：已知 M1 单元有一个 9 的 ASCII 码 39H，试编程将其变为 BCDM 码。

程序如下：

(1) 使用 ANL　direct，#data 指令

ANL　M1，#0FH

(2) 使用 ANL　A，#data 指令

MOV　A，M1
ANL　A，#0FH
MOV　M1，A

3.2.3.8　逻辑或指令

逻辑或指令共有如下六条：

ORL A，Rn　　　　；(A) ∨ (Rn) →A，n=0～7
ORL A，direct　　　；(A) ∨ (direct) →A
ORL A，#data　　　；(A) ∨ data→A
ORL A，@Ri　　　　；(A) ∨ ((Ri)) →A，i=0，1
ORL direct，A　　　；(direct) ∨ (A) →direct
ORL direct，#data　；(direct) ∨ #data→direct

例如，(P1) =05H、(A) =33H，执行指令：

ORL　P1，A

结果：

(P1) =37H

例：设累加器 A=0AAH，P1 口=0FFH。试编程将累加器 A 中的第 4 位送 P1 口的低 4 位，而 P1 口的高 4 位不变。

程序如下：

```
MOV  R0, A          ；累加器 A 中的数据暂存
ANL  A, #0FH        ；屏蔽 A 的高 4 位
ANL  P1, #0F0H      ；屏蔽 P1 口的低 4 位
ORL  P1, A          ；在 P1 口组装
MOV  A, R0          ；恢复累加器 A 的数据
```

小结：逻辑与运算可以“屏蔽”某些位；逻辑或运算可以“置位”某些位。

3.2.3.9 逻辑异或指令

逻辑异或指令共有如下六条：

```
XRL  A, Rn             ；(A) ⊕ (Rn) →A
XRL  A, direct         ；(A) ⊕ (direct) →A
XRL  A, @Ri            ；(A) ⊕ ((Ri)) →A, i=0, 1
XRL  A, #data          ；(A) ⊕ #data→A
XRL  direct, A         ；(direct) ⊕ (A) →direct
XRL  direct, #data     ；(direct) ⊕ #data →direct
```

例如，(A) =90H、(R3) =73H，执行指令：

```
XRL  A, R3
```

结果：(A) =E3H

例：已知外部 RAM 的 30H 单元中有一个数 AAH，现要将其高 4 位不变，低 4 位取反，试编程。

程序如下：

(1) 利用 MOVX A，@Ri 指令

```
MOV   R0, #30H
MOVX  A, @R0
XRL   A, #0FH
MOVX  @R0, A
```

(2) 利用 MOVX A，@DPTR 指令

```
MOV   DPTR, #0030H
MOVX  A, @DPTR
XRL   A, #0FH
MOVX  @DPTR, A
```

3.2.4 控制转移类指令

3.2.4.1 条件转移类指令

(1) 无条件转移指令

AJMP addrll

无条件转移指令可以在 2K 字节范围内进行无条件的跳转。64K 程序存储器空间可分为 32 个区，每区 2K 字节，AJMP addrll 指令的目标地址必须与 AJMP 下一条指令的第一个字节在同一 2K 个字节区范围内（即转移的目标地址必须与 AJMP 下一条指令的地址的高 5 位地址码 A15～A11 相同）。

执行指令时，PC 先加 2，然后把 addrll 送入 PC.10～PC.0，PC.15～PC.11 保持不变，程序转移到目标地址。

本指令是为能与 MCS-48 的 JMP 指令兼容而设的。

例：

```
4002H         AJMP   MM
  ⋮
4600H   MM：MOV    A，#00H
```

使用无条件转移指令时，目标语句必须和当前语句在同页。在 MCS-51 单片机中，64KB 程序存储器分成了 32 页，每页 2KB（7FFH）。比如：

0000H～07FFH

0800H～0FFFH

1000H～17FFH

1800H～1FFFH

AJMP 无条件转移指令是用来作页内 2K 范围内的转移，如果使用不当，会发生错误的“跨页”操作。产生跨页的原因是由于 AJMP 指令处于每一页的最后两个单元的结果，所以避免这种现象的方法就是不要在每一页的最后两个单元使用 AJMP 指令。

如果目标地址与 AJMP 地址不在同一页内，建议使用 LJMP 指令替代 AJMP。

使用 AJMP 指令时，11 位的绝对地址可以用符号地址来取代。

（2）相对转移指令

SJMP rel

相对转移指令用来实现程序的转移是双向的。

在编写程序时，直接写上要转向的目标地址标号就可以。例如：

```
LOOP：   MOV   A，R6
⋮
         SJMP  LOOP
         ⋮
```

程序在汇编时，由汇编程序自动计算和填入相应的偏移量。

手工汇编时，偏移量 rel 的值则需程序设计人员自己进行手工计算，很容易出错。

实际编程时，经常使用符号地址来取代 rel 以简化计算，在汇编时由汇编程序来自动计算 rel 的值并填写到相应的位置。

例：

```
4060H            SJMP        LOOP
  ⋮
4090H   LOOP：MOV        A，#0FFH
```

⋮

相对转移指令属于短跳转指令，其目标语句地址必须在当前语句向前 128（80H）字节，向后 127（7FH）字节，否则在进行程序编译时肯定出错。

（3）长跳转指令

LJMP　addr16

长跳转指令执行时，把指令的第二和第三字节分别装入 PC 的高位和低位字节中，无条件地转向 addr16 所指出的目标地址。目标地址可以在 64K 程序存储器地址空间的任何位置。

（4）间接跳转指令

JMP　@A+DPTR

间接跳转指令的目标地址是由累加器 A 中的 8 位无符号数与 DPTR 中的 16 位数之和来确定的。以 DPTR 内容作为基址，A 的内容作为变址。

在实际编程时，根据需要给累加器 A 赋予不同的值，即可实现程序的多分支转移。例如：

```
        MOV DPTR，#TABLE    ；指针赋表头地址
        JMP  A，@DPTR       ；转移地址由 A+DPTR 产生
TABLE:  AJMP  ROUT0         ；多分支转移表
        AJMP  ROUT1
        AJMP  ROUT1
        AJMP  ROUT2
          ⋮
```

例：编写程序实现如下功能：如果（A）＝00H，执行 SS 子程序；如果（A）＝01H，执行 MM 子程序；如果（A）＝02H，执行 XX 子程序。

程序如下：

```
            ORG     4000H
            MOV     DPTR，   #5000H
            MOV     R2，A
            CLR     C
            RLC     A
            ADD     A，   R2
            JMP     @A+DPTR
              ⋮
            ORG     5000H
5000H       LCALL   SS
5003H       LCALL   MM
5006H       LCALL   XX
```

（5）条件转移指令

使用条件转移指令时，程序的转移是有条件的。规定的条件满足，则进行转移；条件不满足，则顺序执行下一条指令。

当条件满足时，把 PC 装入下一条指令的第一个字节地址，再把带符号的相对偏移量 rel 加到 PC 上，计算出目标地址。

```
JZ    rel      ；如果累加器为“0”，则转移
JNZ   rel      ；如果累加器非“0”，则转移
```

例：

```
MOV   A，＃10H
JZ    OUT
MOV   R2，＃30H
  ⋮
OUT：
RLC   A
……
```

(6) 比较不相等转移指令

比较不相等转移指令共有如下四条：

```
CJNE  A，direct，rel
CJNE  A，＃data，rel
CJNE  Rn，＃data，rel
CJNE  @Ri，＃data，rel
```

比较不相等转移指令用于比较前面两个操作数的大小，如果它们的值不相等则转移。

如果第一操作数（无符号整数）小于第二操作数（无符号整数），则置进位标志位 Cy，否则清“0” Cy。

例：编写程序实现如下功能：如果（A）＝00H，执行 SS 子程序；如果（A）＝10H，执行 MM 子程序；如果（A）＝20H，执行 XX 子程序。

程序如下：

```
        CJNE      A，＃00H，SS
          ⋮
        CJNE      A，＃10H，MM
          ⋮
        CJNE      A，＃20H，XX
          ⋮
SS：    ……
          ⋮
MM：    ……
          ⋮
XX：    ……
          ⋮
```

(7) 减 1 不为 0 转移指令

减 1 不为 0 转移指令是一组把减 1 与条件转移两种功能结合在一起的指令。共两条指令：

```
DJNZ   Rn，rel   ；n＝0～7
DJNZ   direct，rel
```

减1不为0转移指令将源操作数（Rn或direct）减1，结果回送到Rn寄存器或direct中去，如果结果不为0则转移。

允许程序员把寄存器Rn或内部RAM的direct单元用作程序循环计数器。主要用于控制程序的循环。以减1后是否为“0”作为转移条件，即可实现按次数控制循环。

例：编程实现将内部RAM中30H～3FH的数依次送到70H～7FH单元中。

程序如下：

```
        ORG     0000H
        MOV     R0，#30H      ；数据源首地址
        MOV     R1，#70H      ；数据存放目标首地址
        MOV     R2，#10H      ；数据个数
LOOP：  MOV     A，@R0
        MOV     @R1，A
        INC     R0
        INC     R1
        DJNZ    R2，LOOP
        SJMP    $
        END
```

例：编程实现把片内RAM中以DATA为起始地址的数据块中连续的10个无符号数相加，并把和送到SUN单元（设其和小于256）。

程序如下：

```
          ORG 1000H
START：   MOV R2，#0AH      ；数据块长度10送计数器R2
          MOV R0，#DATA     ；数据块起始地址送指针R0
          CLR  A            ；累加器清0
LOOP：    ADD A，@R0        ；累加部分和
          INC  R0
          DJNZ R2，LOOP     ；若R2-1≠0则转LOOP继续
          MOV SUN，A        ；存累加和
          SJMP $            ；停机
          END
```

这是一个循环结构的程序，DJNZ指令又是决定整个循环是否结束的控制语句。

（8）条件转移类指令范例

请仔细体会下面四个程序的不同之处。

例：将00H～0FH这16个数顺序地置入片内RAM20H～2FH单元中。

程序如下：

方案1：

```
        MOV   R0，#20H
```

```
        MOV   R7，#0FH
        CLR   A
LOOP：MOV   @R0，A
        INC   A
        INC   R0
        DJNZ  R7，LOOP
        SJMP  $
```

方案 2：

```
        MOV   R0，#20H
        MOV   R7，#0FH
        CLR   A
LOOP：MOV   @R0，A
        INC   A
        INC   R0
        CJNE  A，#0FH，LOOP
        SJMP  $
```

方案 3：

```
        MOV   R0，#20H
        MOV   A，#0FH
        MOV   30H，#00H
LOOP：MOV   @R0，30H
        INC   30H
        INC   R0
        DEC   A
        JNZ   LOOP
        SJMP  $
```

方案 4：

```
        MOV   R0，#20H
        MOV   A，#0FH
        MOV   30H，#00H
LOOP：MOV   @R0，30H
        INC   30H
        INC   R0
        SUBB  A，#01H
        JNC   LOOP
        SJMP  $
```

3.2.4.2 调用子程序指令

(1) 短调用指令

ACALL addrll

使用短调用指令需要注意以下几点：

① 该指令结果不影响程序状态字寄存器 PSW。

② 调用范围与 AJMP 指令相同，是为了与 MCS-48 中的 CALL 指令兼容而设的。

(2) 长调用指令

LCALL　addr16

使用长调用指令需要注意以下几点：

① 该指令结果不影响程序状态字寄存器 PSW。

② 调用范围与 LJMP 指令相同。

3.2.4.3　子程序的返回指令

RET

执行子程序的返回指令时：

(SP) →PCH，然后 (SP) −1→SP

(SP) →PCL，然后 (SP) −1→SP

子程序的返回指令的功能是从堆栈中退出 PC 的高 8 位和低 8 位字节，把栈指针减 2，从 PC 值开始继续执行程序。

该指令结果不影响程序状态字寄存器 PSW。

3.2.4.4　中断返回指令

RETI

中断返回指令的功能和 RET 指令相似。两条指令的不同之处是：中断返回指令清除了中断响应时被置"1"的 MCS-51 单片机内部的中断优先级寄存器的优先级状态。

该指令的结果同样也不影响程序状态字寄存器 PSW。

3.2.4.5　空操作指令

NOP

空操作指令仅使程序计数器 PC 的内容加 1，消耗 12 个时钟周期，所以时常用于延时程序中。

空操作指令的结果同样也不影响程序状态字寄存器 PSW。

3.2.5　位操作指令

位操作指令的操作数是"位"，其取值只能是 0 或 1，故又称之为布尔变量操作指令。

位操作指令的操作对象是片内 RAM 的位寻址区（即 20H～2FH）和特殊功能寄存器 SFR 中的 11 个可位寻址的寄存器。片内 RAM 的 20H～2FH 共 16 个单元 128 个位，我们为这 128 个位的每个位均定义一个名称，00H～7FH 称为位地址。对于特殊功能寄存器 SFR 中可位寻址的寄存器的每个位也有名称定义。

3.2.5.1　数据位传送指令

MOV　C，bit

MOV　bit，C

例：将 00H 位和 7FH 位中的内容互换。

程序如下：

MOV　C，00H

```
MOV  01H，C
MOV  C，7FH
MOV  00H，C
MOV  C，01H
MOV  7FH，C
```

两个位互换必须找一个位作为缓冲位。

3.2.5.2 位变量修改指令

```
CLR   C    ；清“0”Cy
CLR   bit  ；清“0”bit位
CPL   C    ；Cy求反
CPL   bit  ；bit位求反
SETB  C    ；置“1”Cy
SETB  bit  ；置“1”bit位
```

位变量修改指令将操作数指出的位清“0”、求反、置“1”，不影响其它标志。

例：

```
CLR   C      ；0→Cy
CLR   27H    ；0→（24H）.7位
CPL   08H    ；→（21H）.0位
SETB  P1.7   ；1→P1.7位
```

例：将P1口的第7位置成高电平。

```
SETB     P1.7
```

3.2.5.3 位变量逻辑与指令

```
ANL  C，bit          ；bit∧Cy→Cy
ANL  C，/bit；       ；/bit ∧Cy→Cy
```

3.2.5.4 位变量逻辑或指令

```
ORL  C，bit
ORL  C，/bit
```

3.2.5.5 条件转移类指令

```
JC   rel        ；如果进位位Cy=1，则转移
JNC  rel        ；如果进位位Cy=0，则转移
JB   bit，rel   ；如果直接寻址位=1，则转移
JNB  bit，rel   ；如果直接寻址位=0，则转移
JBC  bit，rel   ；如果直接寻址位=1，则转移，并清0直接寻址位
```

例：

```
JB    P1.0，LOOP
JBC   P1.1，LOOP1
```

3.2.5.6 位操作指令应用举例

例：已知内部RAM的M1、M2单元各有两个无符号的8位数。试编程比较其大小，并将大数送MAX单元。

程序如下：

```
        MOV    A，M1          ；操作数 1 送累加器 A
        CJNE   A，M2，LOOP    ；两个数相比较
LOOP：  JNC    LOOP1          ；M1≥M2 时转 LOOP1
        MOV    A，M2          ；M1<M2 时，取 M2 到 A
LOOP1：MOV    MAX，A          ；A 中数据送 MAX 单元
```

说明：

① 第 2 条指令作为比较指令使用，不论结果都转 LOOP；

② 第 3 条指令是一条位控转移指令，根据 Cy 的状态控制转移。

例：已知在 20H 单元中有一个数 X，若 X<50 则转向 LOOP1；若 X=50 则转向 LOOP2；若 X>50 则转向 LOOP3。

程序如下：

```
        MOV    A，20H          ；X→A
        CJNE   A，#50H，COMP   ；A≠50H 时转 COMP
        SJMP   LOOP2           ；A=50H 时转 LOOP2
COMP：  JNC    LOOP3           ；A>50H 时转 LOOP3
LOOP1：……
        ⋮
LOOP2：……
        ⋮
LOOP3：……
        ⋮
```

例：已知外部 RAM 的 2000H 开始有一个输入数据缓冲区，数据区以回车符 CR（对应的 ASCII 码为 0DH）为结束标志。试编程将正数送 30H 开始的单元，负数送 40H 开始的单元。

程序如下：

```
        MOV    DPTR，#2000H      ；缓冲区指针赋初值
        MOV    R0，#30H          ；正数区指针赋初值
        MOV    R1，#40H          ；负数区指针赋初值
NEXT：  MOVX   A，@DPTR          ；从外部 RAM 缓冲区取数
        CJNE   A，#0DH，COMP     ；若 A≠0DH 转 COMP
        SJMP   DONE              ；A=0DH 时结束
COMP：  JB     ACC.7，LOOP       ；数据为负时转 LOOP
        MOV    @R0，A            ；正数处理
        INC    R0                ；修改指针
        INC    DPTR
        SJMP   NEXT              ；返回继续
LOOP：  MOV    @R1，A            ；负数处理
        INC    R1                ；修改指针
```

```
        INC     DPTR
        SJMP    NEXT            ；返回继续
DONE：  RET                     ；结束
```

3.3 程序设计

程序设计语言可以按照语言的结构及功能分为以下几种。

（1）机器语言

机器语言是用二进制代码 0 和 1 表示指令和数据的最原始的程序设计语言。

采用机器语言所编写的程序不易看懂，不便于记忆，且容易出错。

（2）汇编语言

在汇编语言中，指令用助记符表示，地址、操作数可用标号、符号地址及字符等形式来描述。只有将汇编语言程序转换成为二进制代码表示的机器语言程序，单片机才能识别和执行。这种转换一般由专门的程序来完成，这种程序称为汇编程序。经汇编程序的“汇编（翻译）”得到的机器语言程序称为目标程序，原来的汇编语言程序则称为源程序。

汇编语言是面向机器硬件的语言，要求程序设计者对 MCS-51 单片机的硬件有相当深入的了解。由于汇编语言中的助记符指令和机器指令是一一对应的，所以用汇编语言编写的程序效率高、占用存储空间小、运行速度快。用汇编语言能编写出最优化的程序。

另外，汇编语言能直接管理和控制硬件设备（功能部件），它能处理中断，也能直接访问存储器及 I/O 接口电路。

汇编语言和机器语言都脱离不开具体机器的硬件，均是面向“机器”的语言，缺乏通用性。

（3）高级语言

高级语言是接近于人的自然语言，是面向过程而独立于机器的通用语言。

高级语言不受具体机器的限制，使用了许多数学公式和数学计算上的习惯用语，非常擅长于科学计算。常用的高级语言有 BASIC、FORTRAN 以及 C 语言等。高级语言通用性强，直观、易懂、易学，可读性好。

但是在很多需要直接控制硬件的应用场合，则更是非用汇编语言不可。使用汇编语言编程，是单片机程序设计的基本功之一。

3.3.1 伪指令及程序格式

MCS-51 单片机的汇编语言包含以下两类不同性质的指令：

① 基本指令：即指令系统中的指令。它们都是机器能够执行的指令，每一条指令都有对应的机器码。

② 伪指令：汇编时用于控制汇编的指令，也叫汇编控制命令。它们都是机器不执行的指令，无对应的机器码。

3.3.1.1 伪指令

在单片机汇编语言程序设计中，除了使用指令系统规定的指令外，还要用到一些伪指令。伪指令又称指示性指令，具有和指令类似的形式，但汇编时伪指令并不产生可执行的目标代码，只是对汇编过程进行某种控制或提供某些汇编信息。

下面对常用的伪指令作一简单介绍。

（1）定位伪指令 ORG

① 格式：

［标号：］　ORG　地址表达式

② 功能：规定程序块或数据块存放的起始位置。

例：

```
ORG   1000H
MOV   A，#20H
```

表示下面指令 MOV　A，#20H 存放于 1000H 开始的单元。

在一个源程序中，可多次使用 ORG 指令来规定不同的程序段的起始地址。但是，地址必须由小到大排列，地址不能交叉、重叠。

例：

```
ORG   2000H
  ⋮
ORG   2500H
  ⋮
ORG   3000H
  ⋮
```

（2）定义字节数据伪指令 DB

① 格式：

［标号：］　DB　字节数据表

② 功能：在程序存储器的连续单元中定义字节数据。字节数据表可以是多个字节数据、字符串或表达式，它表示将字节数据表中的数据从左到右依次存放在指定地址单元中。

例：

```
ORG   2000H
DB    30H，40H，24，"C"，"B"
```

汇编后：

（2000H）＝30H

（2001H）＝40H

（2002H）＝18H（十进制数 24）

（2003H）＝43H（字符“C”的 ASCII 码）

（2004H）＝42H（字符“B”的 ASCII 码）

DB 的功能是从指定单元开始定义（存储）若干个字节，十进制数自然转换成十六进制数，字母按 ASCII 码存储。

（3）定义字数据伪指令 DW

① 格式：

[标号:] DW 字数据表

② 功能：与DB类似，但DW定义的数据项为字，包括两个字节，存放时高位在前，低位在后。

例：

ORG 2000H

DW 1246H，7BH，10

汇编后：

(2000H) =12H ；第1个字

(2001H) =46H

(2002H) =00H ；第2个字

(2003H) =7BH

(2004H) =00H ；第3个字 (2005H) =0AH

(2005H) =0AH

(4) 定义空间伪指令DS

① 格式：

[标号:] DS 表达式

② 功能：从指定的地址开始，保留多少个存储单元作为备用的空间。

例：

ORG 1000H

BUF：DS 50

TAB：DB 22H

表示从1000H开始的地方预留50（1000H～1031H）个字节的存储空间，22H存放在1032H单元中。

(5) 符号定义伪指令EQU或=

① 格式：

符号名 EQU 表达式

符号名 = 表达式

② 功能：将表达式的值或某个特定汇编符号定义为一个指定的符号名。只能用来定义单字节数据，并且必须遵循先定义后使用的原则。因此，该语句通常放在源程序的开头部分。

例：

LEN = 10

SUM EQU 21H

⋮

MOV A，#LEN

上述指令执行后，累加器A中的值为0AH。

(6) 数据赋值伪指令DATA

① 格式：

符号名 DATA 表达式

② 功能：将表达式的值或某个特定汇编符号定义一个指定的符号名。只能用于定义单字节的数据，但可以先使用后定义。因此，用它定义数据可以放在程序末尾。

例：

```
  ⋮
MOV  A，#LEN
  ⋮
LEN  DATA  10
```

尽管 LEN 的引用在定义之前，但汇编语言系统仍可以知道 A 的值是 0AH。

（7）数据地址赋值伪指令 XDATA

① 格式：

符号名　XDATA　表达式

② 功能：将表达式的值或某个特定汇编符号定义一个指定的符号名。可以先使用后定义，并且用于双字节数据定义。

例：

```
DELAY  XDATA  0356H
  ⋮
LCALL  DELAY  ；
```

执行指令后，程序转到 0356H 单元执行。

（8）汇编结束伪指令 END

① 格式：

[标号：]　END

② 功能：汇编语言源程序结束标志，用于整个汇编语言程序的末尾处。在整个源程序中只能有一条 END 命令，且位于程序的最后。

3.3.1.2　程序格式

采用助记符表示的 MCS-51 单片机的汇编语言语句格式如下：

标号：	操作码	操作数或操作数地址	；注释

对于汇编语言的语句格式需要注意以下几点：

① 标号字段和操作码字段之间要有冒号“：”相隔；

② 操作码字段和操作数字段间的分界符是空格；

③ 双操作数之间用逗号相隔；

④ 操作数字段和注释字段之间的分界符用分号“；”相隔；

⑤ 在汇编语言的语句格式中，操作码字段为必选项，其余各段皆为任选项。

例：下面是一段汇编语言程序的四分段书写格式

```
标号字段    操作码字段    操作数字段          注释字段
START：     MOV          A，#00H            ；0→A
            MOV          R1，#10            ；10→R1
            MOV          R2，#00000011B     ；3→R2
```

```
LOOP:   ADD     A, R2         ; (A) + (R2) →A
        DJNZ    R1, LOOP      ; R1内容减1不为0，则循环
        NOP
HERE:   SJMP    HERE
```

(1) 标号字段

标号是语句所在地址的标志符号，是程序员根据编程需要给指令设定的符号地址，可有可无。

使用标号时需要注意以下几点：

① 标号后边必须跟以冒号“:”；

② 由1～8个ASCII字符组成，第一个字符必须是英文字母，不能是数字或其它符号；

③ 同一标号在一个程序中只能定义一次，不可以重复使用；

④ 不能使用汇编语言已经定义的符号作为标号。

(2) 操作码字段

操作码表示指令的操作种类，规定了指令的具体操作。操作码是汇编语言指令中唯一不能空缺的部分，汇编程序就是根据这一字段来生成机器代码的。

例如：ADD（加操作），MOV（数据的传送操作）。

(3) 操作数字段

操作数或操作数地址是用于表示参加运算的数据或数据的地址的。操作数和操作数之间必须用逗号分开。操作数一般有以下几种形式：

① 没有操作数项，操作数隐含在操作码中，如RET指令；

② 只有一个操作数，如CPL　A指令；

③ 有两个操作数，如“MOV　A，#00H”指令，操作数之间以逗号相隔；

④ 有三个操作数，如“CJNE　A，#00H，NEXT”指令，操作数之间也以逗号相隔。

编程时，对于操作数的使用需要注意以下几点：

① 十六进制、二进制和十进制形式的操作数表示是不同的。

一般情况下，是采用十六进制的形式来表示操作数的；只有在某些特殊的场合，才采用二进制或十进制的表示形式。

十六进制形式，需加后缀“H”；二进制形式，需加后缀“B”；十进制形式，需加后缀“D”，也可以省略后缀“D”（建议不要省略后缀“D”）。

若十六进制的操作数以字符A～F中的某个开头时，则需在它前面加一个“0”，以便在汇编时把它和字符A～F区别开来。

② 工作寄存器和特殊功能寄存器的表示：采用工作寄存器和特殊功能寄存器的代号来表示，也可用其地址来表示。

例如，累加器可用A（或Acc）表示；也可用0E0H来表示，0E0H为累加器A的地址。

③ 美元符号$的使用：美元符号$可用于表示该转移指令操作码所在的地址。

例如，指令：

```
    JNB  F0, $
```

与如下指令是等价的：

```
HERE：JNB  F0，HERE
```

再如：

```
HERE：SJMP  HERE
```

可写为：

```
SJMP  $
```

(4) 注释字段

注释是对指令的解释和说明，主要用于提高程序的可读性。

注释必须以分号“;”开头，也可以换行书写，但必须注意也要以分号“;”开头。

汇编时，注释字段不会产生机器代码。

良好的编程风格需要良好的注释习惯。

3.3.2 简单程序设计举例

单片机汇编语言程序设计的基本步骤如下：

① 分析问题并确定算法。明确被控对象对软件的要求、设计出算法等。

② 画出程序流程图。编写较复杂的程序，画出程序流程图是十分必要的。程序流程图也称为程序框图，是根据控制流程设计的。它可以使程序清晰、结构合理，按照基本结构编写程序，便于调试。

③ 分配内存。分配内存单元及有关端口地址，要根据程序区、数据区、暂存区、堆栈区等预计所占空间大小，对片内外存储区进行合理分配并确定每个区域的首地址，便于编程使用。

④ 编写汇编语言源程序。一定要养成在程序的适当位置上加注释的好习惯。

⑤ 仿真调试程序。编写完毕的程序在上机调试前必须“汇编”成机器代码，才能调试和运行。调试与硬件有关程序还要借助于仿真开发工具并与硬件连接。

3.3.2.1 顺序程序

顺序程序是最简单、最基本的程序结构，其特点是按指令的排列顺序一条条地执行，直到全部指令执行完毕为止。在顺序程序中没有任何的转移指令。

例：将内部 RAM 30H 单元开始的 4 个单元中存放的 4 字节十六进制数和内部 RAM 40H 单元开始的 4 个单元中存放的 4 字节十六进制数相加，结果存放到 40H 开始的单元中。

程序及结果如下：

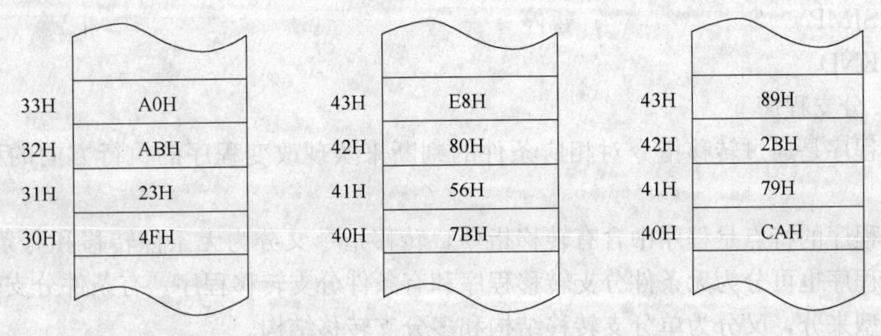

```
ORG     0000H
MOV     A，30H
ADD     A，40H
MOV     40H，A    ；最低字节加法并送结果
MOV     A，31H
ADDC    A，41H
MOV     41H，A    ；第二字节加法并送结果
MOV     A，32H
ADDC    A，42H
MOV     42H，A    ；第三字节加法并送结果
MOV     A，33H
ADDC    A，43H
MOV     43H，A    ；第四字节加法并送结果，进位位在Cy中
SJMP    $
END
```

例：设X、Y两个小于10的整数分别存于片内30H、31H单元，试求两数的平方和并将结果存于32H单元。

两数均小于10，故两数的平方和小于100，可利用乘法指令求平方。程序流程如图3-15所示。

参考程序如下：

```
ORG     2000H
MOV     A，30H    ；取30H单元数据
MOV     B，A      ；将X送入B寄存器
MUL     AB        ；求X²，结果在累加器中
MOV     R1，A     ；将结果暂存于R1寄存器中
MOV     A，31H    ；取31H单元数据
MOV     B，A      ；将Y送入B寄存器
MUL     AB        ；求Y²，结果在累加器中
ADD     A，R1     ；求X²＋Y²
MOV     32H，A    ；保存数据
SJMP    $         ；暂停
END
```

3.3.2.2　分支程序

分支程序是通过转移指令对相应条件的判断来实现改变程序的执行方向的程序设计方法。

分支程序的特点是程序中含有转移指令，转移指令又分为无条件转移和有条件转移，因此分支程序也可分为无条件分支转移程序和有条件分支转移程序。有条件分支转移程序按结构类型来分，又分为单分支转移结构和多分支转移结构。

分支程序有三种基本形式，如图3-16所示。

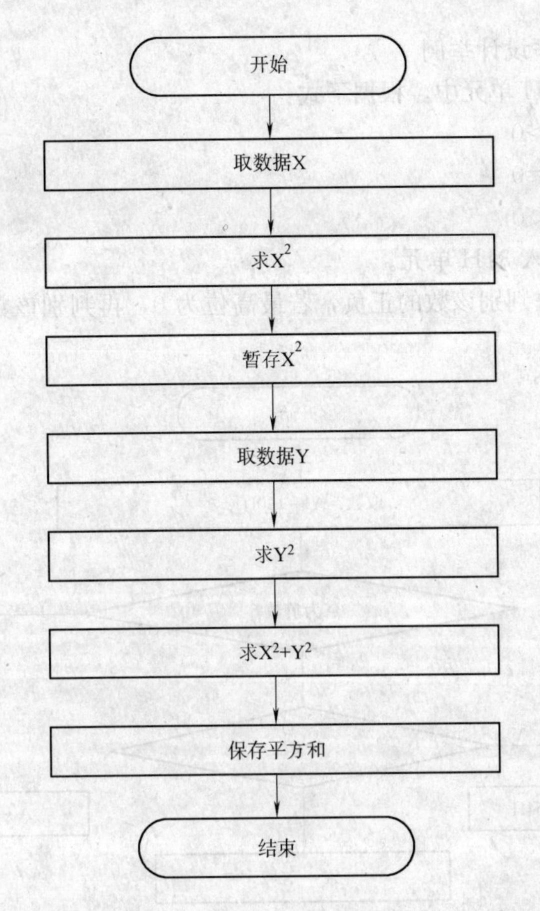

图 3-15　求平方和程序流程图

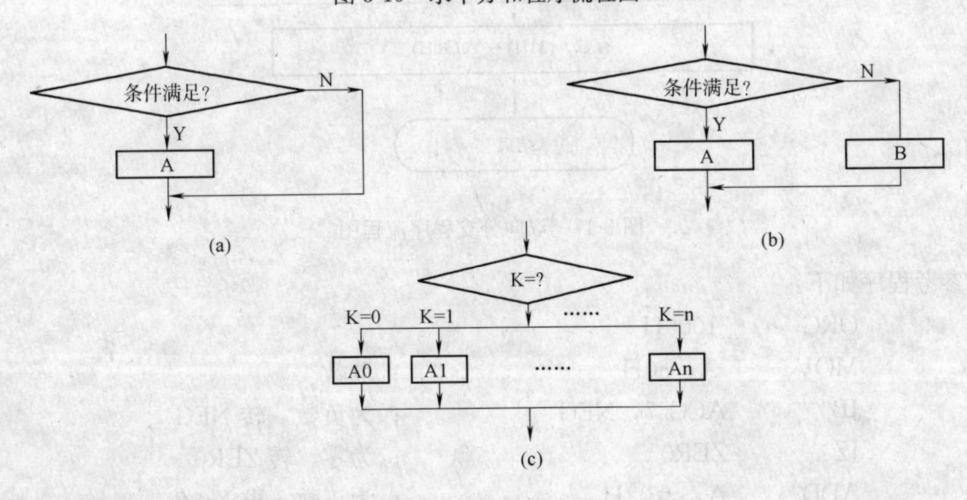

图 3-16　分支程序的三种基本形式

分支程序的设计要点如下：

① 先建立可供条件转移指令测试的条件；

② 选用合适的条件转移指令；

③ 在转移的目的地址处设定标号。

(1) 双向分支程序设计举例

例：设 X 存在 30H 单元中，根据下式：

$$Y=\begin{cases} X+2 & X>0 \\ 100 & X=0 \\ |X| & X<0 \end{cases}$$

求出 Y 值，将 Y 值存入 31H 单元。

根据数据的符号位判别该数的正负，若最高位为 0，再判别该数是否为 0。程序流程如图 3-17 所示。

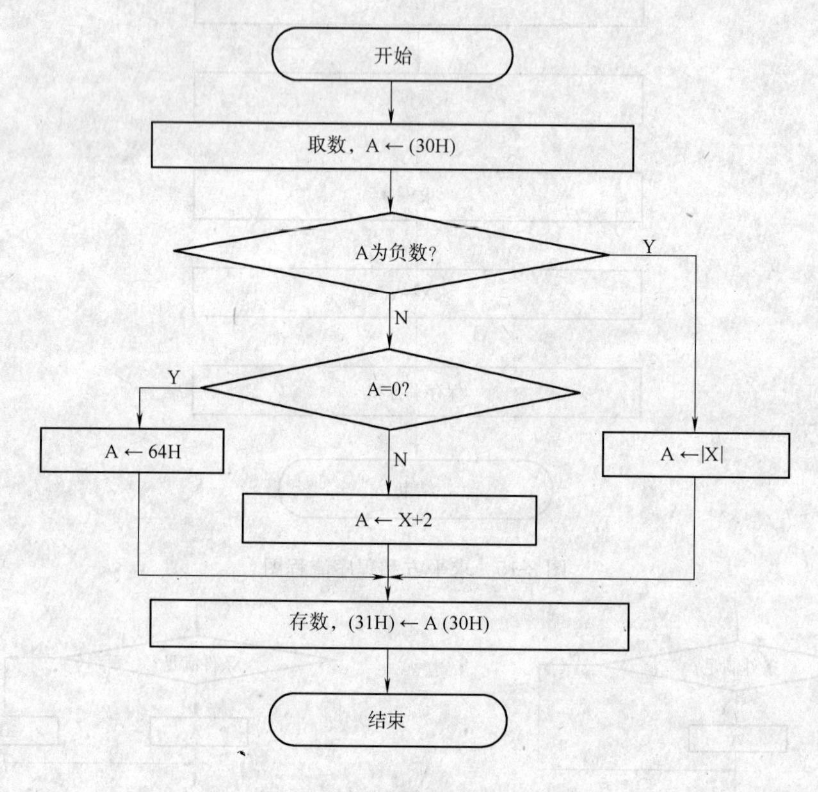

图 3-17　双向分支程序流程图

参考程序如下：

```
        ORG     1000H
        MOV     A，30H          ；取数
        JB      ACC.7，NEG      ；为负数，转 NEG
        JZ      ZER0            ；为零，转 ZER0
        ADD     A，#02H         ；为正数，求 X+2
        AJMP    SAVE            ；转到 SAVE，保存数据
ZER0：  MOV     A，# 64H        ；数据为零，Y=100
        AJMP    SAVE            ；转到 SAVE，保存数据
NEG：   DEC     A
        CPL     A               ；求 |X|
```

```
SAVE:  MOV     31H, A          ; 保存数据
       SJMP    $               ; 暂停
```

(2) 多向分支程序设计举例

例：根据 R0 的值转向七个分支程序：

R0<10，转向 SUB0

R0<20，转向 SUB1

⋮

R0<60，转向 SUB5

R0≥60，转向 SUB6

利用 JMP @A+DPTR 指令直接给 PC 赋值，使程序实现转移。程序流程如图 3-18 所示。

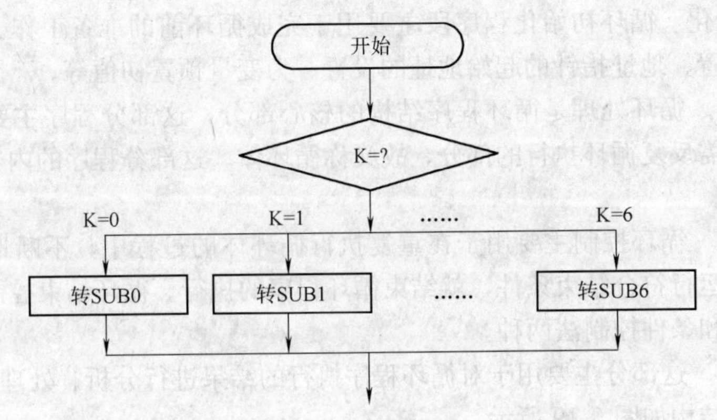

图 3-18　多向分支程序流程图

参考程序如下：

```
        ORG     2000H
        MOV     DPTR, #TAB      ; 转移指令表首地址
        MOV     A, R0           ; 取数
        MOV     B, #10
  ……
        DIV     AB              ; A10, 商在 A 中
        CLR     C
        RLC     A               ; A←2A
        JMP     @A+DPTR         ; PC ← A+DPTR
TAB:    AJMP    SUB0            ; 转移指令表
        AJMP    SUB1
        AJMP    SUB2
        AJMP    SUB5
        AJMP    SUB6
```

3.3.2.3　循环程序

在实际编程中，经常遇到需要在程序中反复执行的程序段，为了避免在程序中多次的

编写，可以通过利用条件转移或无条件转移指令来控制程序的执行。

循环程序的特点是在程序中含有可以反复执行的程序段，该程序段通常称为循环体。例如求 100 个数的累加和，则没有必要连续安排 100 条加法指令，可以只用一条加法指令并使其循环执行 100 次。

（1）循环程序的特点

循环程序具有以下特点：

① 可大大缩短程序长度；

② 使程序所占的内存单元数量少；

③ 使程序结构紧凑和可读性变好。

（2）循环程序的结构

循环程序主要由以下四部分组成：

① 循环初始化　循环初始化程序段主要用于完成循环前的准备工作。例如，循环控制计数初值的设置、地址指针的起始地址的设置、为变量预置初值等。

② 循环处理　循环处理是循环程序结构的核心部分，这部分程序主要用于完成实际的处理工作，是需反复循环执行的部分，故又称循环体。这部分程序的内容，取决于实际处理问题的本身。

③ 循环控制　循环控制主要用于在重复执行循环体的过程中，不断地修改循环控制变量，直到程序运行符合结束条件，就结束循环程序的执行。循环结束控制方法，可分为循环计数控制法和条件控制法两种。

④ 循环结束　这部分主要用于对循环程序执行的结果进行分析、处理和存放。

循环程序的结构如图 3-19 所示。

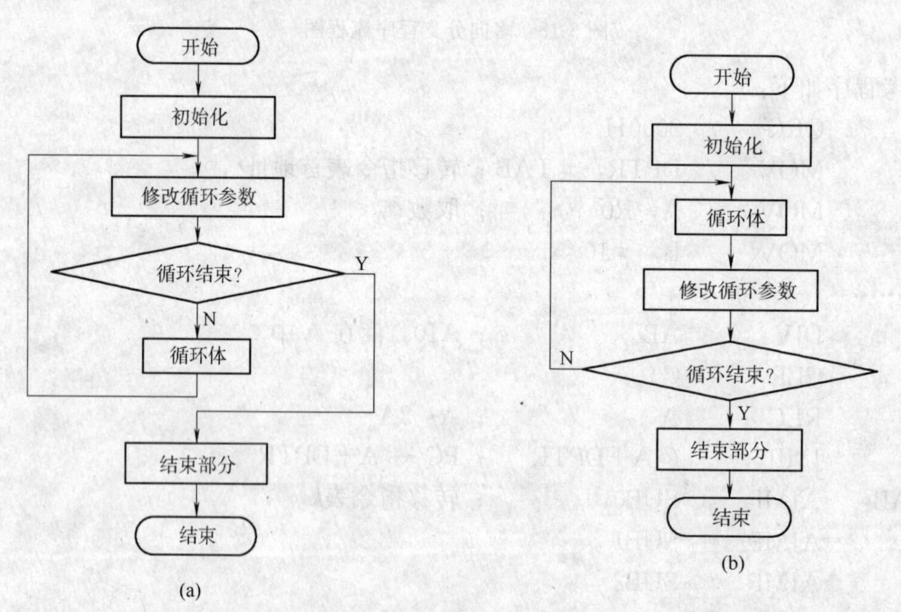

图 3-19　循环程序的结构

（a）当型循环结构　（b）直到型循环结构

循环程序按结构形式，有单重循环与多重循环。在多重循环中，只允许外重循环嵌套内重循环，不允许循环相互交叉，也不允许从循环程序的外部跳入循环程序的内部，如图 3-20 所示。

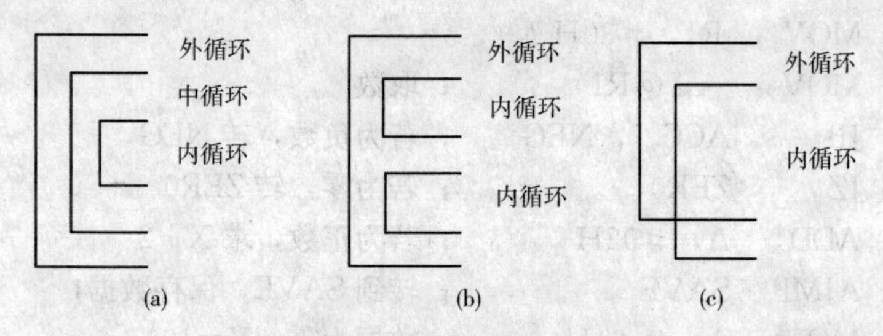

图 3-20　多重循环嵌套

(a) 嵌套正确　(b) 嵌套正确　(c) 交叉不正确

(3) 循环程序设计举例

例：有一数据块从片内 RAM 的 30H 单元开始存入，设数据块长度为 10 个单元。根据下式：

$$Y=\begin{cases} X+2 & X>0 \\ 100 & X=0 \\ |X| & X<0 \end{cases}$$

求出 Y 值，并将 Y 值放回原处。设置一个计数器控制循环次数，每处理完一个数据，计数器减 1。程序流程如图 3-21 所示。

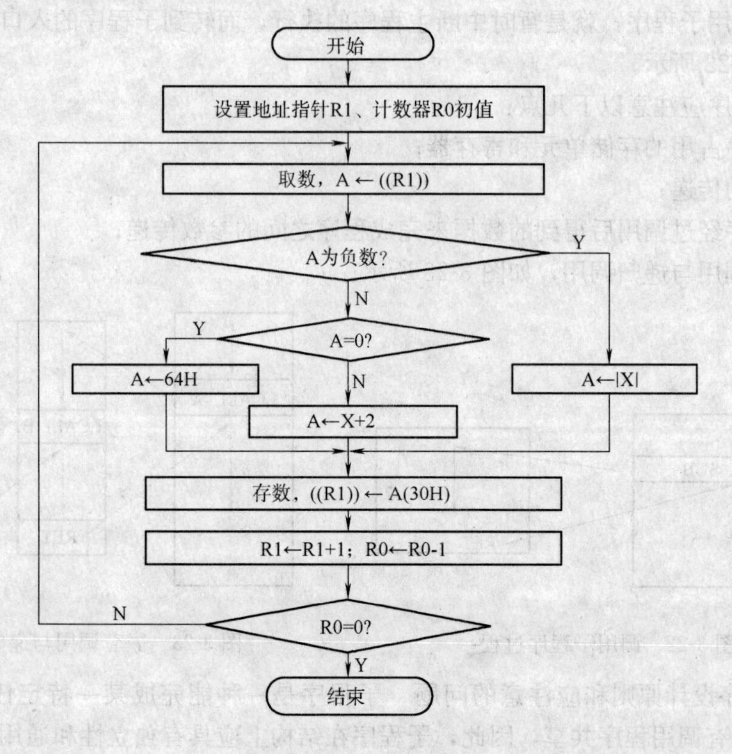

图 3-21　循环程序举例流程图

参考程序如下：

```
         ORG    2000H
         MOV    R0，#10
         MOV    R1，#30H
START：  MOV    A，@R1          ；取数
         JB     ACC.7，NEG      ；若为负数，转 NEG
         JZ     ZER0            ；若为零，转 ZER0
         ADD    A，#02H         ；若为正数，求 X+2
         AJMP   SAVE            ；转到 SAVE，保存数据
ZER0：   MOV    A，# 64H        ；数据为零，Y=100
         AJMP   SAVE            ；转到 SAVE，保存数据
NEG：    DEC    A
         CPL    A               ；求 |X|
SAVE：   MOV    @R1，A          ；保存数据
         INC    R1              ；地址指针指向下一个地址
         DJNZ   R0，START       ；数据未处理完，继续处理
         SJMP   $               ；暂停
```

3.3.2.4 单片机常见汇编语言程序设计举例

(1) 子程序

1) 调用子程序 在实际编程过程中，对于公用的、较独立的程序段经常被封装成子程序。所谓调用子程序，就是暂时中断主程序的执行，而转到子程序的入口地址去执行子程序，如图 3-22 所示。

调用子程序应注意以下几点：

① 子程序占用的存储单元和寄存器；

② 参数的传递；

③ 子程序经过调用后得到的数据来完成程序之间的参数传递；

④ 嵌套调用与递归调用，如图 3-23 所示。

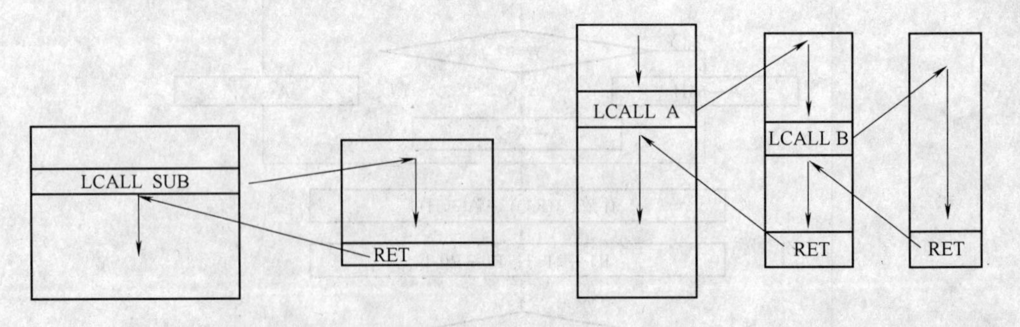

图 3-22 调用子程序过程　　图 3-23 嵌套调用与递归调用

2) 子程序设计原则和应注意的问题 子程序是一种能完成某一特定任务的程序段，其资源要为所有调用程序共享，因此，子程序在结构上应具有独立性和通用性。在编写子程序时应注意以下问题：

① 子程序的第一条指令的地址称为子程序的入口地址，该指令前必须有标号；

② 主程序调用子程序时，使用两条子程序调用指令：绝对调用指令 ACALL addr11、长调用指令 LCALL addr16；

③ 注意设置堆栈指针和现场保护；

④ 最后一条指令必须是 RET 指令；

⑤ 子程序可以嵌套，即子程序可以调用子程序；

⑥ 在子程序调用时，还要注意参数传递的问题。

3）子程序的基本结构　在编写程序时，经常有一些程序会被频繁的使用。通常情况下，将这些程序段定义成子程序，使程序变的便于调试和阅读，同时也缩短了程序的长度。在编写子程序时，应注意以下几点：

① 子程序的第一条指令地址为子程序的入口地址；

② 主程序调用子程序利用指令 LCALL、ACALL 进行，返回使用 RET；

③ 在子程序的内部有转移指令时，最好使用相对转移指令；

④ 在使用子程序时，要注意现场的保护，在退出时要恢复现场。

下面为常用的子程序基本框架：

```
MAIN:
⋮
                        ；MAIN 为主程序或调用程序标号
LCALL   SUB             ；调用子程序 SUB
⋮
SUB: PUSH   PSW         ；现场保护
PUSH   ACC
子程序处理程序段：
POP   ACC               ；现场恢复
POP   PSW
RET                     ；最后一条指令必须为 RET
```

4）子程序参数传递　在调用子程序时，经常要进行参数的传递，常用的方法有以下几种：

① 利用工作寄存器或累加器进行传递；

② 利用可间接寻址的寄存器进行传递；

③ 使用堆栈进行参数传递。

例：假如在 MCS-51 单片机外部 RAM 00H～07H 单元中，依次存放有 8 个无符号数 Xi（i 为 0～7）。设计一段程序，计算出 $Yi=Xi^2$，并把结果存于外部 RAM　10H 开始的 16 个单元中（Yi 占用两个字节，高位在前）；再计算 Zi＝Xi÷2，并把 Zi 依次存放在 Xi 所在的单元。

在本例中，$Yi=Xi^2$ 和 Zi＝Xi÷2 都比较复杂，可以分别使用子程序。

参考程序：

```
        ORG     0000H
        MOV     R0，#00H
```

```
            MOV     R1，#10H
            MOV     R2，#08H
LOOP:       MOVX    A，@R0
            LCALL   DIVIDE
            LCALL   SQUARE
            MOVX    @R1，B
            INC     R1
            MOVX    @R1，A
            DJNZ    R2，LOOP
            SJMP    $
DIVIDE:     PUSH    ACC
            CLR     C
            RRC     A
            MOVX    @R0，A
            POP     ACC
            RET
SQUARE:     MOV     B，A
            MUL     AB
            RET
            END
```

(2) 查表程序

在单片机汇编语言程序设计中，查表程序的应用非常广泛。查表程序常用于数据补偿、修正、计算、转换等各种功能，具有程序简单、执行速度快等优点。

所谓查表就是根据自变量 x，在表格中寻找 y，使 y=f（x)。

1）查表指令　在 MCS-51 的指令系统中，给用户提供了两条极为有用的查表指令：

```
MOVC  A，@A+DPTR
MOVC  A，@A+PC
```

指令“MOVC　A，@A+DPTR”完成把 A 中的内容作为一个无符号数与 DPTR 中的内容相加，所得结果为某一程序存储单元的地址，然后把该地址单元中的内容送到累加器 A 中。

指令“MOVC　A，@A+PC”以 PC 作为基址寄存器，PC 的内容和 A 的内容作为无符号数，相加后所得的数作为某一程序存储器单元的地址，根据地址取出程序存储器相应单元中的内容送到累加器 A 中。

指令执行完，PC 的内容不发生变化，仍指向查表指令的下一条指令。优点在于：预处理较少且不影响其它特殊功能寄存器的值，所以不必保护其它特殊功能寄存器的原先值。缺点在于：该表格只能存放在这条指令的地址 X3X2X1X0 以下的 00H～FFH 之中；表格所在的程序空间受到了限制。

2）举例　下面是三个查表程序应用的实例。

① 例：在程序中定义一个 0～9 的平方表，利用查表指令找出累加器 A=05H 的平方值。

所谓表格是指在程序中定义的一串有序的常数，如平方表、字型码、键码表等。因为程序一般都是固化在程序存储器（通常是只读存储器 ROM 类型）中，因此可以说表格是预先定义在程序的数据区中，然后和程序一起固化在 ROM 中的一串常数。

查表程序的关键是表格的定义和如何实现查表。

汇编语言源程序：

```
ORG     0000H
MOV     DPTR，#TABLE                              ；表首地址→DPTR（数据指针）
MOV     A，#05                                    ；05→A
MOVC    A，@A+DPTR                                ；查表指令，25→A，A=19H
SJMP    $                                         ；程序暂停
TABLE：  DB  0，1，4，9，16，25，36，49，64，81     ；定义 0～9 平方表
END
```

② 例：在一个以 MCS-51 为核心的温度控制器中，温度传感器输出的电压与温度为非线性关系，传感器输出的电压已由 A/D 转换为 10 位二进制数。根据测得的不同温度下的电压值数据构成一个表，表中放温度值 y，x 为电压值数据。设测得的电压值 x 放入 R2R3 中，根据电压值 x，查找对应的温度值 y，仍放入 R2R3 中。本例的 x 和 y 均为双字节无符号数。

程序如下：

```
LTB2：
MOV     DPTR，#TAB2
MOV     A，R3
CLR     C
RLC     A
MOV     R3，A
XCH     A，R2
RLC     A
XCH     R2，A
ADD     A，DPL       ；(R2R3) + (DPTR) → (DPTR)
MOV     DPL，A
MOV     A，DPH
ADDC    A，R2
MOV     DPH，A
CLR     A
MOVC    A，@A+DPTR          ；查第一字节
MOV     R2，A               ；第一字节存入 R2 中
CLR     A
INC     DPTR
MOVC    A，@A+DPTR          ；查第二字节
MOV     R3，A               ；第二字节存入 R3 中
```

```
RET
TAB2：DW……           ；温度值表
```

③ 例：设有一个巡回检测报警装置，需对 16 路输入进行检测，每路有一最大允许值，为双字节数。运行时，需根据测量的路数，找出每路的最大允许值，看输入值是否大于最大允许值，如大于就报警。根据上述要求，编一个查表程序。

取路数为 x，y 为最大允许值，放在表格中。设进入查表程序前，路数 x 已放于 R2 中，查表后最大值 y 放于 R3R4 中。本例中的 x 为单字节数，y 为双字节数。

查表程序如下：

```
TB3：
MOV    A，R2
ADD    A，R2           ；(R2) ＊2→ (A)
MOV    R3，A           ；保存指针
ADD    A，＃6          ；加偏移量
MOVC   A，@A＋PC       ；查第一字节
XCH    A，R3
ADD    A，＃3
MOVC   A，@A＋PC       ；查第二字节
MOV    R4，A
RET
TAB3：
DW 1520，3721，42645，7580；最大值表
DW 3483，32657，883，9943
DW 10000，40511，6758，8931
DW 4468，5871，13284，27808
```

表格长度不能超过 256 个字节，且表格只能存放于 MOVC　A，@A＋PC 指令以下的 256 个单元中。

(3) 延时程序

嵌入式系统中经常要用到延时程序，延时程序从结构上来说属于循环程序的范畴。延时的实现分为硬件延时和软件延时，硬件延时需要额外的定时器芯片或者占用单片机内部集成的定时器资源，软件延时不需要额外的定时器芯片及单片机内部集成的定时器资源。下面主要介绍软件延时。

1) 单重循环延时程序

例：假设单片机的 fosc＝12MHz，计算单片机执行下面程序消耗的时间。

```
DELAY：  MOV     R5，＃TIME       ；1 机器周期
  MM：   NOP                      ；1 机器周期
         DJNZ    R5，MM           ；2 机器周期
         RET                      ；2 机器周期
```

执行完以上四条语句所花时间：

T＝ (1＋ (1＋2) ×TIME) ＋2 ×1μs

推广计算式：

T（机器周期数）＝（循环体机器周期数）×循环次数＋初始化机器周期数

2）多重循环延时程序

当延时时间比较长的时候需要用到多重循环延时程序。

例：假设单片机的 fosc＝12MHz，计算单片机执行下面程序消耗的时间。

```
DELAY2：  MOV     R3，＃TIME1        ；1机器周期
LOOP1：   MOV     R2，＃TIME2        ；1机器周期
LOOP2：   NOP                        ；1机器周期
          DJNZ    R2，LOOP2          ；2机器周期
          DJNZ    R3，LOOP1          ；2机器周期
          RET                        ；2机器周期
```

执行完以上六条语句所花时间：

T＝（1＋（1＋（1＋2）×TIME2＋2）×TIME1 ＋2）×1μs

3）注意事项　使用软件延时程序时需要注意以下两点：

① 延时程序所使用的指令最好对当前单片机的资源不构成任何的破坏；

② 延时程序经常被封装成子程序来使用。

（4）数制转换程序

1）二进制转换成 BCD 码十进制

例：假如在 MCS-51 单片机内部 RAM 30H 单元中存储有一个二进制数，设计一段程序，把这个数转换成 BCD 编码的十进制数，并把百位数存入 32H 单元中，十位和个位数存入 31H 单元中。

解题思路：

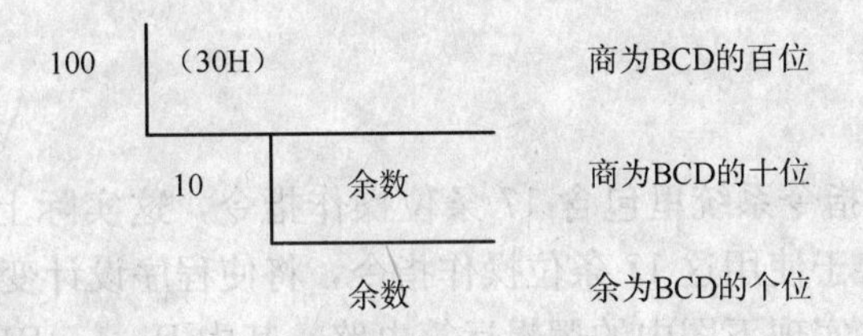

参考程序如下：

```
ORG     0000H
MOV     A，30H
MOV     B，＃100
DIV     AB
MOV     32H，A
MOV     A，B
MOV     B，＃10
DIV     AB
SWAP    A
ADD     A，B
```

```
MOV    31H, A
SJMP   $
END
```

2）BCD码十进制转换成二进制

例：假如在内部RAM 40H单元中存储有一个BCD编码的十进制数，设计一段程序，把这个数转换成二进制数，并存入41H单元中。

解题思路：

将高四位乘以0AH，再加上低四位即可。

参考程序如下：

```
ORG   0000H
MOV   A, 40H
MOV   B, #16
DIV   AB
MOV   20H, B
MOV   B, #0AH
MUL   AB
ADD   A, 20H
MOV   41H, A
SJMP  $
END
```

（5）位操作程序

MCS-51单片机的指令系统里包含17条位操作指令，这实际上构成了一个布尔处理机。在实际应用中，善于使用这17条位操作指令，将使程序设计变得极为方便。

例：编写一程序，实现下图中的逻辑运算电路。其中P3.1、P1.1、P1.0分别是单片机端口线上的信息，RS0、RS1是PSW寄存器中的两个标志位，30H、31H是两个位地址，运算结果由P1.0输出。

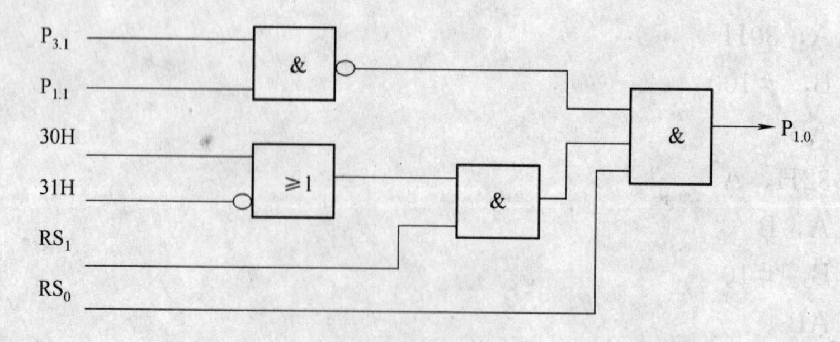

程序如下：

```
ORG   0000H
```

```
MOV  C, P3.1
ANL  C, P1.1
CPL  C
MOV  20H, C      ;暂存数据
MOV  C, 30H
ORL  C, /31H
ANL  C, RS1
ANL  C, 20H
ANL  C, RS0
MOV  P1.0, C     ;输出结果
SJMP $
```

第 4 章　MCS-51 单片机的基本系统及扩展技术

4.1　MCS-51 的定时/计数器

MCS-51 有两个可编程的定时/计数器 T1、T0，它们都是 16 位加法计数器结构，都具有定时和计数两个功能。

① 定时　是对机器周期计数。单片机的振荡频率确定，每个机器周期都有固定的时间，每经过一个机器周期计数器加 1。这样，通过所计的机器周期个数与机器周期的时间相乘就可算出定时时间。

② 计数　是对外部计数脉冲（P3.4、P3.5 引脚信号的负跳变）计数，一个负跳变计数器加 1。但每完成检测和计数需要两个机器周期，所以要求计数信号的两个电平至少维持一个机器周期。

定时/计数器在单片机中是可独立运行的部件，不占用 CPU 操作。除非定时/计数器溢出，才可中断 CPU 当前的操作。

4.1.1　定时/计数器的结构

定时/计数器的结构与 CPU 的关系，如图 4-1 所示。

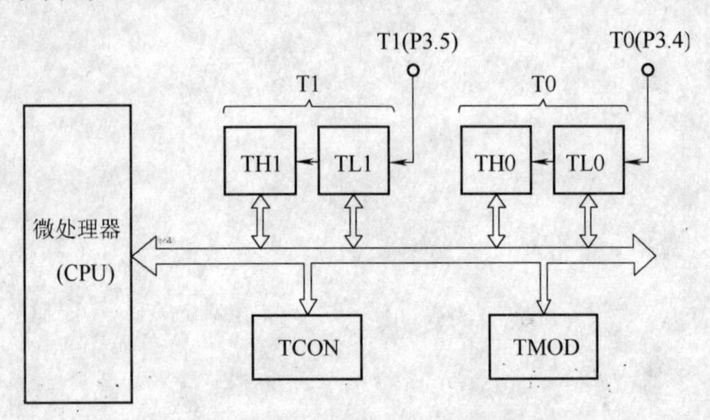

图 4-1　定时/计数器的结构框图

T0（T1）由两个 8 位特殊功能寄存器 TH0（TH1）和 TL0（TL1）构成。定时/计数器 TH0（TH1）和 TL0（TL1）计满后，如果此时再来一个计数脉冲就会产生溢出，T0（T1）的溢出标志位置位，TH0（TH1）和 TL0（TL1）复位。单片机复位时，两个寄存器的所有位也被清 0。每个定时器都可由软件设置为定时或计数方式。这些功能由特殊功能寄存器 TMOD 设置，并由 TCON 控制。

4.1.1.1　工作方式控制寄存器 TMOD

工作方式控制寄存器 TMOD 用于设置定时/计数器的工作方式 0～3，并确定用于定时还是计数。TMOD 的地址为 89H，不可位寻址。其控制字格式如下：

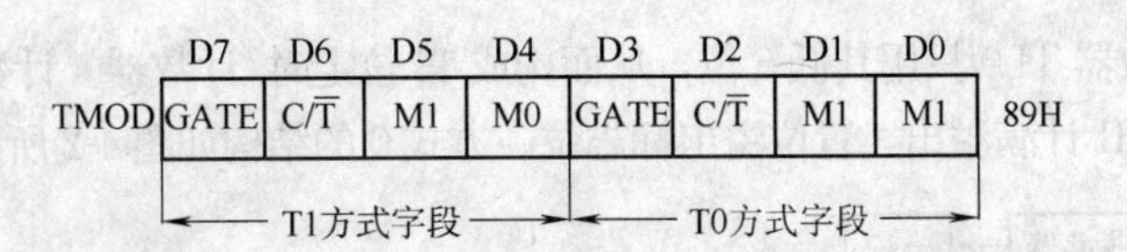

8 位分为两组，高 4 位控制 T1，低 4 位控制 T0。

（1）GATE——门控位

0：允许软件控制位 TRi（i=0，1）来启动定时/计数器运行。只要 TRi 置 1，定时/计时器即被选通工作。

1：用外中断引脚（$\overline{INT0}$或$\overline{INT1}$）上的高电平来启动定时/计数器运行。外部电平通过 P3.2、P3.3 引脚控制 T0、T1 的运行或停止。启动时要求 TRi 也同时置 1。

（2）M1、M0——工作方式选择位

M1、M0 为工作方式选择位，具体见表 4-1。

表 4-1　　工作方式选择位 M1、M0

M1	M0	工作方式
0	0	方式 0（13 位定时/计数器）
0	1	方式 1（16 位定时/计数器）
1	0	方式 2（8 位自动重装载）
1	1	方式 3（T0 分成两个 8 位计数器，T1 停止计数）

（3）$C/\overline{T}$——计数器模式和定时器模式选择位

$C/\overline{T}=0$：定时器模式。

$C/\overline{T}=1$：计数器模式。

4.1.1.2　定时/计数器控制寄存器 TCON

控制寄存器 TCON 的主要功能是为定时/计数器在溢出时设定标志位，并控制定时/计数器的启动和停止等。控制字如下：

	D7	D6	D5	D4	D3	D2	D1	D0	
TCON	TF1	TR1	TF0	TR0	IE1	IT1	IE0	IT0	88H

（1）高 4 位的功能

① TF1、TF0——定时/计数器 T1 和 T0 的溢出标志位。

定时/计数器 T1 或 T0 溢出时，由硬件将 TF1 或 TF0 置 1，并申请中断；当进入中断服务程序时，硬件又自动将该位清 0。也可用软件清 0。

② TR1、TR0——计数运行控制位，由软件置 1 或清 0。置 1 时，定时/计数器启动；清 0 时定时/计数器停止。

（2）低 4 位的功能

IE1、IE0、IT1、IT0 这四位同中断有关，将在中断中再详细介绍。

系统复位后，TCON 各位均为 0，工作时均可由软件置位。

4.1.2　定时/计数器的四种工作方式

4.1.2.1　方式 0

TMOD 中的 M1、M0 为 00，定时/计数器为 13 位定时/计数器。其中高位计数器 TH0 的 8 位全部使用，低位计数器 TL0 只用其低 5 位，从而构成 13 位定时/计数器。计数时，TL0 低 5 位计满向 TH1 进位；TH1 计满溢出，置位溢出标志位。方式 0 的结构如图 4-2 所示。

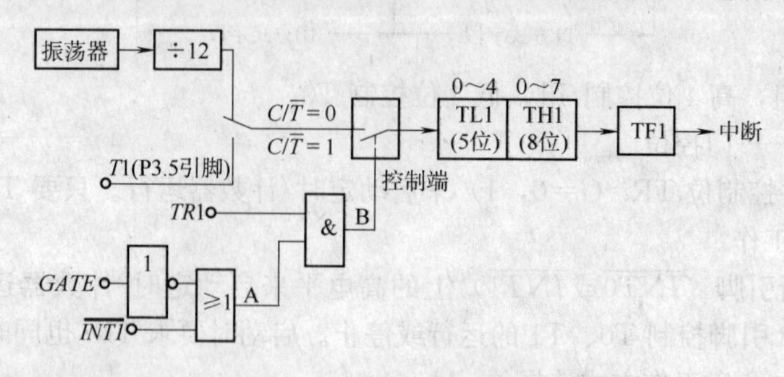

图 4-2　方式 0 的结构图

C/$\overline{T}$ 位控制的电子开关决定了定时/计数器的工作模式：

① C/$\overline{T}$=0：电子开关打在上面，为定时器工作模式。

② C/T=1：电子开关打在下面，为计数器工作模式。计数脉冲为 P3.4、P3.5 引脚上的外部输入脉冲，当引脚上发生负跳变时，计数器加 1。

GATE 位的状态决定定时/计数器运行控制取决于 TR1 一个条件还是 TR1 和引脚这两个条件。

方式 0 的最小定时时间是一个机器周期，最大定时时间为 2^{13} 个机器周期。任意时长的定时时间＝（2^{13}－T 的初值）×机器周期。

例：利用定时器 T0 的方式 0，使定时器产生 1ms 的定时，并使 P1.1 端输出一个周期为 2ms 的方波（设晶振频率为 6MHz）。

（1）分析题目。首先计算出定时/计数器产生 1ms 的定时的初值，而 2ms 的方波的正负波长恰为 1ms。也就是说，经过 1ms 的定时将 P1.1 取反就可以得到 2ms 的方波。

（2）初始化过程。第一步，计算初值。晶振频率为 6MHz，机器周期为：

$$12/6=2\times 10^{-6}\ (\text{s})=2\ (\mu\text{s})$$

设初值为 X，定时时间＝（2^{13}－X）×机器周期，即

$$1\text{ms}=(2^{13}-\text{X})\times 2$$

$$\text{X}=7692\text{D}=1111000001100\text{B}$$

TH0 中放高 8 位，TL0 中放低 5 位。

第二步，定义控制字。

TMOD＝00H，TCON＝00H

（3）编写程序：

```
        ORG     0000H
RESET： AJMP    MAIN；转主程序
        ORG     0100H
MAIN：  MOV     TL0，     ＃0CH
        MOV     TH0，     ＃0FH          ；送初值
        SETB    TR0                      ；启动定时计数器
LOOP：  JBC     TF0，     LOOP1          ；查询是否溢出
```

```
        SJMP    LOOP                    ；反复查询
LOOP1： MOV     TL0，   #0CH
        MOV     TH0，   #0FH
        CPL     P1.1                    ；P1.1取反
        SJMP    LOOP                    ；循环
```

4.1.2.2 方式1

TMOD中的M1、M0为01，为16位的定时/计数器。与方式0的唯一差别是TL的8位全部使用。方式1的结构如图4-3所示。

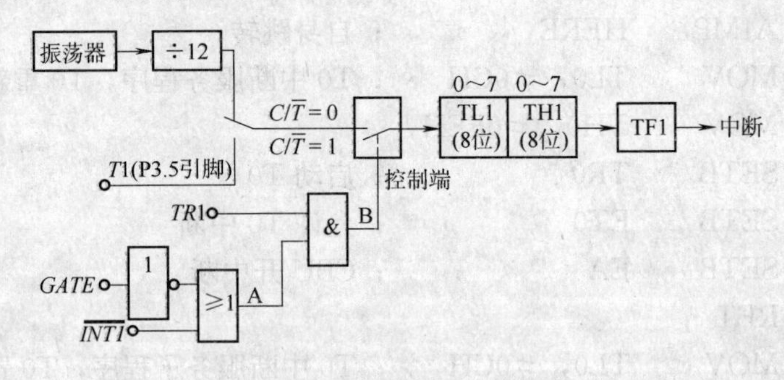

图4-3 方式1的结构图

方式1的最小定时时间是一个机器周期，最大定时时间为2^{16}个机器周期。

例：假设系统时钟频率采用6MHz，要在P1.0上输出一个周期为2ms的方波，如下图所示。方波的周期用T0来确定，让T0每隔1ms计数溢出1次，即T0每隔1ms产生一次中断。CPU相应中断后，在中断服务程序中对P1.0取反。

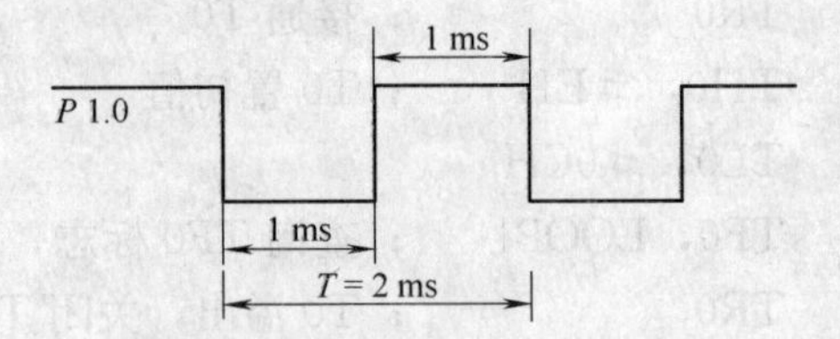

（1）计算初值。设需要装入T0的初值为X，则有：

$$(2^{16}-X)\times 2\times 10^{-6}=1\times 10^{-3}$$

$$2^{16}-X=500$$

$$X=65036$$

X化为十六进制，即

$$X=FE0CH=1111111000001100B$$

所以，T0的初值为：

$$TH0=0FEH,\ TL0=0CH$$

（2）初始化程序设计。包括定时器初始化和中断系统初始化。主要是对寄存器IP、IE、TCON、TMOD的相应位进行正确的设置，将计数初值送入定时器中。

（3）程序设计。中断服务程序除了完成要求的产生方波这一工作之外，还要注意将计数初值重新装入定时器中，为下一次产生中断做准备。

参考程序：

```
ORG     0000H
RESET:  AJMP    MAIN            ；转主程序
        ORG     000BH           ；T0 的中断入口
        AJMP    IT0P            ；转 T0 中断处理程序 IT0P
        ORG     0100H
MAIN:   MOV     SP，#60H        ；设堆栈指针
        MOV     TMOD，#01H      ；设置 T0 为方式 1
        ACALL   PT0M0           ；调用子程序 PT0M0
HERE:   AJMP    HERE            ；自身跳转
PT0M0:  MOV     TL0，#0CH       ；T0 中断服务程序，T0 重新置初值
        MOV     TH0，#0FEH
        SETB    TR0             ；启动 T0
        SETB    ET0             ；允许 T0 中断
        SETB    EA              ；CPU 开中断
        RET
ITOP:   MOV     TL0，#0CH       ；T0 中断服务子程序，T0 置初值
        MOV     TH0，#0FEH
        CPL     P1.0            ；P1.0 的状态取反
        RETI
```

查询方式的参考程序：

```
        MOV     TMOD，#01H      ；设置 T0 为方式 1
        SETB    TR0             ；接通 T0
LOOP:   MOV     TH0，#EH        ；T0 置初值
        MOV     TL0，#0CH
LOOP1:  JNB     TF0，LOOP1      ；查询 TF0 标志
        CLR     TR0             ；T0 溢出，关闭 T0
        CPL     P1.0            ；P1.0 的状态求反
        SJMP    LOOP
```

例：假设系统时钟为 6MHz，编写定时器 T0 产生 1s 定时的程序。

(1) 定时器 T0 工作方式的确定。因定时时间较长，采用哪一种工作方式？由定时器各种工作方式的特性，可计算出：方式 0 最长可定时 16.384ms；

方式 1 最长可定时 131.072ms；

方式 2 最长可定时 512μs。

选方式 1，每隔 100ms 中断一次，中断 10 次为 1s。

(2) 计算计数初值。因为：

$$(2^{16}-X)\times 2\times 10^{-6}=10^{-1}$$

所以：

$$X=15536=3CB0H$$

因此：

TH0＝3CH，TL0＝B0H

(3) 10次计数的实现。对于中断10次计数，可使T0工作在计数方式，也可用循环程序的方法实现。本例采用循环程序法。

(4) 程序设计。参考程序：

```
        ORG    0000H
RESET:  LJMP   MAIN          ；上电，转主程序入口MAIN
        ORG    000BH         ；T0的中断入口
        LJMP   IT0P          ；转T0中断处理程序IT0P
        ORG    1000H
MAIN:   MOV    SP，＃60H      ；设堆栈指针
        MOV    B，＃0AH       ；设循环次数10次
        MOV    TMOD，＃01H    ；设T0工作在方式1
        MOV    TL0，＃0B0H    ；给T0设初值
        MOV    TH0，＃3CH
        SETB   TR0           ；启动T0
        SETB   ET0           ；允许T0中断
        SETB   EA            ；CPU开放中断
HERE:   SJMP   HERE          ；等待中断
ITOP:   MOV    TL0，＃0B0H    ；T0中断子程序，重装初值
        MOV    TH0，＃3CH；
        DJNZ   B，LOOP
        CLR    TR0           ；1s定时时间到，停止T0工作
LOOP:   RETI
```

4.1.2.3　方式2

方式2为自动重装载定时/计数器。TMOD中的M1、M0为10。

该方式是将16位定时/计数器拆成两个，TL用作8位定时/计数器，TH存放和保持初值。将TL计满溢出后，标志位被置1的同时，自动将TH中存放的数送入TL，即计数满后自动装入计数初值。

方式2的最小定时时间是一个机器周期，最大定时时间为 2^8 个机器周期。

方式2的结构如图4-4所示。

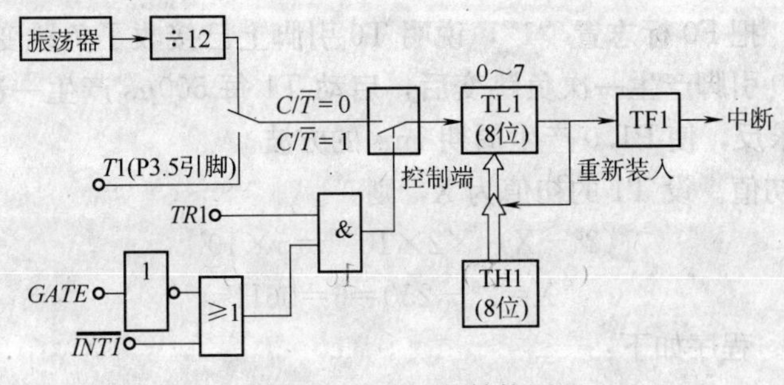

图4-4　方式2的结构图

方式 2 为自动恢复初值的（初值自动装入）8 位定时/计数器，TLi 作为常数缓冲器，当 TLi 计数溢出时，在置“1”溢出标志 TFi 的同时，还自动的将 THi 中的初值送至 TLi，使 TLi 从初值开始重新计数。定时/计数器的方式 2 的工作过程如图 4-5 所示（i=0，1）。

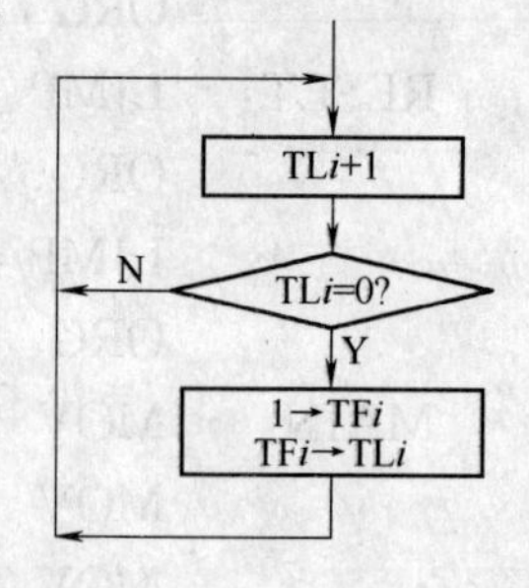

图 4-5　方式 2 的工作过程

例：使用定时/计数器 T0 以方式 2 产生 100μs 的定时，输出一个周期为 200μs 的方波（设晶振频率为 6MHz）。

程序如下：

```
        MOV     IE,     #00H
        MOV     TMOD,   #02H
        MOV     TH0,    #0CEH
        MOV     TL0,    #0CEH
        SETB    TR0
LOOP:   JBC     TF0,    LOOP1
        AJMP    LOOP
LOOP1:  CPL     P1.0
        AJMP    LOOP
```

例：当 T0（P3.4）引脚上发生负跳变时，从 P1.0 引脚上输出一个周期为 1ms 的方波，如下图所示（系统时钟为 6MHz）。

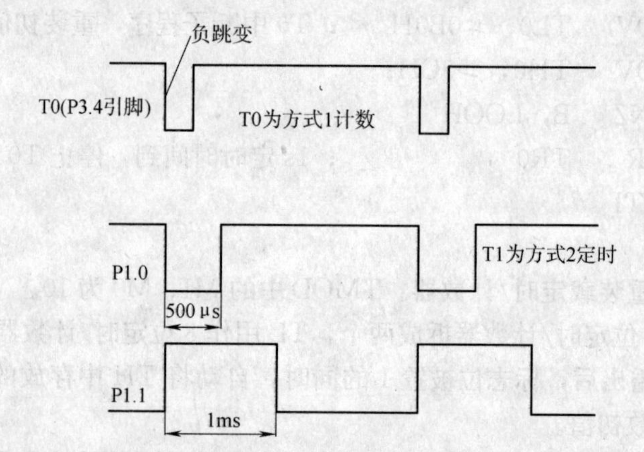

（1）工作方式选择。T0 为方式 1 计数，初值 0FFFFH，即外部计数输入端 T0（P3.4）发生一次负跳变时，T0 加 1 且溢出，溢出标志 TF0 置“1”，发中断请求。在进入 T0 中断程序后，把 F0 标志置“1”，说明 T0 引脚上已接收了负跳变信号。T1 定义为方式 2 定时。在 T0 引脚产生一次负跳变后，启动 T1 每 500μs 产生一次中断，在中断服务程序中对 P1.0 求反，使 P1.0 产生周期 1ms 的方波。

（2）计算 T1 初值。设 T1 的初值为 X，则

$$(2^8-X)\times 2\times 10^{-6}=5\times 10^{-4}$$

$$X=2^8-250=6=06H$$

（3）程序设计。程序如下：

```
    ORG     0000H
```

```
RESET: LJMP   MAIN         ；复位，入口转主程序
       ORG    000BH
       JMP    IT0P         ；转 T0 中断服务程序
       ORG    001BH
       LJMP   IT1P         ；转 T1 中断服务程序
       ORG    0100H
MAIN:  MOV    SP，#60H
       ACALL  PT0M2        ；调用对 T0、T1 初始化子程序
LOOP:  MOV    C，F0        ；T0 产生过中断吗？产生过中断，则 F0=1
       JNC    LOOP         ；T0 没有产生过中断，则跳到 LOOP，等待 T0 中断
       SETB   TR1          ；启动 T1
       SETB   ET1          ；允许 T1 中断
HERE:  AJMP   HERE
PT0M2: MOV    TMOD，#26H；初始化，T1 为方式 2 定时，T0 为方式 1 计数
       MOV    TL0，#0FFH ；T0 置初值
       MOV    TH0，#0FFH
       SETB   TR0          ；启动 T0
       SETB   ET0          ；允许 T0 中断
       MOV    TL1，#06H   ；T1 置初值
       MOV    TH1，#06H
       CLR    F0           ；把 T0 已发生中断标志 F0 清 0
       SETB   EA
       RET
IT0P:  CLR    TR0          ；T0 中断服务程序，停止 T0 计数
       SETB   F0           ；建立产生中断标志
       RETI
IT1P:  CPL    P1.0         ；T1 中断服务，P1.0 位取反
       RETI
```

在 T1 定时中断服务程序 IT1P 中，由于方式 2 是初值可以自动重新装载的，省去了 T1 中断服务程序中重新装入初值 06H 的指令。

例：利用定时器 T1 的方式 2 对外部信号计数，要求每计满 100 个数，累加器加 1。

（1）计算初值：

$$2^8-100=156D=9CH$$

（2）TMOD 初始化：

$$M1M0=10，C/\overline{T}=1，GATE=0$$

$$TMOD=60H$$

（3）程序设计。程序如下：

```
    MOV    TMOD，   #60H
```

```
        MOV     TH1,    #9CH
        MOV     TL1,    #9CH
        SETB    TR1
DEL:    JBC     TF1,    LOOP
        AJMP    DEL
LOOP:   INC     A
        AJMP    DEL
```

4.1.2.4 方式 3

方式 3 只有定时/计数器 T0 有这种方式，T1 不能工作在方式 3。T1 方式 3 时相当于 TR1=0，停止计数（此时 T1 可用来作串行口波特率产生器）。

这种方式将 T0 分成两个 8 位的定时/计数器 TL0 和 TH0。T0 分为两个独立的 8 位计算器：TL0 和 TH0。

TL0 使用 T0 的状态控制位 C/T*、GATE、TR0；而 TH0 被固定为一个 8 位定时器（不能作外部计数模式），并使用定时器 T1 的状态控制位 TR1 和 TF1，同时占用定时器 T1 的中断请求源 TF1。

方式 3 的结构如图 4-6 所示。

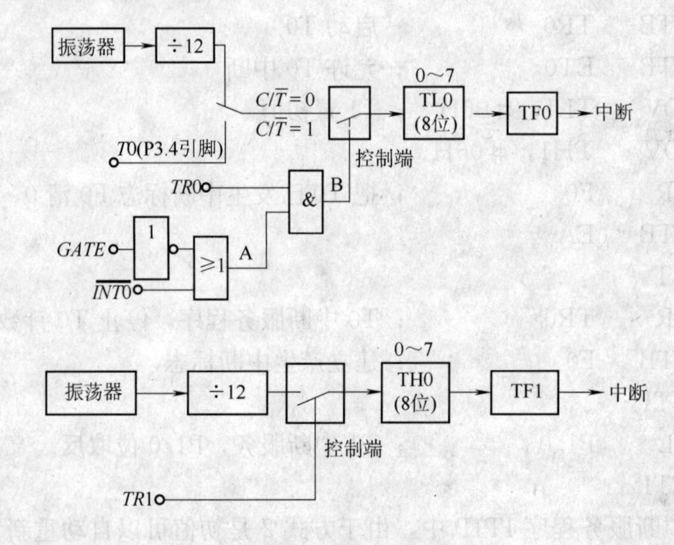

图 4-6 方式 3 的结构图

例：假设某 MCS-51 应用系统的两个外部中断源已被占用，设置 T1 工作在方式 2，作波特率发生器用。现要求增加一个外部中断源，并控制 P1.0 引脚输出一个 5kHz 的方波。设系统时钟为 6MHz。

(1) 选择工作方式。设置 TL0 工作在方式 3 计数，把 T0 引脚（P3.4）作附加的外中断输入端，TL0 初值设为 0FFH，当检测到 T0 引脚电平出现负跳变时，TL0 溢出，申请中断，这相当于跳沿触发的外部中断源。TH0 为 8 位方式 3 定时模式，定时控制 P1.0 输出 5kHz 的方波信号。如下图所示。

(2) 初值计算：

① TL0 的初值设为 0FFH。

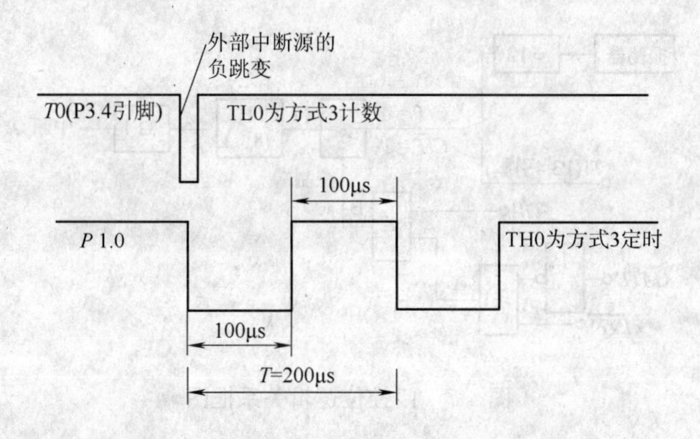

② 5kHz 的方波的周期为 200μs，因此 TH0 的定时时间为 100μs。TH0 初值 X 计算如下：

$$(2^8-X)\times 2\times 10^{-6}=1\times 10^{-4}$$

$$X=2^8-100=156=9CH$$

(3) 程序设计。程序如下：

```
          ORG     0000H
          LJMP    MAIN
          ORG     000BH           ；T0 中断入口
          LJMP    TL0INT          ；跳 T0 中断服务程序
          ORG     001BH           ；在 T1 方式 3 时，TH0 占用 T1 的中断
          LJMP    TH0INT          ；跳 TH0 中断服务程序
          ORG     0100H
MAIN：    MOV     TMOD，＃27H     ；T0 方式 3 计数，T1 方式 2 定时
          MOV     TL0，＃0FFH     ；置 TL0 初值
          MOV     TH0，＃9CH      ；置 TH0 初值
          MOV     TL1，＃dataL    ；data 为波特率常数
          MOV     TH1，＃dataH
          MOV     TCON，＃55H     ；允许 T0 中断
          MOV     IE，＃9FH       ；启动 T1
          ⋮
TL0INT：  MOV     TL0，＃0FFH     ；TL0 中断服务程序，TL0 重新装入初值
（中断服务子程序）
TH0INT：  MOV     TH0，＃9CH      ；TH0 中断服务程序，TH0 重新装入初值
CPL P1.0 ；P1.0 位取反输出
RETI
```

4.1.2.5 门控制位 GATE 的应用——测量脉冲宽度

门控位 GATE＝1，且 TR（0/1）＝1 时，由外部输入信号启动定时/计数器。当 $\overline{INT0}/\overline{INT1}$＝1，启动定时/计数器；$\overline{INT0}$，/$\overline{INT1}$＝0，停止计数。结构如图 4-7 所示。

例：利用定时/计数器 T0 的门控位测量 $\overline{INT1}$ 引脚上出现的脉冲宽度。

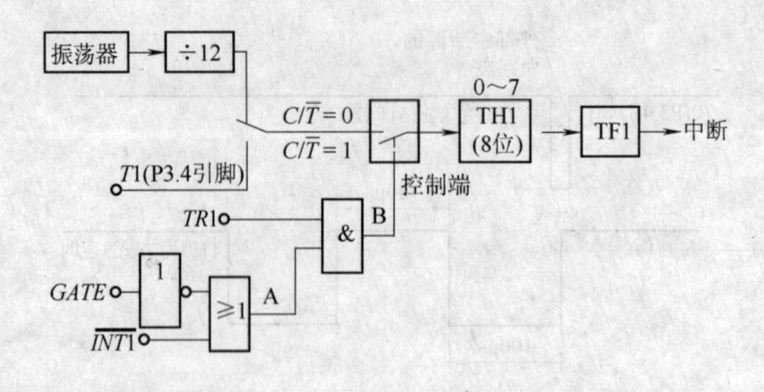

图 4-7 门控位逻辑关系框图

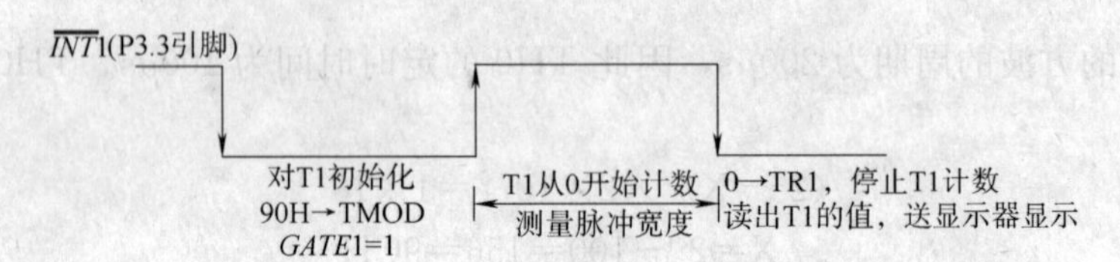

参考程序：

```
         ORG    0000H
RESET：  AJMP   MAIN                ；复位，入口转主程序
         ORG    0100H
MAIN：   MOV    SP，    ＃60H
         MOV    TMOD，  ＃90H        ；T1 为方式 1 定时控制字
         MOV    TL1，   ＃00H
         MOV    TH1，   ＃00H
         MOV    DPTR，  ＃0050H
LOOP0：  JB     P3.3，  LOOP0       ；等待INT1低
         SETB   TR1                 ；如果INT1为低，启动 T1
LOOP1：  JNB    P3.3    ，LOOP1     ；等待INT1升高
LOOP2：  JB     P3.3    ，LOOP2     ；等待INT1降低
         CLR    TR1                 ；停止 T1 计数
         MOV    A       ，TL1       ；T1 计数值送 A
         MOVX   @DPTR   ，A
         INC    DPTR
         MOV    A，      TH1
         MOVX   @DPTR   ，A
         AJMP   LOOP3；
```

本题也可采用在主程序中调用显示子程序的方法。可显示脉冲宽度，我们看到的是机器周期的个数。

4.1.2.6 运行中读定时/计数器

由于定时/计数器 TL 和 TH 工作时都处在运行当中，而读取计数值不可能在同一时间对高位和低位同时读数。常采用的方法是：先读 TH，再读 TL，再读 TH。两次 TH 值相同，认为读数正确。读数如果不同，重复上述操作。

在读取运行中的定时/计数器时，需要特别加以注意，若恰好出现 TLi 溢出向 THi 进位的情况，则读得的（TLi）值就完全不对了。同样，先读（THi）再读（TLi）也可能出错。

下面是有关的程序，读得的（TH0）和（TL0）放置在 R1 和 R0 内。

```
RDTIME：MOV    A，TH0              ；读（TH0）
        MOV    R0，TL0             ；读（TL0）
        CJNE   A，TH0，RDTIME      ；比较两次读得的（TH0），不相等则重
                                   复读
        MOV    R1，A               ；（TH0）送入 R1 中
        RET
```

4.2 MCS-51串行口

MCS-51 的串行口是异步全双工串行口。串行口可用于异步通讯、驱动键盘和显示器、实现多机通讯等。

4.2.1 串行口的结构

MCS-51 的串行口有异步串行发送器和异步串行接收器；有两个物理上独立的发送数据缓冲器 SBUF 和接收数据缓冲器，两个缓冲器共用一个地址 99H；有两个特殊功能寄存器 SCON 和 PCON，用来控制串行口的工作方式和波特率。

4.2.1.1 串行口控制寄存器 SCON

	D7	D6	D5	D4	D3	D2	D1	D0	
SCON	SM0	SM1	SM2	REN	TB8	RB8	TI	RI	99H

（1）SM0、SM1——串行口工作方式选择位

见表 4-2。

表 4-2　　工作方式选择位 SM0、SM1

SM0	SM1	方式	功能说明
0	0	0	移位寄存器方式（用于 I/O 口扩展）
0	1	1	8 位 UART，波特率可变
1	0	2	9 位 UART，波特率为 fosc/6432
1	1	3	9 位 UART，波特率可变

（2）SM2——多机通信控制位

在工作方式 2 或 3 中，若 SM2 位为 1，接收到的第 9 位数据 RB8 为 0，则 RI 不被激活。

在工作方式 1 中，若 SM2 位为 1，则只接收到有效停止位，RI 才被激活。

在方式 0 中，SM2 必须是 0。

（3）REN——允许接收位

该位用软件置位清 0。

REN 为 1 时允许接收，REN 为 0 时禁止接收。

(4) TB8——发送数据位 8

在工作方式 2 或 3 中所发送的第 9 位数据。

该位用软件置位清 0。

在许多通信协议中，该位是奇偶校验位。

在多片单片机通信中，用来表示地址帧或数据帧。

(5) RB8——接收数据位 8

在工作方式 2 或 3 中所接收的第 9 位数据。

在多片单片机通讯中作地址帧或数据帧的识别位。

在工作方式 1 中，若 SM2 为 0，RB8 是接收到的停止位。

在方式 0 中，RB8 未用。

(6) TI——发送中断标志

在工作方式 0 中，发送完毕第 8 位数据时，硬件置位。在工作方式 1、2 或 3 中，在发送停止位之初，由硬件置位。

TI 为 1 时，申请中断，CPU 可以发送下一帧数据。

该位必须由软件置位。

(7) RI——接收中断标志

在工作方式 0 中，第 8 位接收完毕，由硬件置位。在工作方式 1、2 或 3 中，在接收到停止位的中间点由硬件置位。

RI 为 1 时，申请中断，要求 CPU 取走数据。

在工作方式 1 中，当 SM2 为 1 时，只有收到有效的停止位，才置位 RI。

RI 必须由软件复位。

4.2.1.2 电源控制寄存器 PCON

SMOD=1 时，串行口波特率加倍。其它位为掉电方式控制位。

	D7	D6	D5	D4	D3	D2	D1	D0
PCON	SMOD	—	—	—	GF1	GF0	PD	IDL

4.2.2 串行口的工作方式

串行口的四种工作方式由特殊功能寄存器 SCON 中的 SM0、SM1 定义，如表 4-3 所示。

表 4-3 串行口的工作方式

SM0	SM1	方 式	功 能 说 明
0	0	0	移位寄存器输入/输出，波特率为 $f_{osc}/12$
0	1	1	8 位 UART，波特率可变（T1 溢出率/n，n=32 或 16）
1	0	2	9 位 UART，波特率为 f_{osc}/n（n=64 或 32）
1	1	3	9 位 UART，波特率可变（T1 溢出率/n，n=32 或 16）

4.2.2.1 方式 0：移位寄存器方式

方式 0 为移位同步寄存器，以 RXD 端作为数据移位的入口和出口；TXD 用于输出移位时钟、外部部件的同步信号。如图 4-8 所示。

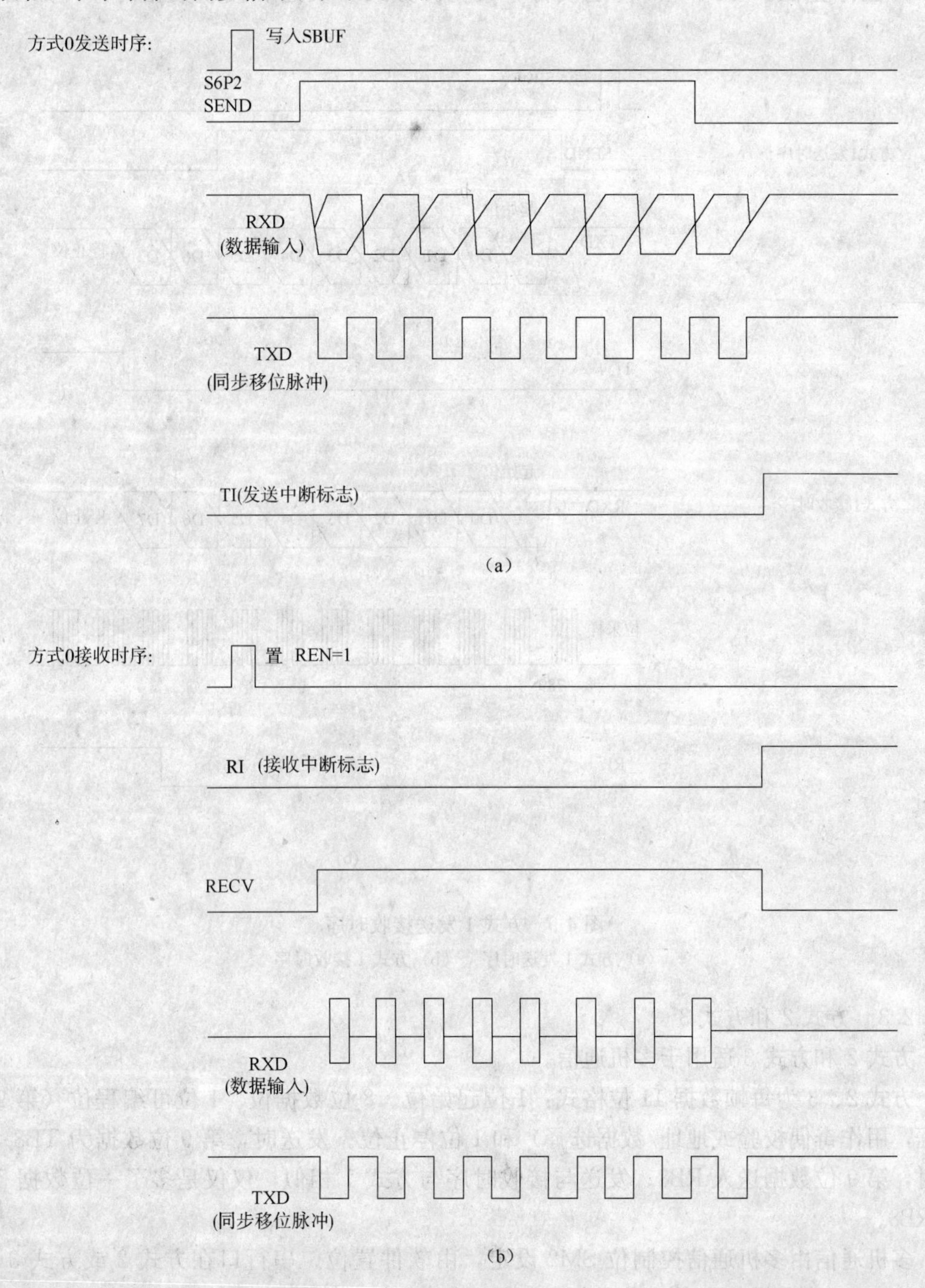

图 4-8 方式 0 发送接收时序

(a) 方式 0 发送时序 (b) 方式 0 接收时序

4.2.2.2　方式 1：异步接收发送方式

方式 1 为 10 位通用异步接口，收发一帧数据的格式为 10 位：1 位起始位、8 位数据位和 1 位停止位。方式 1 的传送波特率可调。方式 1 发送和接收数据时序，如图 4-9 所示。

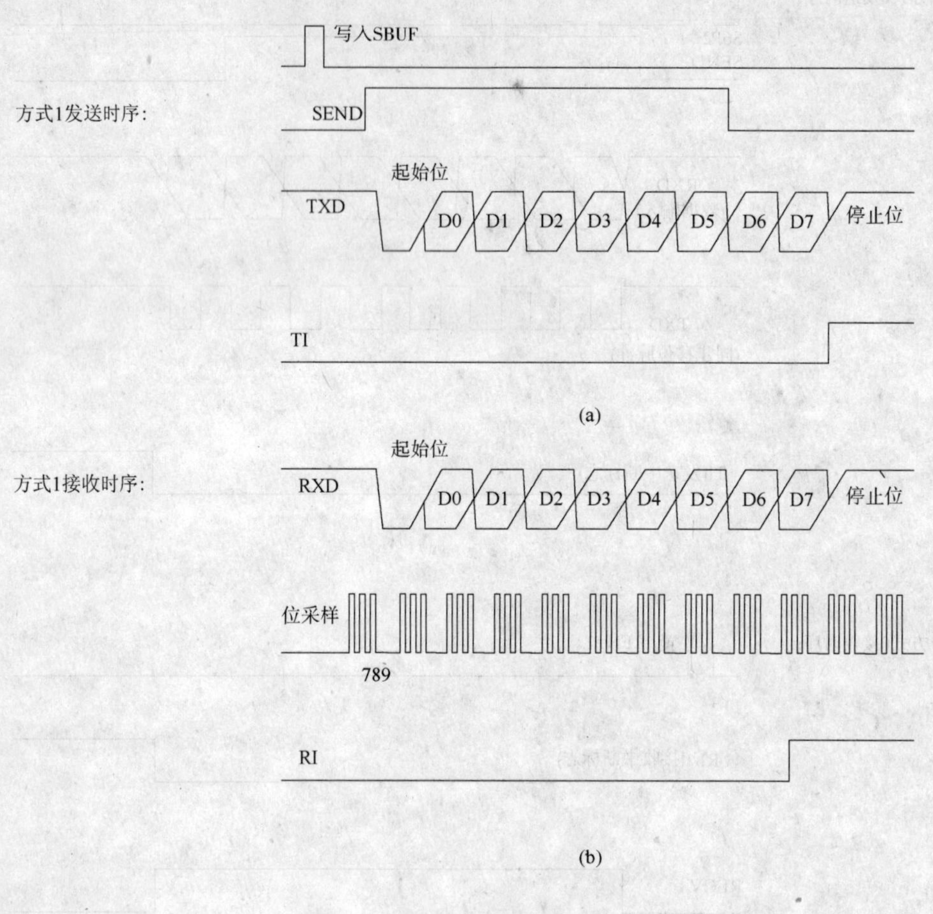

图 4-9　方式 1 发送接收时序

(a) 方式 1 发送时序　(b) 方式 1 接收时序

4.2.2.3　方式 2 和方式 3

方式 2 和方式 3 适用于多机通信。

方式 2、3 为每帧数据 11 位格式：1 位起始位、8 位数据位、1 位可编程位（第 9 位数据，用作奇偶校验或地址/数据选择）和 1 位停止位。发送时，第 9 位数据为 TB8；接收时，第 9 位数据送入 RB8。发送与接收时序与方式 1 相似，仅仅是多了一位数据 TB8 或 RB8。

多机通信由多机通信控制位 SM2 设定，由软件置位。串行口在方式 2 或方式 3 中，当 SM2＝1，若接收到的第 9 位数据（RB8）为 0，则不能置位 RI；只有收到 RB8＝1，才置位 RI。SM2＝1 用于多机通信中，只接收地址帧，不接收数据帧。而当 SM2＝0 时，只要接收到一帧信息（无论是地址还是数据），RI 都被置位。双机通信时，通常使 SM2＝0。在方式 0 中，SM2 必须为 0。

4.2.3 波特率

波特率为串行通讯中串行口每秒钟发送或接收数据的位数。发送一位数据所需的时间为 T，波特率为 1/T。在串行通信中，接收数据和发送数据的速率要有一定的约定，通过软件对串行口可设定四种工作方式，四种工作方式对应着三种波特率。

（1）方式 0

波特率是固定的，为 $f_{osc}/12$。

（2）方式 2

SMOD=1 时为 $f_{osc}/32$，SMOD=0 时为 $f_{osc}/64$。

（3）方式 1 和方式 3

波特率$=2^{SMOD}\times$T1 溢出率/32

式中　T1 溢出率$=f_{osc}/[32\times12(2^8-N)]$（N 为定时器 T1 的计数初值）

例：要求串行口以方式 1 工作，通信波特率为 2400b/s，设振荡频率 f_{osc} 为 6MHz，请初始化 T1 和串口。

若选 SMOD=1，则 T1 时间常数：

$$N=256-2^1\times6\times10^6/(384\times2400)=242.98\approx243=F3H$$

定时器 T1 和串行口的初始化程序如下：

```
MOV     TMOD，#20H          ；设置 T1 为方式 2
MOV     TH1，#0F3H          ；置时间常数
MOV     TL1，#0F3H
SETB    TR1                 ；启动 T1
ORL     PCON，#80H          ；SMOD=1
MOV     SCON，#50H          ；设串行口为方式 1
```

4.2.4 串行口的编程和应用

例：使用 CD4094 的并行输出端接 8 支发光二极管，利用它的串入并出功能，把发光二极管从左向右依次点亮，并反复循环之。

程序如下：假定发光二极管共阴极连接，如下图所示。

```
        MOV     SCON，#00H          ；串行口方式 0 工作
        CLR     ES                  ；禁止串行中断
        MOV     A，#80H             ；发光管从左边亮起
DELR：  CLR     P1.0                ；关闭并行输出
        MOV     SBUF，A             ；串行输出
        JNB     TI，$               ；状态查询
        SETB    P1.0                ；开启并行输出
        ACALL   DELAY               ；状态维持
        CLR     TI                  ；清发送中断标志
        RR      A                   ；发光右移
        AJMP    DELR                ；继续
```

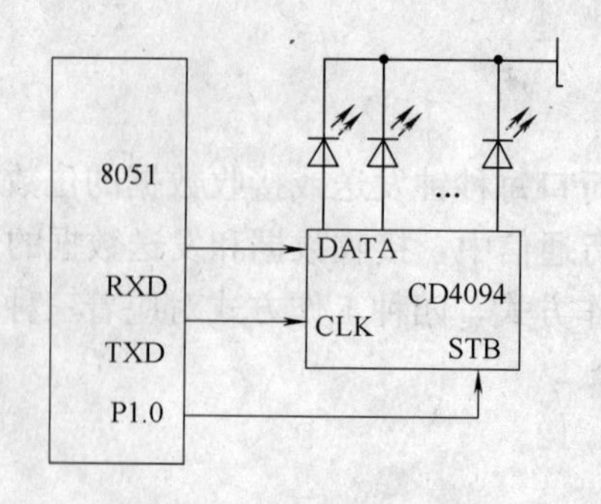

例：设计一发送程序，发送片内 RAM 50H～5FH 中的数据，串行口设定为方式 2，TB8 用作奇偶校验位。

程序如下：

```
        MOV   SCON，#80H      ；设定为方式 2 发送
        MOV   PCON，#80H      ；波特率为 fosc/32
        MOV   R0，#50H        ；首地址 50H→间址寄存器 R0
        MOV   R7，#16         ；数据字节数→R7
LOOP：  MOV   A，@R0          ；取一数据→A
        MOV   C，P            ；P 随 A 变，P→C→TB8
        MOV   TB8，C
        MOV   SBUF，A         ；数据→SBUF，启动发送
        JNB   TI，$           ；等待发送完
        CLR   TI
        INC   R0              ；调整发送数据指针
        DJNZ  R7，LOOP
        SJMP  $
```

例：设有两个 8031 应用系统相距很近，将它们的串行口直接相连，以实现全双工的双机通信，如下图所示。设甲机发送乙机接收，串行接口在方式 1 状态工作，波特率为 2400bps。

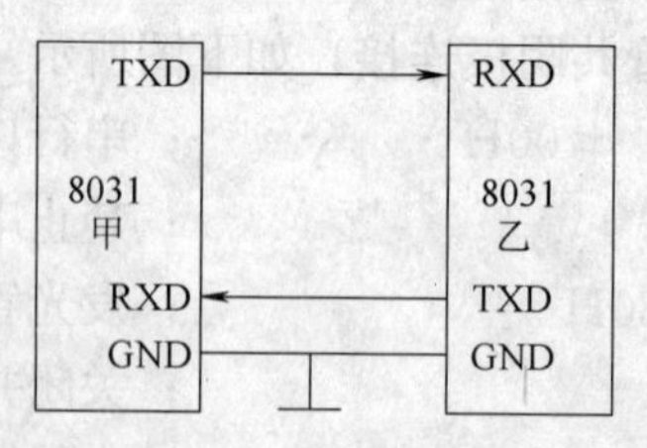

（1）波特率设计。甲乙两机均选用 6MHz 的振荡频率，取 SMOD=1，由：

计数常数 X=242.98≈243=0F3H

$$波特率=\frac{2^{SMOD}}{32}\times\frac{f_{osc}}{12\times(256-X)}$$

实际的波特率=2403.85。

（2）甲机发送程序流程图。

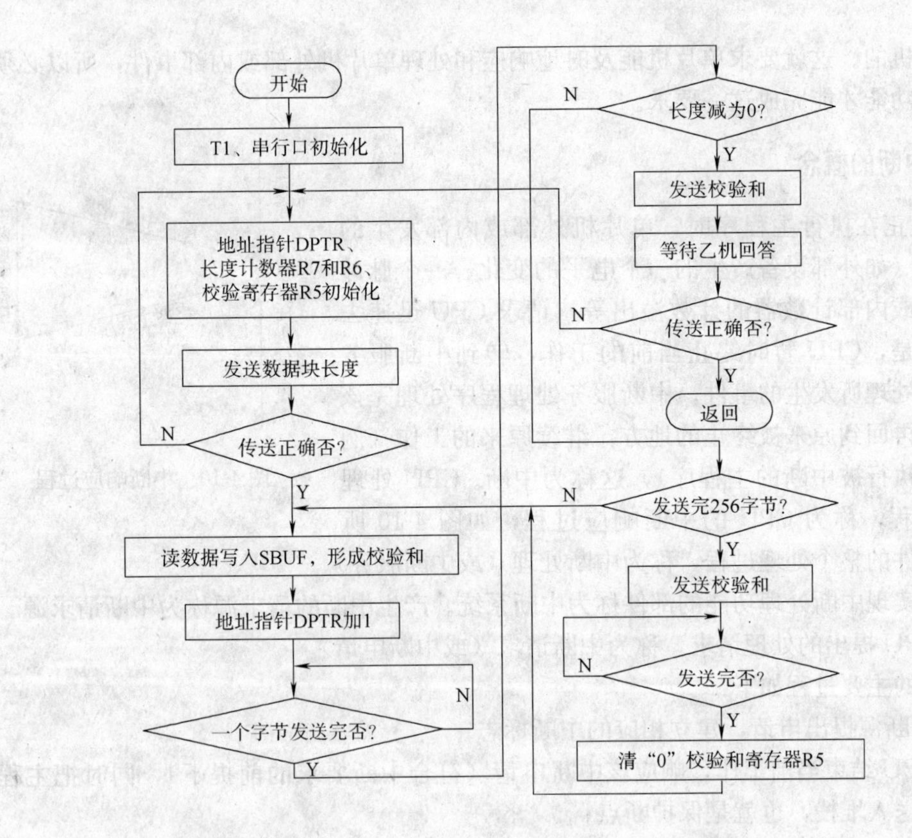

（3）乙机接收程序流程图。

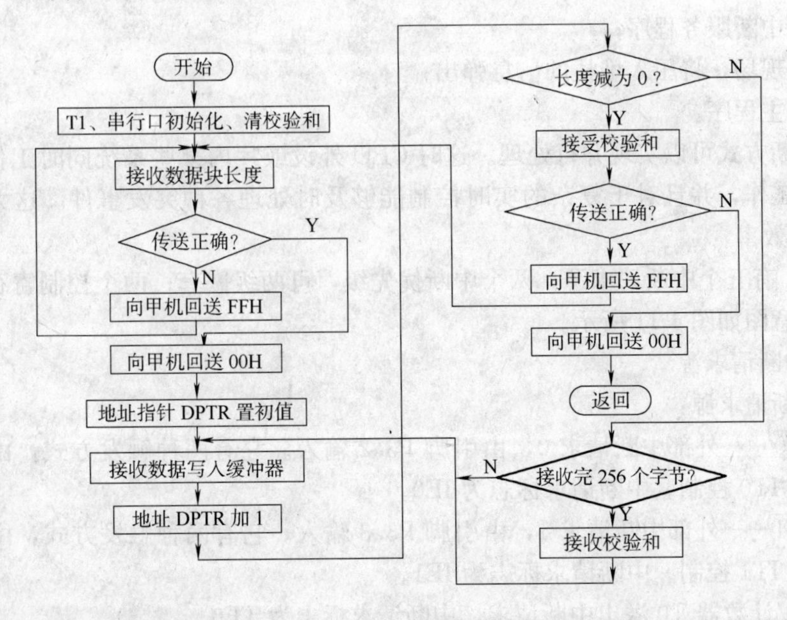

4.3 MCS-51 的中断系统

单片机用于实时系统，在运行中要处理很多问题，既有主机的也有外设的，既有预定的也有随机的。这就要求单片机能及时地响应和处理单片机外部或内部事件，所以必须具有中断的功能才能完成这一要求。

4.3.1 中断的概念

CPU 正在执行主程序时，单片机外部或内部发生的某一事件（如外部设备产生的一个电平的变化、一个脉冲沿的发生或内部计数器的计数溢出等）请求 CPU 迅速去处理，于是，CPU 暂时终止当前的工作，转到中断服务处理程序处理所发生的事件；中断服务处理程序处理完该事件后，再回到原来被终止的地方，继续原来的工作（例如，继续执行被中断的主程序），这称为中断。CPU 处理事件的过程，称为 CPU 的中断响应过程，如图 4-10 所示。对事件的整个处理过程，称为中断处理（或中断服务）。

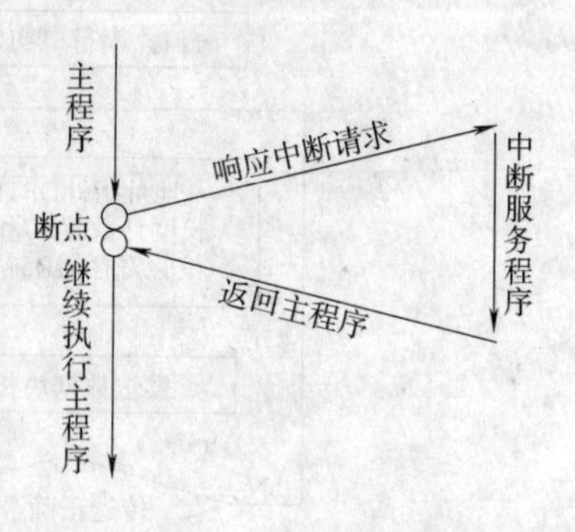

图 4-10 中断响应过程

能够实现中断处理功能的部件称为中断系统。产生中断的请求源称为中断请求源。中断源向 CPU 提出的处理请求，称为中断请求（或中断申请）。

中断的主要过程如下：

① 中断源提出申请，建立相应的中断标志；

② CPU 结束当前工作，响应该中断申请（符合中断要求的前提下），同时把主程序断点地址送入堆栈，也就是保护断点；

③ 保护现场，把有可能改变的信息压入堆栈；

④ 执行中断服务程序；

⑤ 恢复现场，将压入堆栈的信息弹出；

⑥ 返回主程序。

采用中断方式可以实现并行处理。这时 CPU 外设或片内某些系统同时工作，多个外设也可同时工作，并且对于复杂的实时控制能够及时处理各种突发事件。这大大提高了 CPU 的工作效率。

MCS-51 有五个中断请求源；两个中断优先级，可两级嵌套；两个控制寄存器。中断系统结构示意图如图 4-11 所示。

4.3.1.1 中断请求源

五个中断请求源：

① $\overline{INT0}$——外部中断请求 0，由引脚 P3.2 输入。它有两种触发方式，由控制寄存器 TCON 的 IT0 控制。中断请求标志为 IE0。

② $\overline{INT1}$——外部中断请求 1，由引脚 P3.3 输入。它有两种触发方式，由控制寄存器 TCON 的 IT1 控制。中断请求标志为 IE1。

③ 定时/计数器 T0 溢出中断请求，中断请求标志为 TF0。

④ 定时/计数器 T1 溢出中断请求，中断请求标志为 TF1。

⑤ 串行口中断请求，中断请求标志为 TI 或 RI。

4.3.1.2 特殊功能寄存器 TCON 和 SCON

（1）TCON

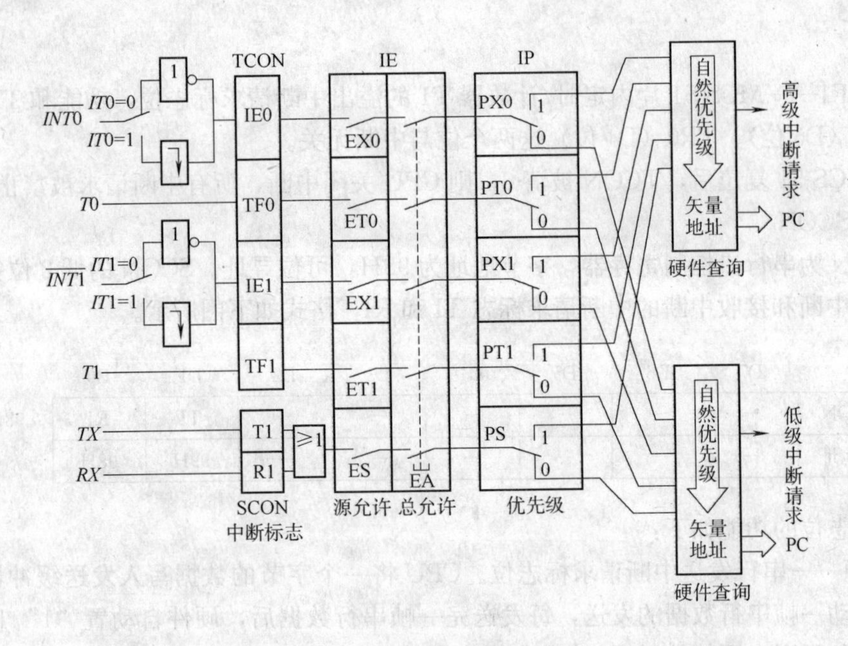

图 4-11　中断系统结构示意图

TCON 为定时/计数器的控制寄存器，字节地址为 88H，可位寻址，其格式如下图所示。

	D7	D6	D5	D4	D3	D2	D1	D0	
TCON	TF1	TR1	TF0	TR0	IE1	IT1	IE0	IT0	88H
位地址	8FH	—	8DH	—	8BH	8AH	89H	88H	

各标志位的功能如下：

① IT0——选择外部中断请求 0 为跳沿触发方式还是电平触发方式。

IT0＝0，为电平触发方式，加到引脚/INT0 上的外部中断请求输入信号为低电平有效。在每个周期的 S5P2 期间采样引脚 P3.2，若为低电平则外部中断标志 IE0 由硬件置 1，否则清 0。外部中断申请触发器的状态随着 CPU 在每个机器周期采样到的外部中断输入线的电平变化而变化，这能提高响应速度。在中断服务程序返回之前，外部中断请求输入必须无效（即变为高电平），否则 CPU 返回主程序后会再次响应中断。

IT0＝1，为跳沿触发方式。若头一个机器周期采样引脚 P3.2 为高电平，而下一个机器周期采样该脚为低电平，外部中断标志 IE0 由硬件置 1，直到 CPU 响应中断时才由硬件清除 IE0。这样不会丢失中断，但输入的负脉冲宽度至少保持 12 个时钟周期。

② IE0——外部中断请求 0 的中断请求标志位。IE0＝1 时申请中断。

③ IT1——选择外部中断请求 1 为跳沿触发方式还是电平触发方式，其功能与 IT0 类似。

④ IE1——外部中断请求 1 的中断请求标志位，其功能与 IE0 类似。

⑤ TF0——MCS-51 片内定时/计数器 T0 的溢出中断请求标志位。

当启动 T0 计数后，定时/计数器 T0 从初值开始加 1 计数；当最高位产生溢出时，由硬件置“1”TF0，向 CPU 申请中断；CPU 响应 TF0 中断时，清“0”TF0。TF0 也可由软件清 0。

⑥ TF1——MCS-51 片内定时/计数器 T1 的溢出中断请求标志位，功能和 TF0 类似。

TR1（D6 位）、TR0（D4 位）这两个位与中断无关。

当 MCS-51 复位后，TCON 被清 0，则 CPU 关闭中断，所有中断请求被禁止。

（2）SCON

SCON 为串行口控制寄存器，字节地址为 98H，可位寻址。SCON 的低 2 位锁存串行口的发送中断和接收中断的中断请求标志 TI 和 RI，格式如下图所示。

	D7	D6	D5	D4	D3	D2	D1	D0	
SCON	—	—	—	—	—	—	TI	RI	98H
位地址	—	—	—	—	—	—	99H	98H	

各标志位的功能如下：

① TI——串行发送中断请求标志位。CPU 将一个字节的数据写入发送缓冲器 SBUF 时，就启动一帧串行数据的发送，每发送完一帧串行数据后，硬件自动置“1”TI。必须在中断服务程序中用软件对 TI 标志清“0”。

② RI——串行接收中断请求标志位。在串行口接收完一个串行数据帧后，硬件自动置“1”RI 标志，CPU 在响应串行口接收中断。RI 标志，必须在中断服务程序中用软件清“0”。

4.3.1.3　中断允许寄存器 IE

CPU 对中断源的开放或屏蔽，以及每个中断是否被允许，都由片内的中断允许寄存器 IE 控制。IE 的字节地址为 A8H，可进行位寻址，格式如下图。

	D7	D6	D5	D4	D3	D2	D1	D0	
IE	EA	—	—	ES	ET1	EX1	ET0	EX0	A8H
位地址	AFH	—	—	ACH	ABH	AAH	A9H	A8H	

（1）IE 中各位的功能

① EA——中断允许总控制位。EA=0：CPU 屏蔽所有的中断请求（CPU 关中断）；

EA=1：CPU 开放所有中断（CPU 开中断）。

② ES——串行口中断允许位。ES=0：禁止串行口中断；ES=1：允许串行口中断。

③ ET1——定时/计数器 T1 的溢出中断允许位。ET1=0：禁止 T1 溢出中断；ET1=1：允许 T1 溢出中断。

④ EX1——外部中断 1 中断允许位。EX1=0：禁止外部中断 1 中断；EX1=1：允许外部中断 1 中断。

⑤ ET0——定时/计数器 T0 的溢出中断允许位。ET0=0：禁止 T0 溢出中断；ET0=1：允许 T0 溢出中断。

⑥ EX0——外部中断 0 中断允许位。EX0=0：禁止外部中断 0 中断；EX0=1：允许外部中断 0 中断。

（2）IE 对中断的控制

IE 对中断的开放和关闭实现两级控制。

总的开关中断控制位 EA（IE.7 位）：当 EA＝0 时，所有的中断请求被屏蔽；当 EA＝1 时，CPU 开放中断，但五个中断源的中断请求是否允许，还要由 IE 中的低 5 位所对应的五个中断请求允许控制位的状态来决定。

MCS-51 复位以后，IE 被清 0，所有的中断请求被禁止。

若使某一个中断源被允许中断，除了 IE 相应的位被置“1”外，还必须使 EA 位＝1，即 CPU 开放中断。

改变 IE 的内容，可由位操作指令来实现，即 SETB bit、CLR bit。

例：允许片内两个定时/计数器中断，禁止其它中断源的中断请求。请编写出设置 IE 的相应程序段。

(1) 用位操作指令来编写如下程序段：

```
CLR   ES；禁止串行口中断
CLR   EX1 ；禁止外部中断 1 中断
CLR   EX0 ；禁止外部中断 0 中断
SETB ET0 ；允许定时/计数器 T0 中断
SETB ET1 ；允许定时/计数器 T1 中断
SETB EA  ；CPU 开中断
```

(2) 用字节操作指令来编写如下程序段：

```
MOV   IE，＃8AH
```

或者用：

```
MOV   0A8H，＃8AH；A8H 为 IE 寄存器字节地址
```

4.3.1.4　中断优先级寄存器 IP

MCS-51 有两个中断优先级，可实现两级中断嵌套。即：CPU 正在执行低优先级中断服务程序时，可被高优先级中断请求所中断，去执行高优先级中断服务程序，待高优先级中断处理完毕后，再返回低优先级中断服务程序，如图 4-12 所示。均可由软件设置为高优先级中断或低优先级中断。

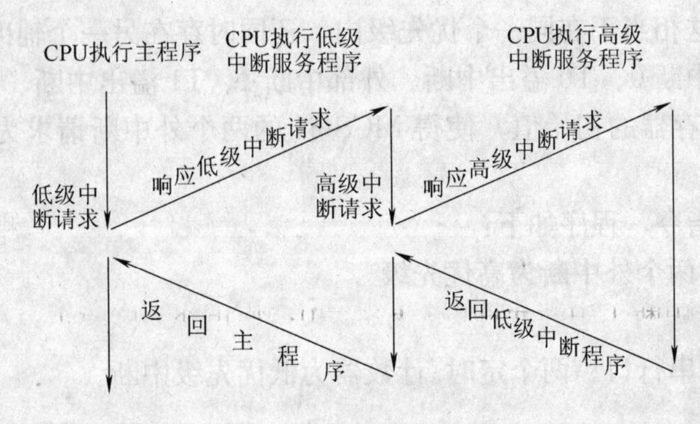

图 4-12　中断嵌套

一个正在执行的低优先级中断程序能被高优先级的中断源所中断，但不能被另一个低优先级的中断源所中断。若 CPU 正在执行高优先级的中断，则不能被任何中断源所中断。可归纳为下面三条基本规则：

① 低优先级可被高优先级中断，反之则不能。

② 任何一种中断（不管是高级还是低级），一旦得到响应，不会再被它的同级中断源所中断。

③ 某一中断源被设置为高优先级中断，则不能被任何其它的中断源的中断请求所中断。

中断优先级寄存器 IP，其字节地址为 B8H，可位寻址，格式如下图所示。

	D7	D6	D5	D4	D3	D2	D1	D0	
IP	—	—	—	PS	PT1	PX1	PT0	PX0	B8H
位地址	—	—	—	BCH	BBH	BAH	B9H	B8H	

（1）IP 中各位的功能

① PS——串行口中断优先级控制位。PS=1：高优先级中断；PS=0：低优先级中断。

② PT1——定时器 T1 中断优先级控制位。PT1＝1：高优先级中断；PT1＝0：低优先级中断。

③ PX1——外部中断 1 中断优先级控制位。PX1＝1：高优先级中断；PX1＝0：低优先级中断。

④ PT0——定时器 T0 中断优先级控制位。PT0＝1：高优先级中断；PT0＝0：低优先级中断。

⑤ PX0——外部中断 0 中断优先级控制位。PX0＝1：高优先级中断；PX0＝0：低优先级中断。

中断优先级控制寄存器 IP 的各位，在系统复位后均为 0，即全部置位低优先级中断。由用户程序置“1”和清“0”，以改变各中断源的中断优先级。

（2）MCS-51 的中断优先级结构

中断系统有两个不可寻址的“优先级激活触发器”，其中一个触发器指示某高优先级的中断正在执行，所有后来的中断均被阻止；另一个触发器指示某低优先级的中断正在执行，所有同级的中断都被阻止，但不阻断高优先级的中断请求。

在同时收到几个同一优先级的中断请求时，哪一个中断请求能优先得到响应，取决于内部的查询顺序。这相当于在同一个优先级内，还同时存在另一个辅助优先级结构。其查询顺序如下：外部中断 0、T0 溢出中断、外部中断 1、T1 溢出中断、串行口中断。

例：设置 IP 寄存器的初始值，使得 MCS-51 的两个外中断请求为高优先级，其它中断请求为低优先级。

（1）用位操作指令，程序如下：

```
SETB  PX0 ；两个外中断为高优先级
SETB  PX1
CLR   PS  ；串行口、两个定时/计数器为低优先级中断
CLR   PT0
CLR   PT1
```

（2）用字节操作指令，程序如下：

```
MOV  IP，＃05H
```

或：

MOV　0B8H，#05H；B8H 为 IP 寄存器的字节地址

4.3.2　中断响应过程及响应时间

4.3.2.1　中断响应过程

CPU 在每个机器周期 S5P2 期间采样中断标志，在下一个机器周期的 S6 期间按先后顺序查询中断标志，在查询到某一中断标志为 1 时，则在下一个机器周期 S1 期间按优先级别进行中断处理。一个中断请求被响应，需满足以下必要条件：

① CPU 开中断，即 IE 寄存器中的中断总允许位 EA=1。

② 该中断源发出中断请求，即该中断源对应的中断请求标志为“1”。

③ 该中断源的中断允许位=1，即该中断没有被屏蔽。

④ 无同级或更高级中断正在被服务。

中断响应就是 CPU 对中断源提出的中断请求的接受。当 CPU 查询到有效的中断请求时，在满足上述条件时，紧接着就进行中断响应。

首先由硬件自动生成一条长调用指令 LCALL addr16。

接着就由 CPU 执行该指令。首先将 PC 的内容压入堆栈以保护断点，再将中断入口地址装入 PC。各中断源服务程序的入口地址是固定的。

中断响应是有条件的，遇到下列三种情况之一时，中断响应被封锁。

① CPU 正在处理同级的或更高优先级的中断。

② 所查询的机器周期不是当前正在执行指令的最后一个机器周期。只有在当前指令执行完毕后，才能进行中断响应。

③ 正在执行的指令是 RETI 或是访问 IE 或 IP 的指令。按 MCS-51 中断系统特性的规定，在执行完这些指令后，需要再去执行完一条指令，才能响应新的中断请求。

如果存在上述三种情况之一，CPU 将丢弃中断查询结果，不能对中断进行响应。

4.3.2.2　外部中断响应时间

外部中断最短的响应时间为 3 个机器周期。中断请求标志位查询占 1 个机器周期；子程序调用指令 LCALL 以转到相应的中断服务程序入口，则需要 2 个机器周期。

外部中断响应的最长时间为 8 个机器周期。这种情况发生在 CPU 进行中断标志查询时，刚好是开始执行 RETI 或是访问 IE 或 IP 的指令，则需把当前指令执行完再继续执行一条指令后，才能响应中断，最长需 2 个机器周期；接着再执行一条指令，按最长指令（乘法指令 MUL 和除法指令 DIV）来算，也只有 4 个机器周期；加上硬件子程序调用指令 LCALL 的执行，需要 2 个机器周期。所以，外部中断响应最长时间为 8 个机器周期。

如果已在处理同级或更高级中断，外部中断请求的响应时间取决于正在执行的中断服务程序的处理时间。这种情况下，响应时间就无法计算了。

在一个单一中断的系统里，MCS-51 单片机对外部中断请求的响应的时间总是在 3～8 个机器周期之间。

4.3.2.3　中断请求的撤销

中断被响应之后，中断请求标志位必须被撤销，否则 CPU 还会采样到该标志。中断请求的撤销分为硬件和软件两种情况。不同中断源撤销方式不同。

（1）定时/计数器中断请求的撤销

中断请求被响应后，硬件会自动清 TF0 或 TF1。

(2) 外部中断请求的撤销

① 跳沿方式外部中断请求的撤销——是自动撤销的。

② 电平方式外部中断请求的撤销——除了标志位清“0”之外，还需在中断响应后把中断请求信号引脚从低电平强制改变为高电平，如图 4-13 所示。

只要 P1.0 端输出一个负脉冲就可以使 D 触发器置“1”，从而撤销了低电平的中断请求信号。所需的负脉冲可通过在中断服务程序中增加如下两条指令得到：

ORL　P1，#01H　；P1.0 为“1”

ANL　P1，#0FEH；P1.0 为“0”

电平方式的外部中断请求信号的完全撤销，是通过软硬件相结合的方法来实现的。

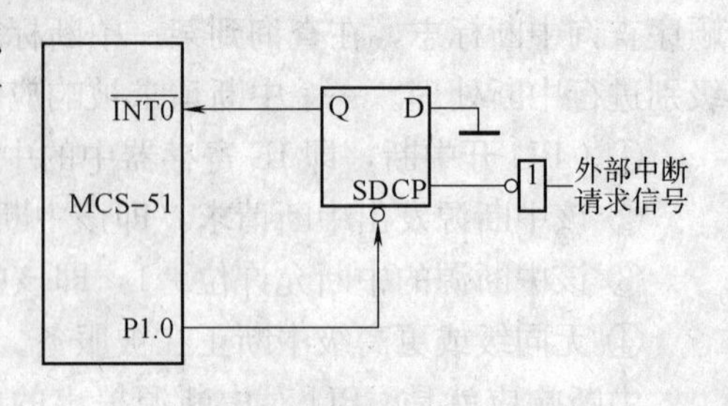

图 4-13　外部中断请求信号的撤销

(3) 串行口中断请求的撤销

响应串行口的中断后，CPU 无法知道是接收中断还是发送中断，还需测试这两个中断标志位的状态，以判定是接收操作还是发送操作，然后才能清除。所以，串行口中断请求的撤销只能使用软件的方法。

CLRTI；清 TI 标志位

CLRRI；清 RI 标志位

4.3.3 中断服务程序的设计

4.3.3.1　中断服务程序设计的基本任务

① 设置中断允许控制寄存器 IE。

② 设置中断优先级寄存器 IP。

③ 对外中断源，要设置中断请求是采用电平触发方式还是跳沿触发方式。

④ 编写中断服务程序，处理中断请求。

前三条一般放在主程序的初始化程序段中。

例：假设允许外部中断 0 中断，并设定它为高级中断，其它中断源为低级中断，采用跳沿触发方式。

在主程序中可编写如下程序段：

SETB　　EA；EA 置“1”，CPU 开中断

SETB　　ET0；ET0 置“1”，允许外中断 0 产生中断

SETB　　PX0；PX0 置“1”，外中断 0 为高级中断

SETB　　IT0；IT0 置“1”，外中断 0 为跳沿触发方式

4.3.3.2　采用中断时的主程序结构

常用的主程序结构如下：

ORG　　0000H

LJMP　　MAIN

ORG　　中断入口地址

```
LJMP  INT
ORG   XXXXH
MAIN：主 程 序
INT：中断服务程序
```

4.3.3.3　中断服务程序的流程

中断的执行过程可以用流程图表示，如图 4-14 所示。

例：根据中断服务程序流程图，编写出中断服务程序。假设，现场保护只需要将 PSW 寄存器和累加器 A 的内容压入堆栈中保护起来。

一个典型的中断服务程序如下：

```
INT：  CLR    EA      ；CPU 关中断
       PUSH   PSW     ；现场保护
       PUSH   ACC
       SETB   EA      ；CPU 开中断
（中断处理服务子程序）
       CLR    EA      ；CPU 关中断
       POP    ACC     ；现场恢复
       POP    PSW
       SETB   EA      ；CPU 开中断
       RETI           ；中断返回，恢复断点
```

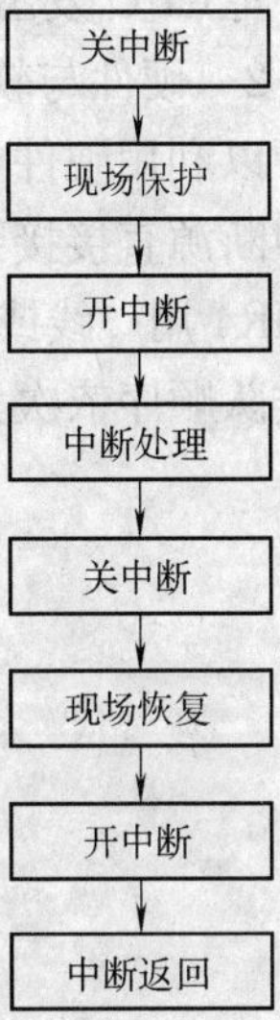

关中断 → 现场保护 → 开中断 → 中断处理 → 关中断 → 现场恢复 → 开中断 → 中断返回

图 4-14　中断执行过程

几点说明：

① 本例的现场保护假设仅涉及到 PSW 和 A 的内容，如还有其它需保护的内容，只需要在相应的位置再加几条 PUSH 和 POP 指令即可。

②“中断处理程序”段，应根据中断任务的具体要求，来编写这部分中断处理程序。

③ 如果本中断服务程序不允许被其它的中断所中断，可将“中断处理程序”段前后的“SETB EA”和“CLR EA”两条指令去掉。

④ 中断服务程序的最后一条指令必须是返回指令 RETI。

4.3.4　多外部中断源系统设计

实际的应用系统中，两个外部中断请求源往往不够用，需对外部中断源进行扩充。

4.3.4.1　定时/计数器作为外部中断源的使用方法

定时/计数器选择为计数器工作模式，T0（或 T1）引脚上发生负跳变时，T0（或 T1）计数器加 1，利用这个特性，可以把 T0（或 T1）引脚作为外部中断请求输入引脚，而定时/计数器的溢出中断 TF0（或 TF1）作为外部中断请求标志。

```
      ORG    0000H
      AJMP   IINI             ；跳到初始化程序
………………
IINI：       MOV    TMOD，#06H  ；设置 T0 的工作方式
```

```
        MOV     TL0，#0FFH    ；给计数器设置初值
        MOV     TH0，#0FFH
        SETB    TR0           ；启动 T0，开始计数
        SETB    ET0           ；允许 T0 中断
        SETB    EA            ；CPU 开中断
```

当连接在 P3.4（T0 引脚）的电平发生负跳变时，TL0 加 1，产生溢出，置“1”TF0，向 CPU 发出中断请求，同时 TH0 的内容 0FFH 送 TL0，即 TL0 恢复初值 0FFH。

4.3.4.2　硬件与软件结合扩展外中断源

可以利用硬件电路和软件结合的方法扩展外中断源，如图 4-15 所示。把其中最高级别的中断源直接接到 MCS-51 的一个外部中断请求源 IR0 输入端，其余的外部中断请求源 IR1～IR4 用“线或”的办法连到 MCS-51 的另一个外中断源输入端，并接到 P1 口。中断源的排队顺序依次为：IR0 ～ IR4。

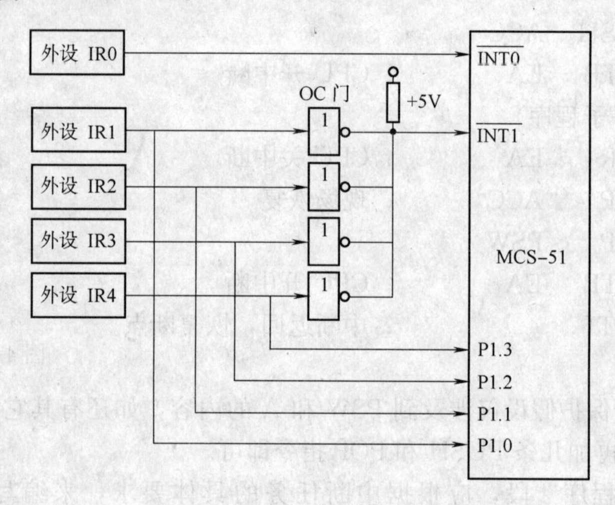

图 4-15　扩展外中断源

程序如下：

```
        ORG     0013H         ；外中断源的中断入口
        LJMP    INT1
          ⋮
INT1：  PUSH    PSW           ；保护现场
        PUSH    ACC
        JB      P1.0，IR1     ；P1.0 脚高，IR1 有请求
        JB      P1.1，IR2     ；P1.1 脚高，IR2 有请求
        JB      P1.2，IR3     ；P1.2 脚高，IR3 有请求
        JB      P1.3，IR4     ；P1.4 脚高，IR4 有请求
INTIR： POP     ACC           ；恢复现场
        POP     PSW
                RETI          ；中断返回
```

```
IR1：    （IR1 中断服务子程序）
         AJMP    INTIR
IR2：（IR2 中断服务子程序）
         AJMP    INTIR
IR3：    （IR3 中断服务子程序）
         AJMP    INTIR
IR4：    （IR4 中断服务子程序）
         AJMP    INTIR
```

此种连接方法原则上可扩充无数多个外中断源。中断源的优先级为软件的查询先后。

4.4 单片机的扩展

在由单片机构成的实际测控系统中，单片机片内的资源往往不能满足要求，因此在系统设计时首先要解决系统的扩展问题。单片机的系统扩展，主要有程序存储器（ROM）的扩展、数据存储器（RAM）的扩展，以及 I/O 口的扩展。MCS-51 单片机具有很强的扩展功能，外围扩展电路、扩展芯片和扩展方法都非常规范。

MCS-51 单片机的系统扩展结构如图 4-16 所示。

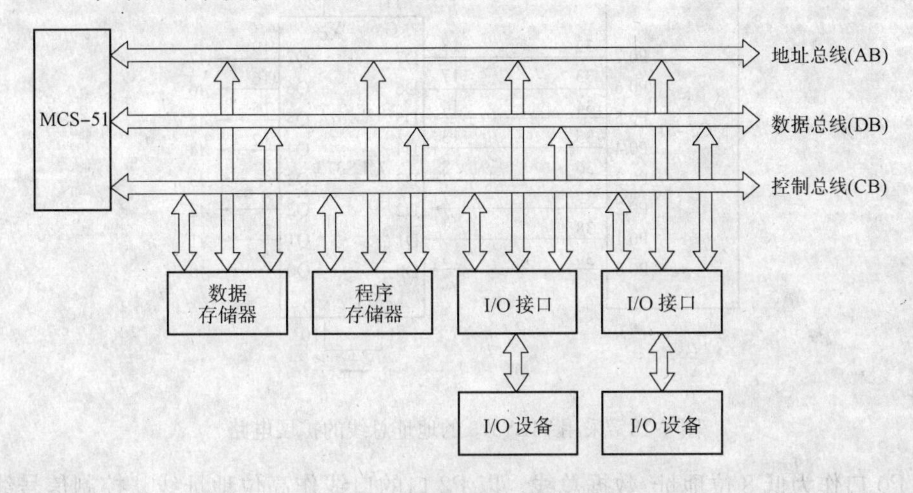

图 4-16　单片机系统扩展结构图

系统扩展首先要构造系统总线。MCS-51 单片机的系统总线按其功能可分为三种：

① 地址总线（Adress Bus，简写 AB）：用以传输单片机和外围扩展部件之间的地址信息，是单向的。

② 数据总线（Data Bus，简写 DB）：用以传输单片机和外围扩展部件之间的数据信息，是双向的。

③ 控制总线（Control Bus，简写 CB）：用以传输单片机和外围扩展部件之间的控制信息，总体上看是双向的，但涉及到每一根具体的控制线一般都是单向的。

单片机系统扩展的首要问题是构造系统总线，然后再往系统总线上"挂"存储器芯片或 I/O 接口芯片。"挂"存储器芯片就是存储器扩展，"挂"I/O 接口芯片就是 I/O 扩展。

受引脚数目的限制，数据线和低 8 位地址线复用。为了将它们分离出来，需要外加地址锁存器，从而构成与一般 CPU 相类似的片外三总线，如图 4-17 所示。

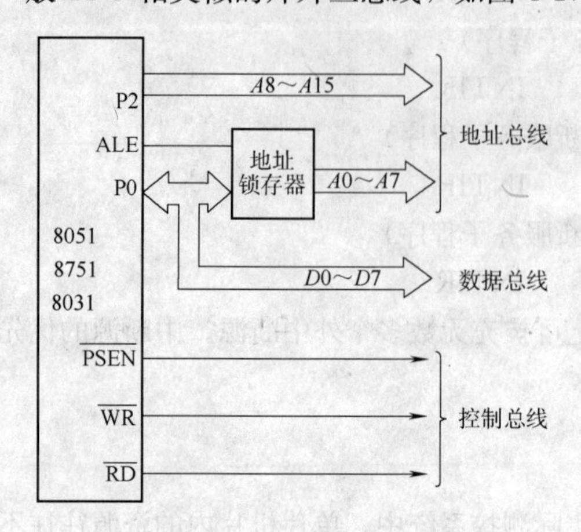

图 4-17 单片机的三总线结构

地址锁存器一般采用 74LS373，采用 74LS373 的地址总线的扩展电路如图 4-18 所示。

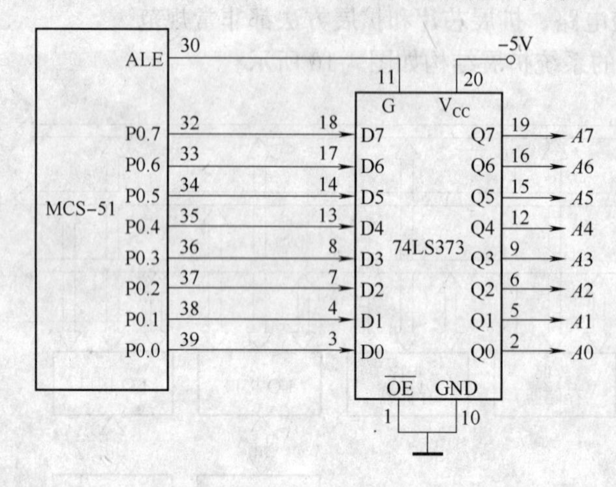

图 4-18 采用 74LS373 的地址总线的扩展电路

以 P0 口作为低 8 位地址/数据总线。以 P2 口的口线作高位地址线。控制信号线主要有以下四根：

① 使用 ALE 信号作为低 8 位地址的锁存控制信号；

② 以 $\overline{\text{PSEN}}$ 信号作为扩展程序存储器的读选通信号；

③ 以 $\overline{\text{EA}}$ 信号作为内外程序存储器的选择控制信号；

④ 由 RD 和 $\overline{\text{WR}}$ 信号作为扩展数据存储器和 I/O 口的读选通、写选通信号。

尽管 MCS-51 有四个并行 I/O 口，共 32 条口线，但由于系统扩展需要，真正作为数据 I/O 使用的，就剩下 P1 口和 P3 口的部分口线。

4.4.1 存储器的扩展

MCS-51 单片机的存储器结构采用的是哈佛结构，即程序存储器空间和数据存储器空间分开的结构。这一点在考虑存储器扩展的时候一定要注意。MCS-51 数据存储器和程序存储器的最大扩展空间各为 64KB。

4.4.1.1　存储器扩展的读写控制

RAM 芯片：读写控制引脚，记为$\overline{OE}$和$\overline{WE}$。与 MCS-51 的$\overline{RD}$和$\overline{WR}$相连。

EPROM 芯片：只能读出，故只有读出引脚，记为$\overline{OE}$。该引脚与 MCS -51 的$\overline{PSEN}$相连。

4.4.1.2　存储器地址空间分配

MCS-51 发出的地址是用来选择某个存储器单元，要完成这种功能，必须进行两种选择："片选（存储芯片的选择）"及某一"存储单元的选择"。

存储器空间分配除考虑地址线连接外，还讨论各存储器芯片在整个存储空间中所占据的地址范围。

常用的存储器地址分配的方法有两种：线性选择法（简称线选法）和地址译码法（简称译码法）。

（1）线选法

线选法是直接利用系统的高位地址线作为存储器芯片（或 I/O 接口芯片）的片选信号。

优点：电路简单，不需要地址译码器硬件，体积小，成本低。

缺点：可寻址的器件数目受到限制，地址空间不连续，地址不唯一。

某一系统，需要外扩 8KB 的 EPROM（两片 2732）、4KB 的 RAM（两片 6116）这些芯片与 MCS-51 单片机地址分配有关的地址线连线，电路如图 4-19 所示。

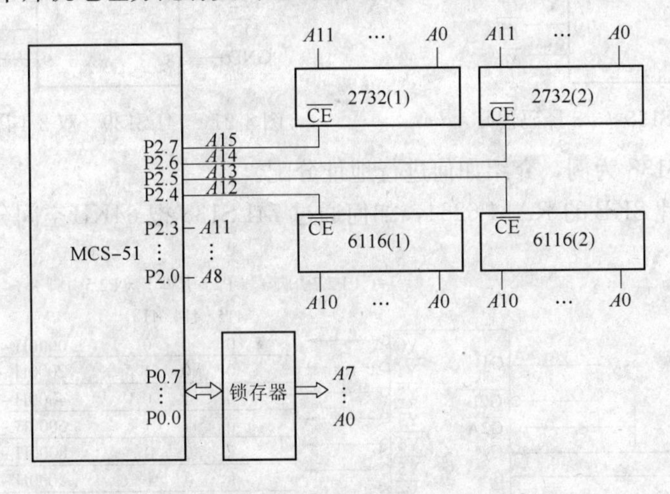

图 4-19　外扩两片 2732、两片 6116

2732 是 4KB 的程序存储器，有 12 根地址线 A0～A11，它们分别与单片机的 P0 口及 P2.0～P2.3 口相连。2732（1）的片选端接 A15（P2.7），2732（2）的片选端接 A14（P2.6）。

当要选中某个芯片时，单片机 P2 口对应的片选信号引脚应为低电平，其它引脚一定要为高电平。

6116 是 2KB 的，需要 11 根地址线作为存储单元的选择，而剩下的 P2 口线（P2.4～P2.7）正好作为片选线。

两片程序存储器的地址范围：

2732（1）的地址范围：7000H～7FFFH；

2732（2）的地址范围：B000H～BFFFH；

6116（1）的地址范围：EC00H～EFFFH；

6116（2）的地址范围：D800H～DFFFH。

线选法的特点：简单明了，不需另外增加硬件电路。只适于外扩芯片不多，规模不大的单片机系统。

（2）译码法

最常用的译码器芯片：74LS138（3-8 译码器），74LS139（双 2-4 译码器），74LS154（4-16 译码器）。

译码法分为全译码法和部分译码法：全译码，全部高位地址线都参加译码；部分译码，仅部分高位地址线参加译码。

① 74LS138（3-8 译码器）：引脚如图 4-20 所示。当译码器的输入为某一个编码时其输出就有一个固定的引脚输出为低电平，其余的为高电平。

② 74LS139（双 2-4 译码器）：引脚如图 4-21 所示。

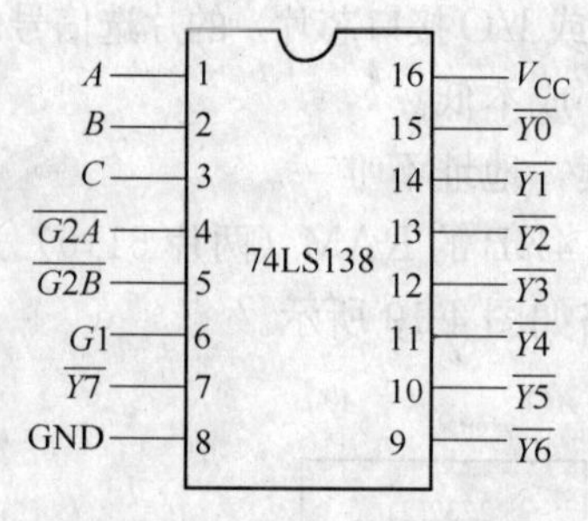

图 4-20　74LS138（3-8 译码器）

图 4-21　74LS139（双 2-4 译码器）

下面以 74LS138 为例，介绍如何进行地址分配。

例：要扩八片 8KB 的 RAM 6264，如何通过 74LS138 把 64KB 空间分配给各个芯片？

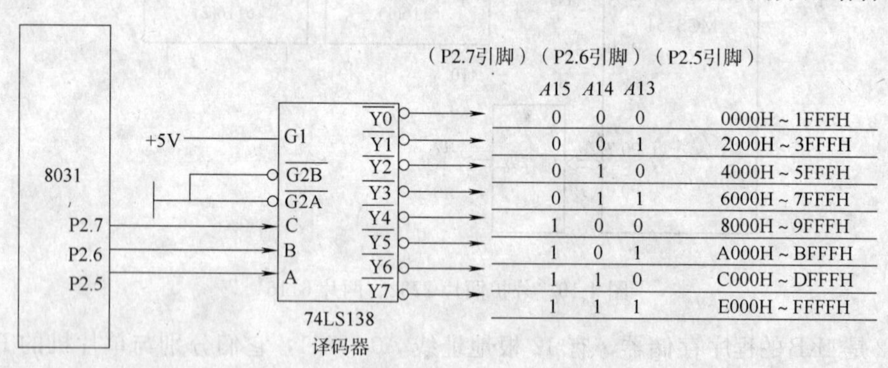

上图采用的是全地址译码方式。MCS-51 单片机发地址码时，每次只能选中一个存储单元。这样，同类存储器之间根本不会产生地址空间重叠的问题。

4.4.1.3　地址锁存器

常用的地址锁存器芯片有 74LS373、8282 等。

（1）锁存器 74LS373

74LS373 是带有三态门的 8D 锁存器，其引脚及其内部结构如图 4-22 所示。

引脚说明如下：

D7～D0——8 位数据输入线；

Q7～Q0——8 位数据输出线；

G——数据输入锁存选通信号；

$\overline{\text{OE}}$——数据输出允许信号。

（2）锁存器 8282

8282 的功能及内部结构与 74LS373 完全一样，只是其引脚的排列与 74LS373 不同。8282 的引脚如图 4-23 所示。

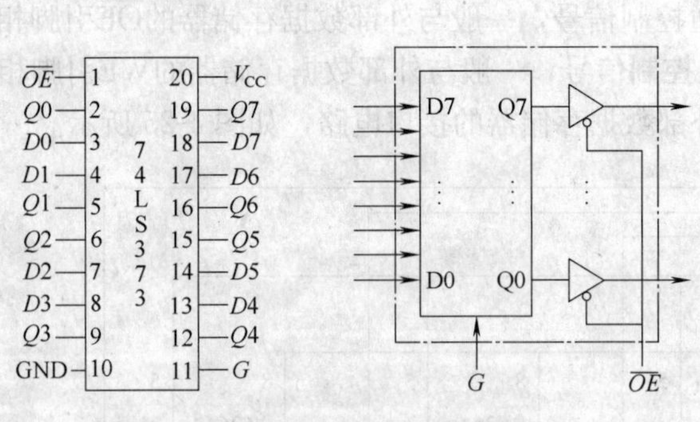

图 4-22　74LS373 的引脚

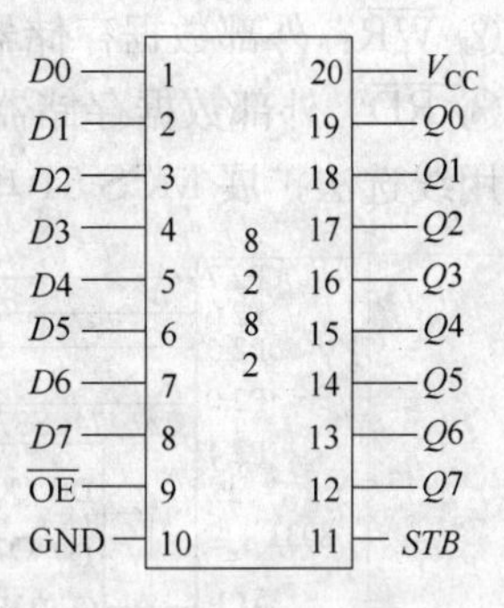

图 4-23　8282 的引脚

8282 的这种引脚排列为绘制印刷电路板时的布线提供了方便。

4.4.1.4　扩展数据存储器

MCS-51 单片机内部集成有 128 字节的 RAM，在实际系统中经常不够用，这时就需要扩展外部的数据存储器。

（1）常用的数据存储器芯片

常用的 RAM 芯片以 61/62xx 系列为主，例如：6116（2KB×8）、6264（8KB×8）、62128（16KB×8）、62256（32KB×8）。“61/62”后面的数字表示其位存储容量。

常用的 RAM 芯片引脚封装如图 4-24 所示。

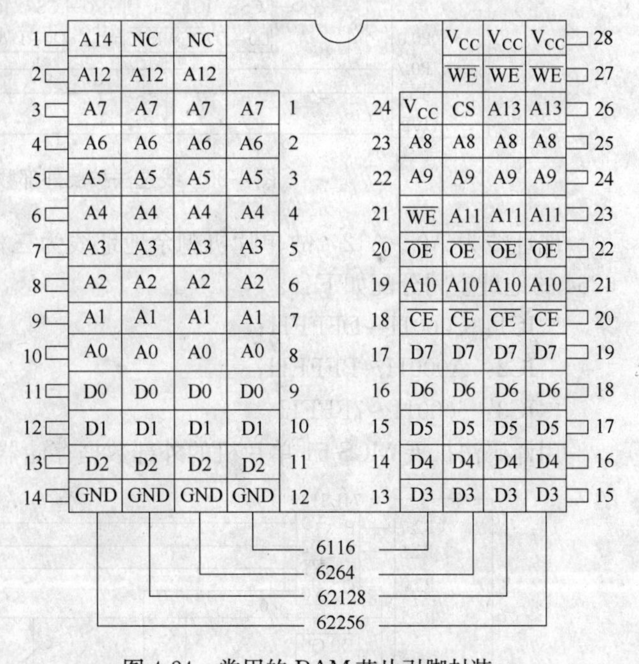

图 4-24　常用的 RAM 芯片引脚封装

不同容量的静态 RAM，只是在地址线的数目和编程信号引脚有一点区别。各重要的引脚含义如下：

A0～Ai——地址输入线，决定存储器的容量；

I/O0～I/O7——双向三态数据线；

$\overline{\text{CE}}$——片选信号输入线；

$\overline{\text{OE}}$——读选通输入信号线；

$\overline{\text{WE}}$——写选通输入信号线；

V_{PP}——编程电源输入线；

V_{CC}——工作电源输入线（常为+5V）；

GND——工作时接地线。

（2）MCS-51 单片机与 RAM 的接口电路

MCS-51 单片机访问外部数据存储器时，MCS-51 单片机的 P0 口分时提供低 8 位地址总线和数据总线，P2 口提供高 8 位地址线。其控制总线由以下三根引脚来提供。

① ALE：用于低 8 位的地址锁存控制信号。

② $\overline{WR}$：外部数据存储器的读选通控制信号，一般与外部数据存储器的$\overline{OE}$引脚相连。

③ $\overline{RD}$：外部数据存储器的写选通控制信号，一般与外部数据存储器的$\overline{WE}$引脚相连。

用线选法扩展 MCS-51 单片机的外部数据存储器的接口电路，如图 4-25 所示。

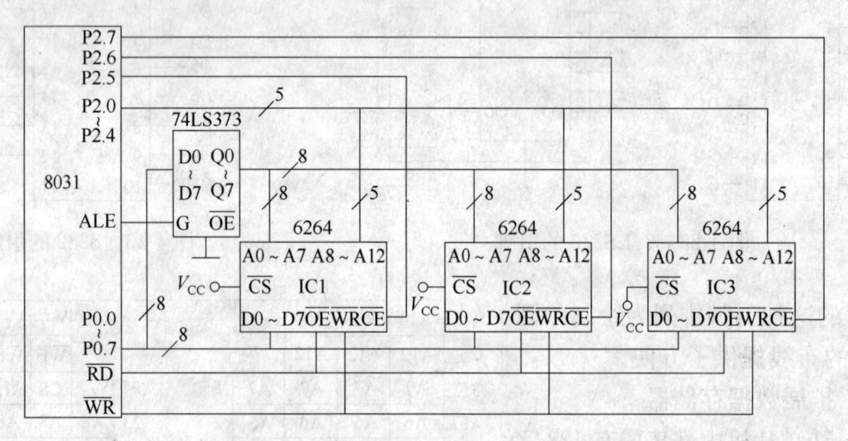

图 4-25　线选法扩展外部数据存储器

地址线为 A0～A12，故单片机剩余地址线为三根。用线选法可扩展三片 6264。各片 6264 的地址空间分配如下：

IC1：C000H～DFFFH；

IC2：A000H～BFFFH；

IC3：6000H～7FFFH。

用译码法扩展 MCS-51 单片机的外部数据存储器的接口电路，如图 4-26 所示。

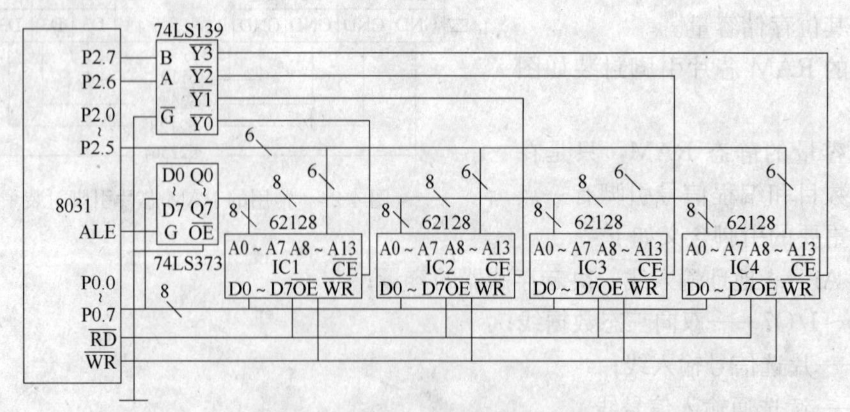

图 4-26　译码法扩展外部数据存储器

各片 62128 的地址空间分配如下：

IC1：0000H～3FFFH；

IC2：4000H～7FFFH；

IC3：8000H～BFFFH；

IC4：C000H～FFFFH。

例：扩展 MCS-51 单片机的外部数据存储器的接口电路如下图所示，可见 62256 的地址范围为 0000H～7FFFH。请编写程序，将片外数据存储器中 5000H～50FFH 单元全部清零。

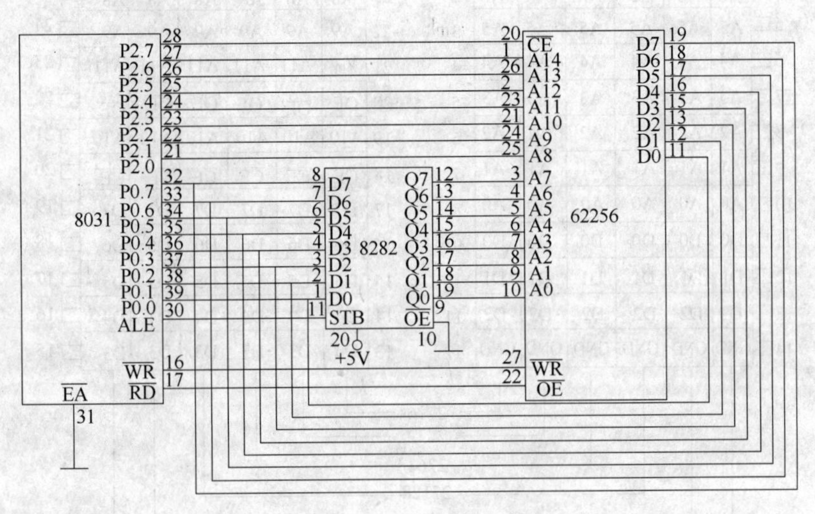

参考程序如下：

```
      MOV    DPTR，#5000H      ；设置数据块指针的初值
      MOV    R7，#00H          ；设置块长度计数器初值
      CLR    A
LOOP：MOVX   @DPTR，A          ；把某一单元清 0
      INC    DPTR              ；地址指针加 1
      DJNZ   R7，LOOP          ；数据块长度减 1，若不为 0 则继续
HERE：SJMP   HERE
```

4.4.1.5　扩展程序存储器

（1）常用的程序存储器芯片

程序存储器一般采用只读存储器，只读存储器简称为 ROM。ROM 可分为以下几种：

① 掩膜 ROM：在制造过程中编程。成本较高，因此只适合于大批量生产。

② 可编程 ROM（PROM）：用独立的编程器写入。但 PROM 只能写入一次，且不能再修改。

③ EPROM：电信号编程，紫外线擦除的只读存储器芯片。

④ E2PROM（EEPROM）：电信号编程，电信号擦除的 ROM 芯片。读写操作与 RAM 几乎没有什么差别，只是写入的速度慢一些。但断电后能够保存信息。

⑤ Flash ROM：又称闪烁存储器，简称闪存。大有取代 E2PROM 的趋势。

程序存储器的扩展，可根据需要来使用上述的各种只读存储器芯片，但使用较多的还是 EPROM 芯片。下面，简单对常用的 EPROM 芯片进行介绍。

常用的 EPROM 以 27xx 系列为主，例如：2764（8KB×8）、27128（16KB×8）、27256（32KB×8）、27512（64KB×8）。“27”后面的数字表示其位存储容量。

常用的 EPROM 芯片引脚封装如图 4-27 所示。

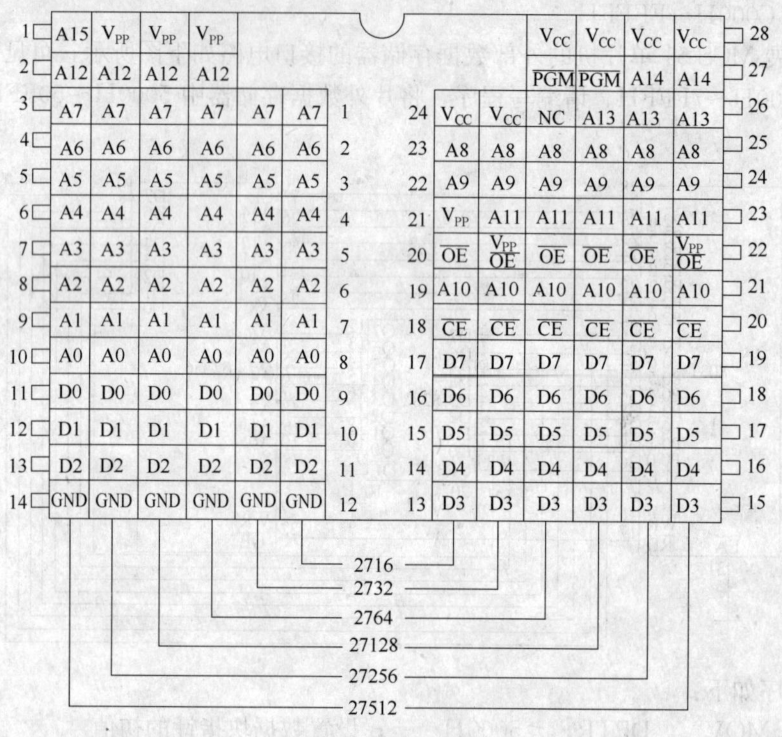

图 4-27 常用的 EPROM 芯片引脚封装

不同容量的 EPROM，只是在地址线的数目和编程信号引脚有一点区别。各重要的引脚含义如下：

A0～Ai——地址输入线，决定存储器的容量；

Q0～Q7——双向三态数据线；

E——片选信号输入线；

G——读选通输入信号线；

P——编程脉冲输入线；

V_{PP}——编程电源输入线；

V_{CC}——工作电源输入线（常为＋5V）；

GND/V_{SS}——工作时接地线。

（2）MCS-51 单片机与 EPROM 的接口电路

MCS-51 单片机访问外部程序存储器时，MCS-51 单片机的 P0 口分时提供低 8 位地址总线和数据总线，P2 口提供高 8 位地址线。其控制总线由以下三根引脚来提供。

① ALE：用于低 8 位的地址锁存控制信号。

② $\overline{\text{PSEN}}$：外部程序存储器的读选通控制信号，一般与外部存储器的$\overline{\text{OE}}$引脚相连。

③ $\overline{\text{EA}}$：内部/外部程序存储器选择控制信号。接高电平时，访问内部程序存储器；

接低电平时，访问外部程序存储器。

外扩 16K 字节的 EPROM 27128 的接口电路，如图 4-28 所示。

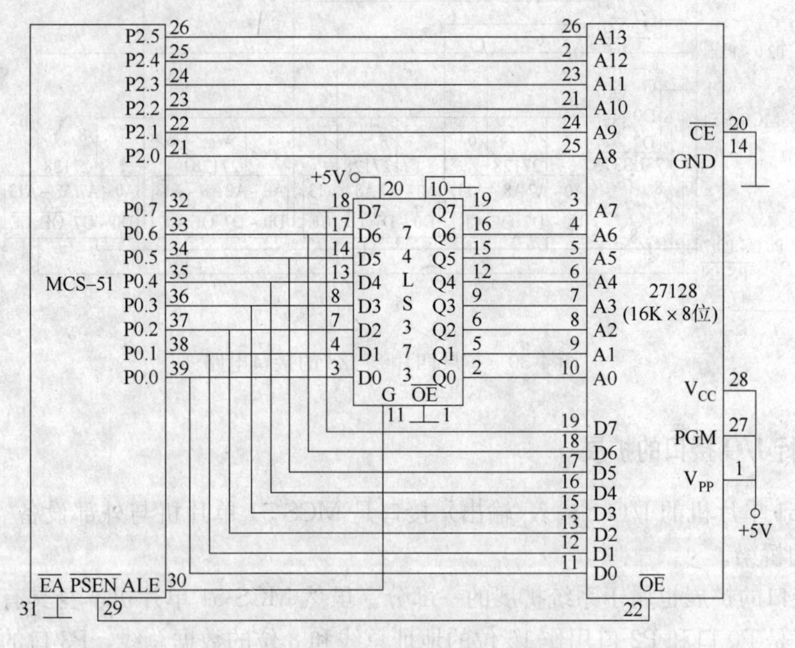

图 4-28　EPROM 27128 的接口电路

MCS-51 外扩单片 32K 字节的 EPROM 27256 的接口电路，如图 4-29 所示。

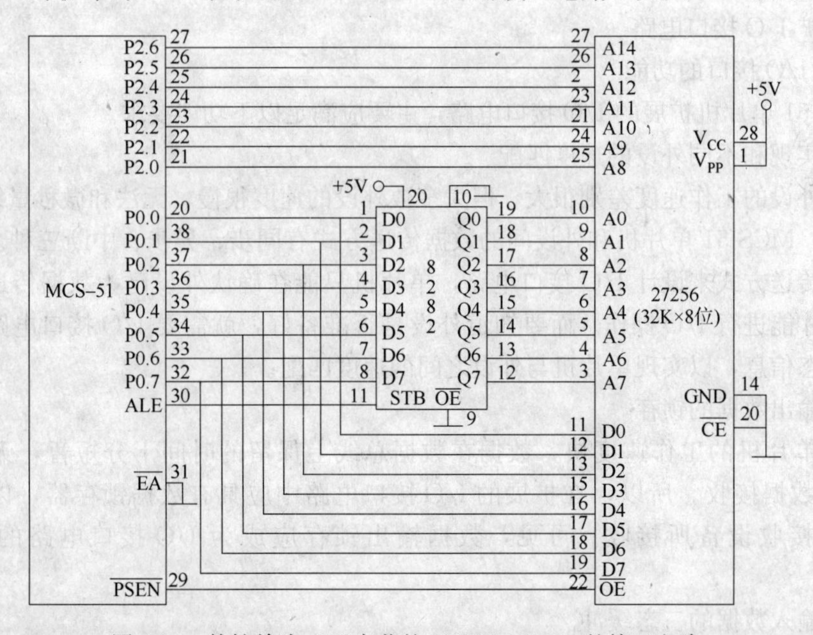

图 4-29　外扩单片 32K 字节的 EPROM 27256 的接口电路

MCS-51 扩展四片 27128 的接口电路，如图 4-30 所示。

以上三种扩展程序存储器的接口电路的地址空间分配情况，请读者根据本章前面所讲的知识自行分析。

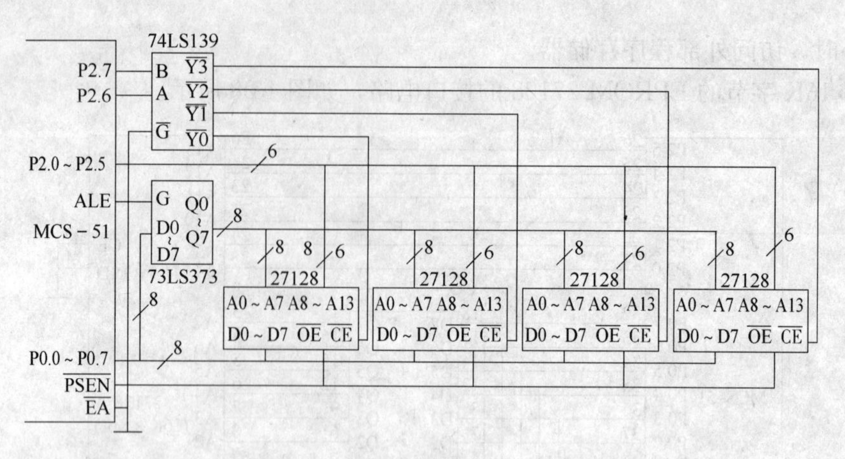

图 4-30　扩展四片 27128 的接口电路

4.4.2　并行 I/O 接口的扩展

MCS-51 单片机的 I/O（输入/输出）接口是 MCS-51 单片机与外部设备（简称外设）交换信息的桥梁。

I/O 接口的扩展也属于系统扩展的一部分。虽然 MCS-51 单片机本身具有四个 8 位的 I/O 口，但是 P0 口和 P2 口用作 16 位的地址总线和 8 位的数据总线，P3 口的某些位还要作为必要的控制总线，所以真正用作 I/O 口线的只有 P1 口的 8 位 I/O 线和 P3 口的某些位，可见，MCS-51 单片机的 I/O 资源有限。因此，在多数应用系统中，MCS-51 单片机都需要外扩 I/O 接口电路。

4.4.2.1　I/O 接口的功能

MCS-51 单片机扩展的 I/O 接口电路，主要应满足以下功能要求。

（1）实现和不同外设的速度匹配

不同外设的工作速度差别很大，但大多数外设的速度很慢，无法和微秒量级的单片机速度相比。MCS-51 单片机和外设间的数据传送方式有同步、异步、中断三种。无论采用哪种数据传送方式来设计 I/O 接口电路，单片机只能在确认外设已为数据传送做好准备的前提下才能进行 I/O 操作。而要知道外设是否准备好，就需要 I/O 接口电路与外设之间传送状态信息，以实现单片机与外设之间的速度匹配。

（2）输出数据的锁存

由于单片机的工作速度快，数据在数据总线上保留的时间十分短暂，无法满足慢速外设的数据接收。所以，在扩展的 I/O 接口电路中应具有数据锁存器，以保证输出数据能为接收设备所接收。可见，数据输出锁存应成为 I/O 接口电路的一项重要功能。

（3）输入数据的三态缓冲

当输入设备向单片机输入数据时，要经过数据总线。但数据总线上面可能“挂”有多个数据源，为了传送数据时不发生冲突，只允许当前时刻正在进行数据传送的数据源使用数据总线，其余的数据源应处于隔离状态，为此要求接口电路能为数据输入提供三态缓冲功能。

4.4.2.2　I/O端口的编址

在介绍I/O端口编址之前，首先要弄清楚I/O接口（Interface）和I/O端口（Port）的概念。I/O端口简称I/O口，常指I/O接口电路中具有端口地址的寄存器或缓冲器。I/O接口，是指单片机与外设间的I/O接口芯片。一个I/O接口芯片可以有多个I/O端口，传送数据的称为数据口，传送命令的称为命令口，传送状态的称为状态口。当然，并不是所有的外设都需要三种端口齐全的I/O接口。

因此，I/O端口的编址实际上是给所有I/O接口中的端口编址，以便CPU通过端口地址和外设交换信息。常用的I/O端口编址有两种方式，一种是独立编址方式，另一种是统一编址方式。

（1）独立编址方式

独立编址方式就是I/O地址空间和存储器地址空间分开编址。独立编址的优点是I/O地址空间和存储器地址空间相互独立，界限分明。但是，却需要设置一套专门的读写I/O的指令和控制信号。

（2）统一编址方式

统一编址方式是把I/O端口的寄存器与数据存储器单元同等对待，统一进行编址。统一编址方式的优点是不需要专门的I/O指令，直接使用访问数据存储器的指令进行I/O操作，简单、方便且功能强。

MCS-51单片机使用的是I/O和外部数据存储器RAM统一编址的方式，用户可以把外部64K字节的数据存储器RAM空间的一部分作为I/O接口的地址空间，每一接口芯片中的一个功能寄存器（端口）的地址就相当于一个RAM存储单元，CPU可以像访问外部存储器RAM那样访问I/O接口芯片，对其功能寄存器进行读、写操作。

4.4.2.3　8255A可编程接口芯片

8255A是Intel公司生产的可编程并行I/O接口芯片，它具有三个8位的并行I/O口，三种工作方式，可通过编程改变其功能。因而使用灵活方便，通用性强，可作为单片机与多种外围设备连接时的中间接口电路。

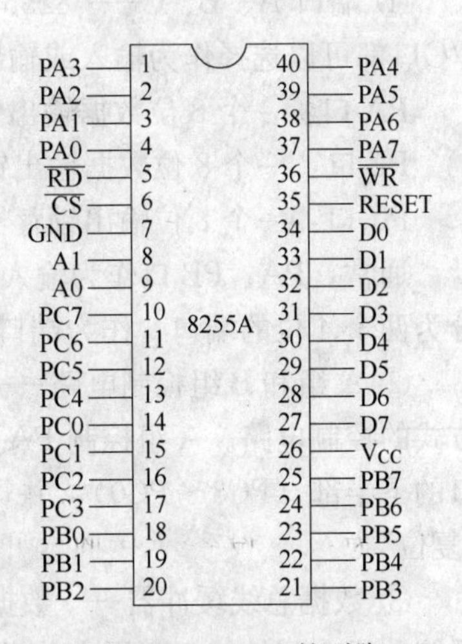

图4-31　8255A的引脚

（1）8255A的结构

1）引脚说明　8255A的引脚如图4-31所示。

8255A共有40只引脚，采用双列直插式封装，各引脚功能如下：

D7～D0——三态双向数据线，与单片机数据总线连接，用来传送数据信息；

$\overline{CS}$——片选信号线，低电平有效，表示本芯片被选中；

$\overline{RD}$——读出信号线，低电平有效，控制8255A中数据的读出；

$\overline{WR}$——写入信号线，低电平有效，控制8255A数据的写入；

Vcc——＋5V电源；

PA7～PA0——A 口输入/输出线；

PB7～PB0——B 口输入/输出线；

PC7～PC0——C 口输入/输出线；

A1～A0——地址线，用来选择 8255A 内部的四个端口。

2）内部结构　8255A 的内部结构如图 4-32 所示。

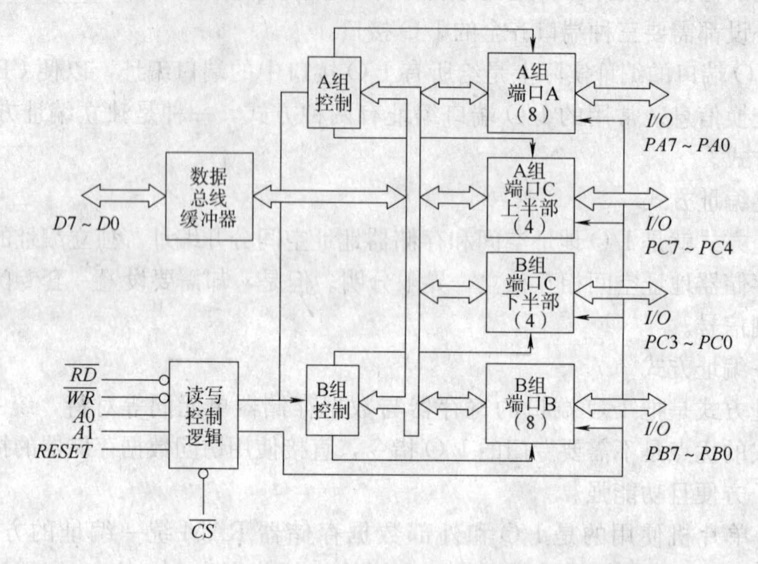

图 4-32　8255A 的内部结构

8255A 的内部结构包括三个并行数据输入/输出端口，两个工作方式的控制电路，一个读/写控制逻辑电路和 8 位数据总线缓冲器。各部件的功能如下：

① 端口 A、B、C——8255A 有三个 8 位并行 I/O 口，分别是 PA、PB 和 PC。三个 I/O口都可以选择作为输入或输出工作模式，但在功能和结构上有些差异。

PA 口：一个 8 位数据输出锁存器和缓冲器，一个 8 位数据输入锁存器；

PB 口：一个 8 位数据输出锁存器和缓冲器，一个 8 位数据输入缓冲器；

PC 口：一个 8 位输出锁存器，一个 8 位数据输入缓冲器。

通常，PA、PB 口作为输入输出口；PC 口可作为输入输出口，也可在软件的控制下，分为两个 4 位的端口，作为端口 A、B 选通方式操作时的状态控制信号。

② A 组和 B 组控制电路——这是两组根据 CPU 写入的“命令字”控制 8255A 工作方式的控制电路。A 组控制 PA 口和 PC 口的上半部（PC7～PC4）；B 组控制 PB 口和 PC 口的下半部（PC3～PC0），并可根据“命令字”对端口的每一位实现按位“置位”或“复位”。

③ 数据总线缓冲器——数据总线缓冲器是一个三态双向 8 位缓冲器，作为 8255A 与系统总线之间的接口，用来传送数据、指令、控制命令以及外部状态信息。

④ 读/写控制逻辑电路——读/写控制逻辑电路接收 CPU 发来的控制信号、RESET、地址信号 A1～A0 等，然后根据控制信号的要求，将端口数据读出，送往 CPU 或者将 CPU 送来的数据写入端口。

各端口的工作状态与控制信号的关系如表 4-4 所示。

表 4-4　　端口工作状态与控制信号的关系

A1	A2	$\overline{RD}$	$\overline{WR}$	$\overline{CS}$	工作状态
0	0	0	1	0	A 口数据→数据总线（读端口 A）
0	1	0	1	0	B 口数据→数据总线（读端口 B）
1	0	0	1	0	C 口数据→数据总线（读端口 C）
0	0	1	0	0	总线数据→A 口（写端口 A）
0	1	1	0	0	总线数据→B 口（写端口 B）
1	0	1	0	0	总线数据→C 口（写端口 C）
1	1	1	0	0	总线数据→控制字寄存器（写控制字）
×	×	×	×	1	数据总线为三态
1	1	0	1	0	非法状态
×	×	1	1	0	数据总线为三态

(2) 8255A 的工作方式选择控制字及 C 口置位/复位控制字

1）工作方式选择控制字　8255A 有三种基本工作方式：

① 方式 0：基本输入输出；

② 方式 1：选通输入输出；

③ 方式 2：双向传送（仅 A 口有此工作方式）。

三种工作方式由写入控制字寄存器的方式控制字来决定。8255A 工作方式控制字的格式如图 4-33 所示。

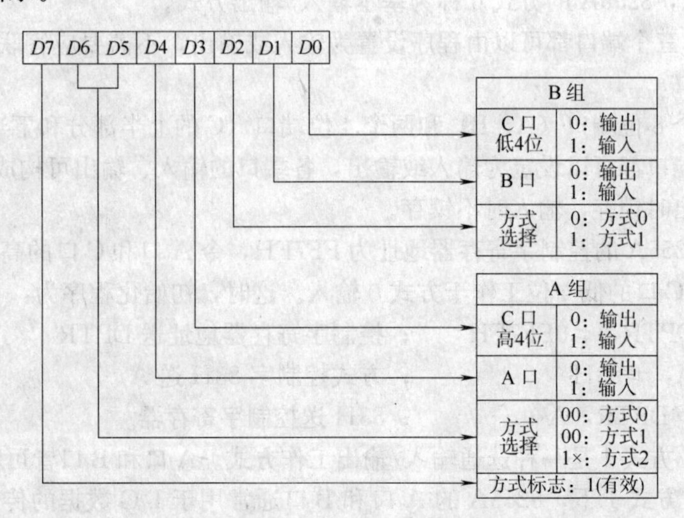

图 4-33　8255A 工作方式控制字的格式

三个端口中，C 口被分为两个部分，上半部分随 A 口称为 A 组，下半部分随 B 口称为 B 组。其中 A 口可工作于方式 0、1 和 2，而 B 口只能工作在方式 0 和 1。

例如，写入工作方式控制字 95H，可将 8255A 编程为：A 口方式 0 输入，B 口方式 1 输出，C 口的上半部分（PC7～PC4）输出，C 口的下半部分（PC3～PC0）输入。

2）C 口按位置位/复位控制字　C 口按位置位/复位控制字的格式如图 4-34 所示。

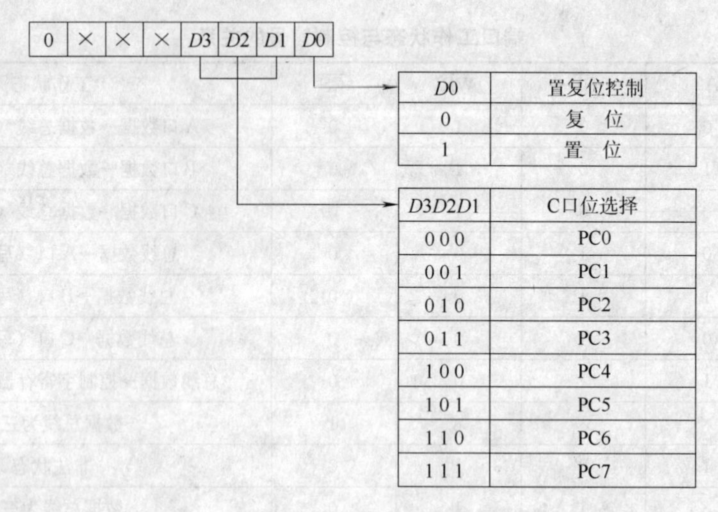

D0	置复位控制
0	复 位
1	置 位

D3D2D1	C口位选择
000	PC0
001	PC1
010	PC2
011	PC3
100	PC4
101	PC5
110	PC6
111	PC7

图 4-34　C 口按位置位/复位控制字的格式

C 口 8 位中的任何一位，都可用一个写入控制口的置位/复位控制字来置“1”或是清“0”。这个功能主要用于位控。

(3) 8255A 的三种工作方式

1) 方式 0　方式 0 是一种基本的输入/输出方式。在方式 0 下，MCS-51 单片机可对 8255A 进行 I/O 数据的无条件传送。例如：读入一组开关状态，控制一组指示灯的亮、灭等。实现这些操作，并不需要联络信号，外设的 I/O 数据可在 8255A 的各端口得到锁存和缓冲。因此，8255A 的方式 0 称为基本输入/输出方式。

方式 0 下，三个端口都可以由程序设置为输入或输出，不需要应答联络信号。方式 0 的基本功能为：

① 具有两个 8 位端口（A、B）和两个 4 位端口（C 的上半部分和下半部分）。

② 任一个端口都可以设定为输入或输出，各端口的输入、输出可构成 16 种组合。

③ 数据输出时锁存，输入时不锁存。

例：假设 8255A 的控制字寄存器地址为 FF7FH，令 A 口和 C 口的高 4 位工作在方式 0 输出，B 口和 C 口的低 4 位工作于方式 0 输入。这时，初始化程序为：

```
MOV     DPTR，#0FF7FH      ；控制字寄存器地址送 DPTR
MOV     A，#83H            ；方式控制字 83H 送 A
MOVX    @DPTR，A           ；83H 送控制字寄存器
```

2) 方式 1　方式 1 是一种选通输入/输出工作方式。A 口和 B 口皆可独立地设置成这种工作方式。在方式 1 下，8255A 的 A 口和 B 口通常用于 I/O 数据的传送，C 口用作 A 口和 B 口的联络线，以实现中断方式传送 I/O 数据。

① 方式 1 输入——8255A 工作在方式 1 输入时，所需的联络信号如图 4-35 所示。

各控制联络信号的功能如下：

$\overline{STB}$：选通输入，低电平有效。是由输入外设送来的输入信号。

IBF：输入缓冲器满，高电平有效，表示数据已送入 8255A 的输入锁存器。它由 $\overline{STB}$ 信号的下降沿置位，由信号的上升沿使其复位。

INTR：中断请求信号，高电平有效。由 8255A 输出，向 CPU 发中断请求。

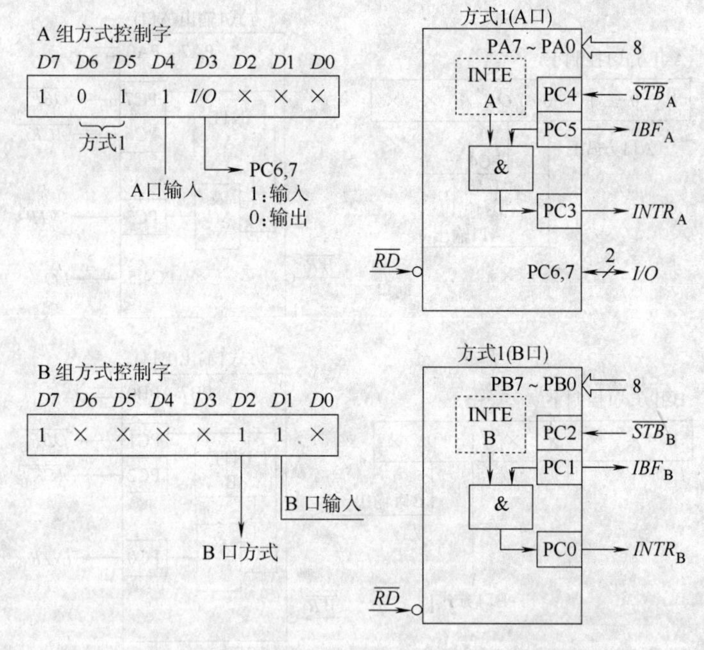

图 4-35　8255A 工作在方式 1 输入时所需的联络信号

INTE A：A 口中断允许信号，由 PC4 的置位/复位来控制。

INTE B：B 口中断允许信号，由 PC2 的置位/复位来控制。

$\overline{\text{STB}}$、IBF 和 INTR 三根联络信号线的“握手”关系如图 4-36 所示。

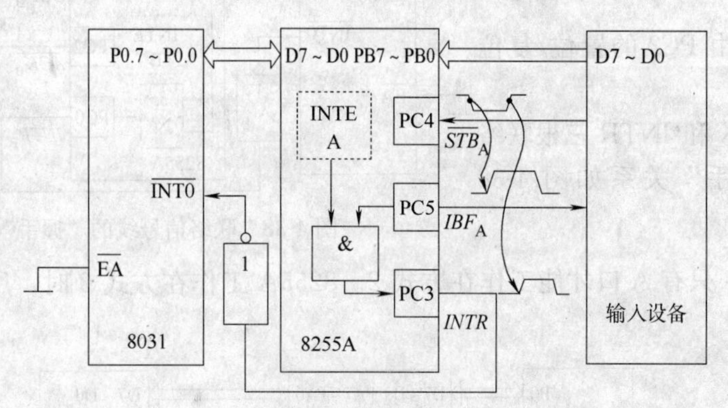

图 4-36　联络信号线的“握手”关系

②方式 1 输出——8255A 工作在方式 1 输出时，所需的联络信号如图 4-37 所示。

各控制联络信号的功能如下：

$\overline{\text{OBF}}$：输出缓冲器满信号，低电平有效，是 8255A 给外设的联络信号，表示 CPU 已经把数据输出给指定的端口，外设可以将数据取走。它由$\overline{\text{WR}}$信号的上升沿置“0”（有效），由$\overline{\text{ACK}}$信号的下降沿置“1”（无效）。

$\overline{\text{ACK}}$：外设的响应信号，低电平有效。指示 CPU 输出给 8255A 的数据已经由外设取走。

$\overline{\text{INTR}}$：中断请求信号，高电平有效。表示该数据已被外设取走，请求 CPU 继续输出下一个数据。中断请求的条件是$\overline{\text{ACK}}$、$\overline{\text{OBF}}$和 INTE（中断允许）为高电平，中断请求

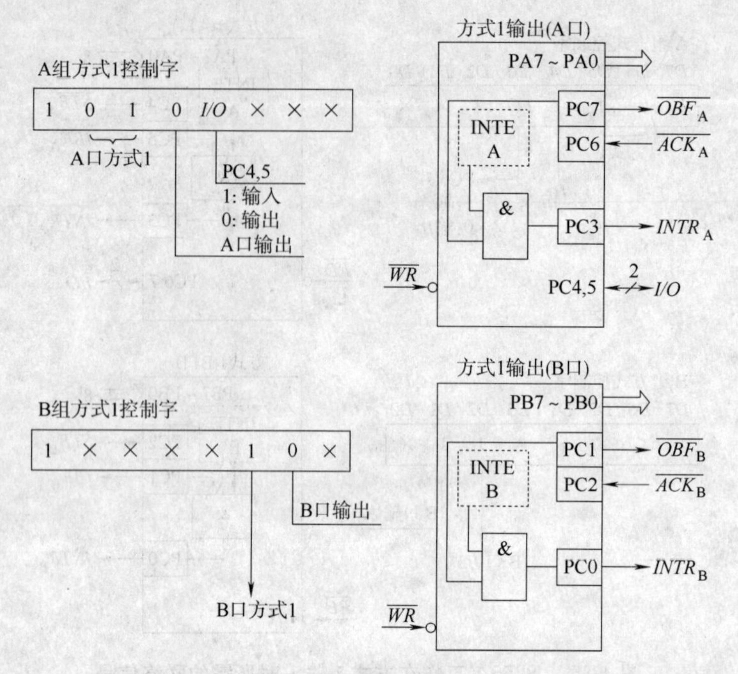

图 4-37　8255A 工作在方式 1 输出时所需的联络信号

信号由$\overline{WR}$的下降沿复位。

INTE A：由 PC6 的置位/复位来控制。

INTE B：由 PC2 的置位/复位来控制。

$\overline{OBF}$、ACK 和 INTR 三根联络信号线的“握手”关系如图 4-38 所示。

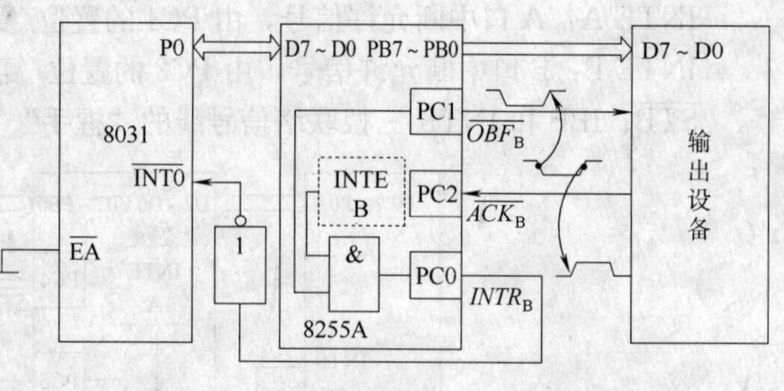

图 4-38　联络信号线的“握手”关系

3）方式 2　只有 A 口才能工作在方式 2。8255A 工作在方式 2 时，所需的联络信号如图 4-39 所示。

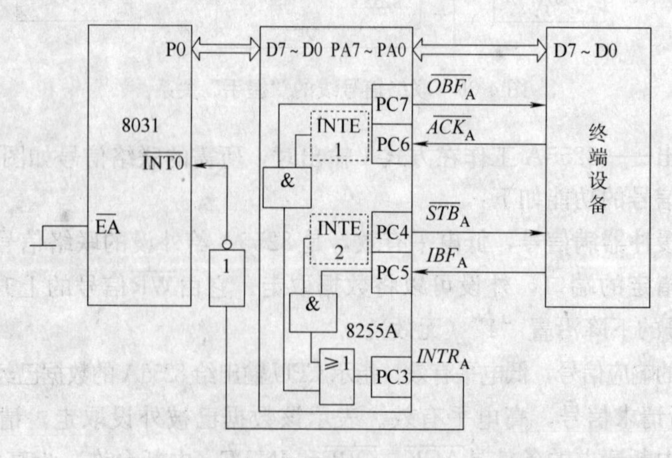

图 4-39　8255A 工作在方式 2 时所需的联络信号

在方式 2 下，PA7～PA0 为双向 I/O 线。

当输入时，PA7～PA0 受$\overline{STB}$和 IBF 控制，其工作过程和方式 1 输入时相同；当输出时，PA7～PA0 受$\overline{OBF}$、$\overline{ACK}$控制，其工作过程和方式 1 输出时相同。

(4) MCS-51 单片机和 8255A 的接口

1) 硬件接口电路　硬件接口电路如图 4-40 所示。

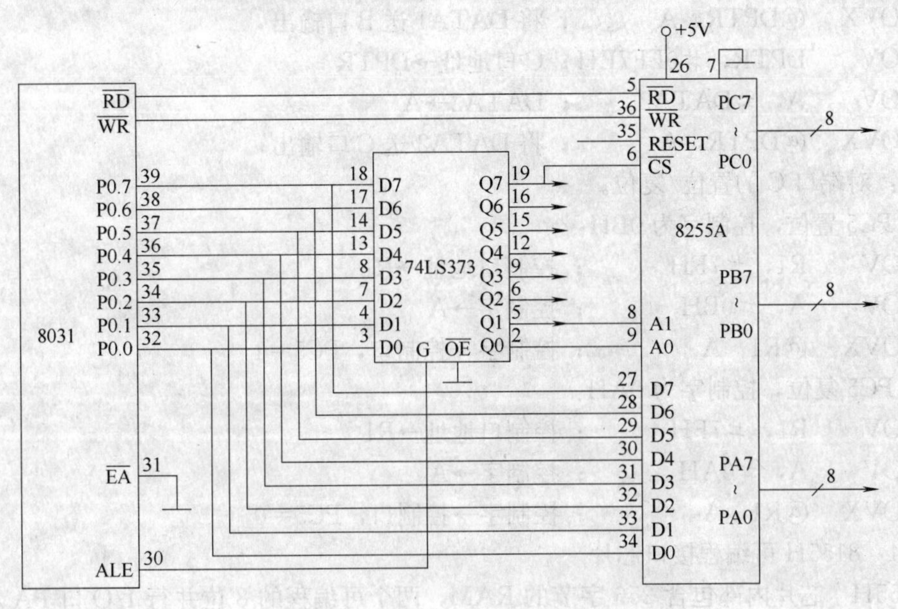

图 4-40　8255A 硬件接口电路

P0.1、P0.0 经 74LS373 与 8255A 的地址线 A1、A0 连接；P0.7 经 74LS373 与片选端相连，其它地址线悬空；8255A 的控制线$\overline{RD}$、$\overline{WR}$直接接于 8031 的$\overline{RD}$和$\overline{WR}$端；数据总线 P0.0～P0.7 与 8255A 的数据线 D0～D7 连接。

片选端$\overline{CS}$、地址选择端 A1、A0，分别接于 P0.7、P0.1、P0.0，其它地址线全悬空。显然，只要保证 P0.7 为低电平时，选中该 8255A。若 P0.1、P0.0 再为“00”，则选中 8255A 的 A 口；同理，P0.1、P0.0 为“01”、“10”、“11”，分别选中 B 口、C 口及控制口。

图 4-40 中 8255A 各端口寄存器的地址如下：

A 口：　　　FF7CH；

B 口：　　　FF7DH；

C 口：　　　FF7EH；

控制寄存器：　FF7FH。

2) 软件编程　在实际应用中，一般根据外设的类型选择 8255A 的工作方式，并在初始化程序中把相应的控制字写入控制口。

例：要求 8255A 工作在方式 0，且 A 口作为输入，B 口、C 口作为输出。

程序如下：

```
MOV    A，#90H       ；A 口方式 0 输入，B 口、C 口输出的方式控制送 A
MOV    DPTR，#0FF7FH；控制寄存器地址→DPTR
```

```
MOVX   @DPTR，A          ；方式控制字→控制寄存器
MOV    DPTR，#0FF7CH     ；A口地址→DPTR
MOVX   A，@DPTR          ；从A口读数据
MOV    DPTR，#0FF7DH     ；B口地址→DPTR
MOV    A，#DATA1         ；要输出的数据DATA1→A
MOVX   @DPTR，A          ；将DATA1送B口输出
MOV    DPTR，#0FF7EH     ；C口地址→DPTR
MOV    A，#DATA2         ；DATA2→A
MOVX   @DPTR，A          ；将DATA2送C口输出
```

例：对端口C的置位/复位。

把PC5置位，控制字为0BH：

```
MOV    R1，#7FH          ；控制口地址→R1
MOV    A，#0BH           ；控制字→A
MOVX   @R1，A            ；控制字→控制口，PC5=1
```

把PC5复位，控制字为0AH：

```
MOV    R1，#7FH          ；控制口地址→R1
MOV    A，#0AH           ；控制字→A
MOVX   @R1，A            ；控制字→控制口，PC5=0
```

4.4.2.4 8155H可编程接口芯片

8155H 芯片内部包含256字节的RAM，两个可编程的8位并行I/O口PA和PB，一个可编程的6位并行I/O口PC，以及一个14位的减法定时/计数器。由于8155既有I/O口，又有RAM和定时/计数器，所以在MCS-51单片机系统中是经常使用的外围接口芯片之一。

(1) 8155H的结构

8155H的逻辑结构如图4-41所示。

8155H芯片共有40根引脚，采用双列直插式封装。如图4-42所示。

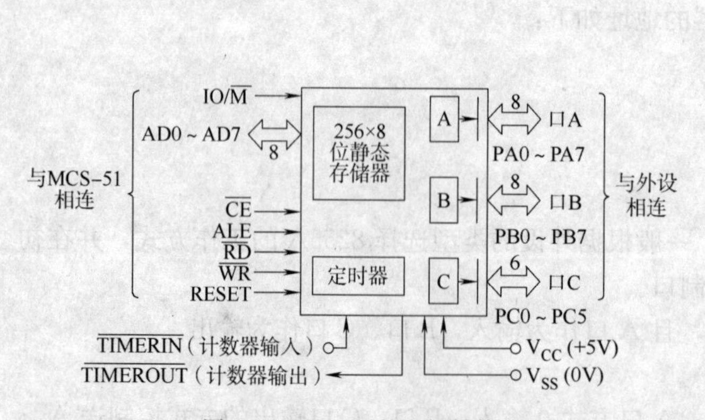

图4-41 8155H的逻辑结构

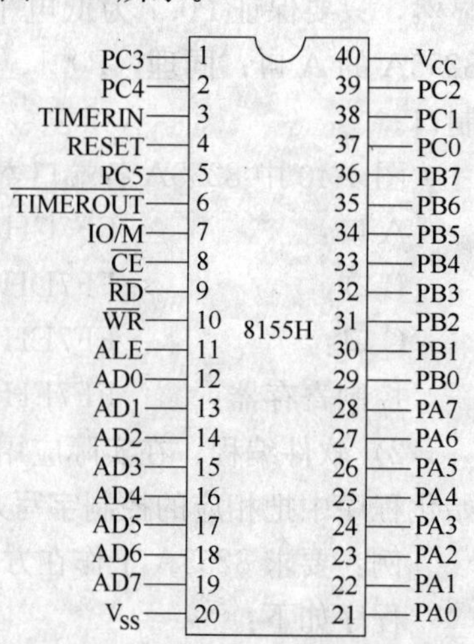

图4-42 8155H引脚

8155H 芯片的各引脚功能如下：

AD7～AD0——地址/数据线，与单片机连接，用于分时传送地址/数据信息。

PA7～PA0——A 口输入/输出线。

PB7～PB0——B 口输入/输出线。

PC5～PC0——C 口输入/输出线。

RESET——复位输入线。

$\overline{\text{CE}}$——片选信号线，低电平有效，表示本芯片被选中。

IO/$\overline{\text{M}}$——I/O 端口或 RAM 存储器的选通输入线。若为低电平，则单片机选中 8155H 的 RAM 存储器；若为高电平，则单片机选中 8155H 的 I/O 端口。

$\overline{\text{RD}}$——读出信号线，低电平有效，控制 8155H 中数据的读出。

$\overline{\text{WR}}$——写入信号线，低电平有效，控制 8155H 数据的写入。

ALE——允许地址输入线，高电平有效。

TIMERIN 和$\overline{\text{TIMEROUT}}$——8155H 中 14 位的减法定时/计数器的计数脉冲输入端和计数输出端。计数输出端的输出信号形式与编程所选择的计数/定时器工作方式有关。

Vcc——＋5V 电源输入线。

Vss——接地。

8155H 内部有 6 个端口地址和 256 个 RAM 单元地址，其地址分配如表 4-5 所示。

表 4-5　　地址分配表

$\overline{\text{CE}}$	IO/$\overline{\text{M}}$	A7	A6	A5	A4	A3	A2	A1	A0	所选端口
0	1	×	×	×	×	×	0	0	0	命令/状态寄存器
0	1	×	×	×	×	×	0	0	1	A 口
0	1	×	×	×	×	×	0	1	0	B 口
0	1	×	×	×	×	×	0	1	1	C 口
0	1	×	×	×	×	×	1	0	0	计数器低 8 位
0	1	×	×	×	×	×	1	0	1	计数器高 6 位
0	0	×	×	×	×	×	×	×	×	RAM 单元

（2）8155H 的命令字及状态字

8155H 有一个控制命令寄存器和状态标志寄存器。命令字的格式及各位的意义如图 4-43 所示。

8155H 的工作方式由单片机写入命令寄存器的命令字来确定。命令字只能写入不能读出。

8155H 状态字的格式及各位的意义如图 4-44 所示。

状态标志寄存器的地址和命令寄存器的地址相同，但是单片机只能对其读出，不能写入。

（3）8155H 的工作方式

8155H 的工作方式有存储器方式和 I/O 方式两种。具体工作在哪种方式取决于引脚

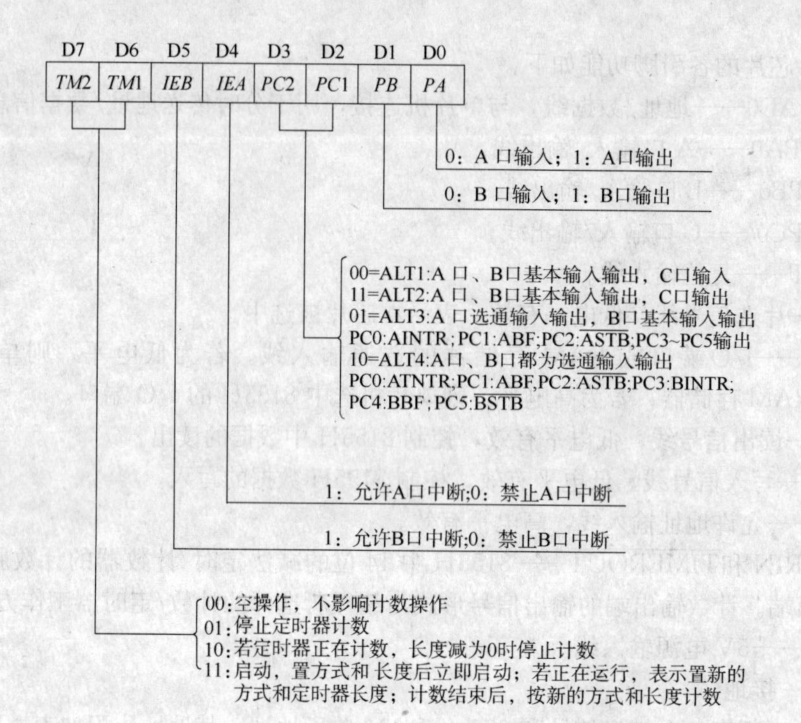

图 4-43 命令字的格式

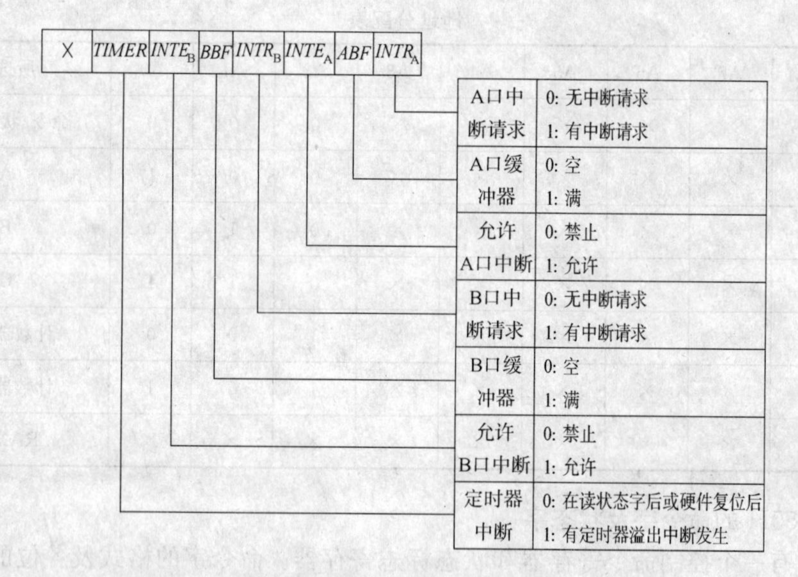

图 4-44 8155H 状态字的格式

$IO/\overline{M}$的电平。

1）存储器方式 8155H 的存储器方式用于对片内 256 字节 RAM 单元进行读写。若 $IO/\overline{M}=0$ 和$\overline{CE}=0$，则单片机可以通过 AD7～AD0 上的地址选择 RAM 存储器中任一单元读写。

2）I/O 方式 8155H 的 I/O 方式分为基本 I/O 和选通 I/O 两种工作方式，如表 4-6 所示。

表 4-6　　　　I/O 方式

C 口	基本 I/O 方式		选通 I/O 方式	
	ALT1	ALT2	ALT3	ALT4
PC0	输入	输出	AINTR（A 口中断）	AINTR（A 口中断）
PC1	输入	输出	A BF（A 口缓冲器满）	A BF（A 口缓冲器满）
PC2	输入	输出	$\overline{\text{ASTB}}$（A 口选通）	$\overline{\text{ASTB}}$（A 口选通）
PC3	输入	输出	输出	B INTR（B 口中断）
PC4	输入	输出	输出	B BF（B 口缓冲器满）
PC5	输入	输出	输出	$\overline{\text{BSTB}}$（B 口选通）

在 I/O 方式下，8155H 可选择片内任一寄存器读写，端口地址由 A2、A1、A0 三位决定。

① 基本 I/O 方式：也称通用 I/O方式，具体情况同 8255A 的方式 0 类似，这里不再赘述。

② 选通 I/O 方式：选通 I/O 数据输入和选通 I/O 数据输出两种情况如图 4-45 所示。具体情况同 8255A 的方式 1 类似，这里不再赘述。

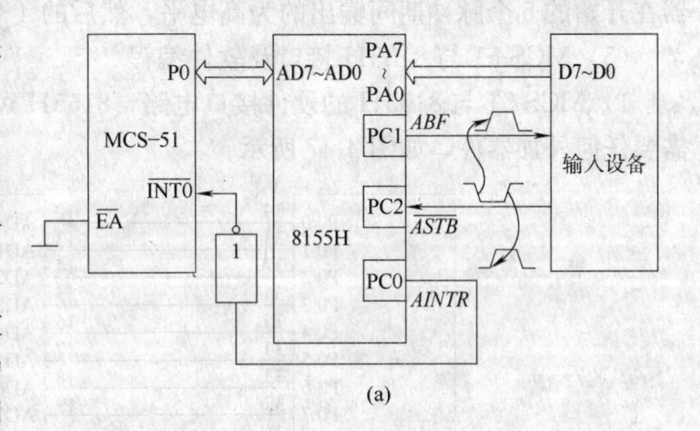

(a)

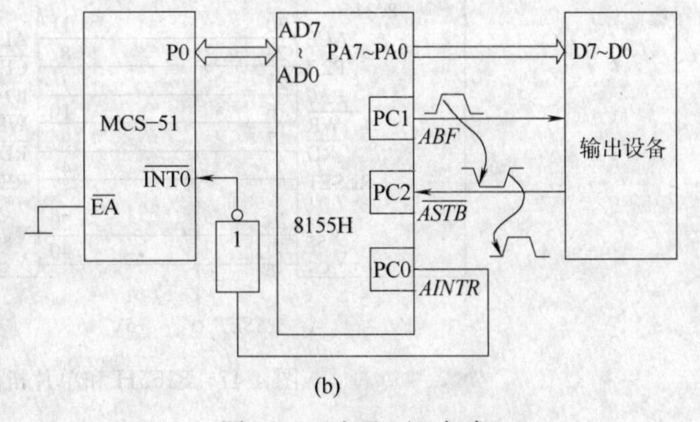

(b)

图 4-45　选通 I/O 方式
(a) 选通 I/O 数据输入示意图
(b) 选通 I/O 数据输出示意图

(4) 8155H 芯片的内部定时/计数器

8155H 中有一个 14 位的减法定时/计数器，可用来定时或对外部事件计数。单片机可通过程序选择计数长度和计数方式，计数长度和计数方式由写入计数寄存器的控制字来确定。计数寄存器的格式如下图所示。

	D7	D6	D5	D4	D3	D2	D1	D0
T_L(04H)	T7	T6	T5	T4	T3	T2	T1	T0

	D7	D6	D5	D4	D3	D2	D1	D0
T_H(05H)	M2	M1	T13	T12	T11	T10	T9	T8

其中，T13～T0 为计数器长度；M2、M1 用来设置定时器的输出方式。

8155H 定时器四种工作方式及相应的引脚输出波形，如图 4-46 所示。

任何时候都可以设置定时/计数器的长度及工作方式，但是必须将启动命令写入 8155H 的命令寄存器。如果定时/计数器正在计数，则只有在启动命令写入之后，定时/计数器才接受新的计数器长度并按新的工作方式开始计数。

在使用 8155H 中的定时/计数器时，需要注意以下两点：

① MCS-51 单片机中的定时/计数器为加法计数器，而 8155H 中的定时/计数器为减法计数器，使用中千万不要混淆。

② 若写入定时/计数器的初值是奇数时，则 8155H 的定时/计数器的输出方波是不对称的，其输出的方波中高电平比低电平多一个脉冲的时间。例如初值为 7，则定时/计数器在开始的 5 个脉冲期间输出的为高电平，然后的 4 个脉冲期间输出的才为低电平。

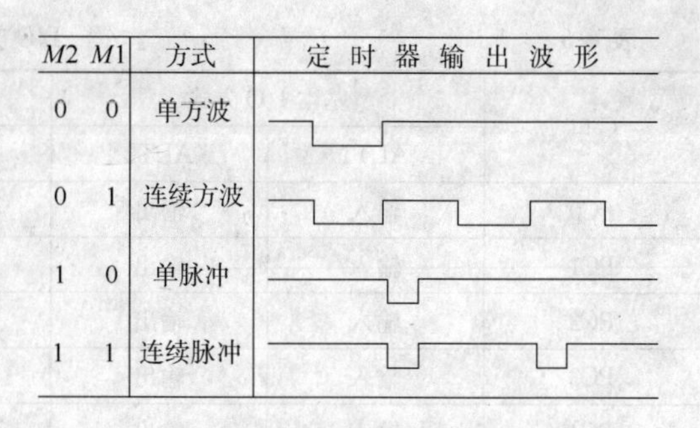

图 4-46 8155H 定时器四种工作方式

(5) MCS-51 与 8155H 接口及软件编程

1) MCS-51 与 8155H 的硬件接口电路　8155H 可以和 MCS-51 单片机直接连接而不需要任何外加器件，如图 4-47 所示。

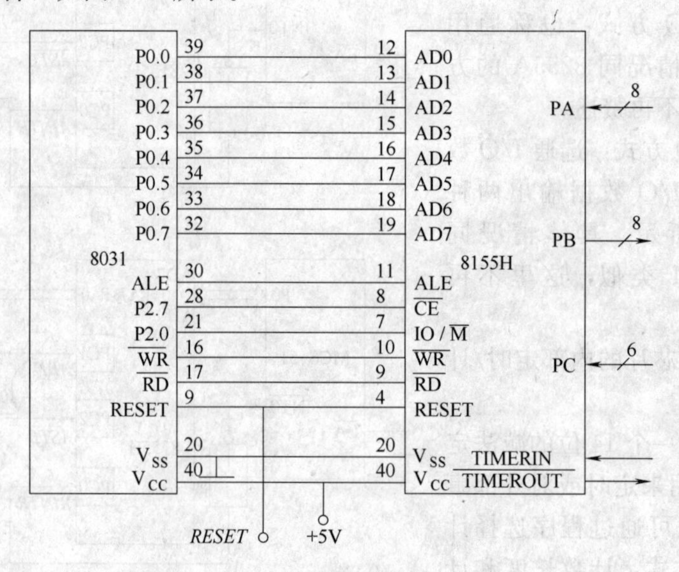

图 4-47 8155H 和单片机的连接

可见，同 8255A 相比，8155H 和 MCS-51 单片机的接口电路中不再需要地址锁存器。

图 4-47 中，8155H 中 256 字节 RAM 单元的地址范围为：7E00H～7EFFH。各端口的地址如下。

控制寄存器：　7F00H；

A 口：　7F01H；

B 口：　7F 02H；

C 口：　7F 03H；

定时器低 8 位：　7F04H；

定时器高 8 位：　7F05H。

2) 8155H 的编程举例

例：若 A 口定义为基本输入方式，B 口定义为基本输出方式，对输入脉冲进行 24 分

频（8155H 的计数器的最高计数频率为 4MHz）。则

8155H 的 I/O 初始化程序如下：

```
START：MOV    DPTR，＃7F04H   ；指针指向定时器低 8 位
       MOV    A，＃18H        ；计数初值 18H 送 A
       MOVX   @DPTR，A        ；计数初值低 8 位装入定时器
       INC    DPTR            ；指向定时器高 8 位
       MOV    A，＃40H        ；设定时器连续方波输出
       MOVX   @DPTR，A        ；计数初值高 6 位装入定时器
       MOV    DPTR，＃7F00H   ；指向命令/状态口
       MOV    A，＃0C2H       ；设定命令控制字
       MOVX   @DPTR，A        ；A 口基本输入，B 口基本输出，开启定时器
```

4.4.3 串行总线的扩展

采用串行总线的扩展可以大大减少所使用引脚的数量，简化系统的结构。虽然采用串行总线的扩展较之采用并行总线的扩展来说数据传输速度较慢，但是由于串行传输速度的不断提高，加之单片机所控对象的有限速度要求，使单片机应用系统中的串行扩展技术有了很大的发展。

I^2C 总线是荷兰 PHILIPS 公司开发的一种高效、实用、可靠的双向二线制串行数据传输结构总线。它通过 SDA（串行数据线）及 SCL（串行时钟线）两根线，在连到总线上的器件之间传送信息，并根据地址识别每个器件。该总线使各电路分割成各种功能的模块，并进行软件化设计，各个功能模块电路内都有一个集成 I^2C 总线接口电路，因此都可以挂接在总线上，很好地解决了众多功能 IC 与 CPU 之间的输入输出接口，使其连接方式变得十分简单。

4.4.3.1　I^2C 总线的基本结构

采用 I^2C 总线标准的单片机或 IC 器件，其内部不仅有 I^2C 接口电路，而且将内部各单元电路按功能划分为若干相对独立的模块，通过软件寻址实现片选，减少了器件片选线的连接。CPU 不仅能通过指令将某个功能单元电路挂靠或摘离总线，还可对该单元的工作状况进行检测，从而实现对硬件系统的既简单又灵活的扩展与控制。I^2C 总线接口电路结构如图 4-48 所示。

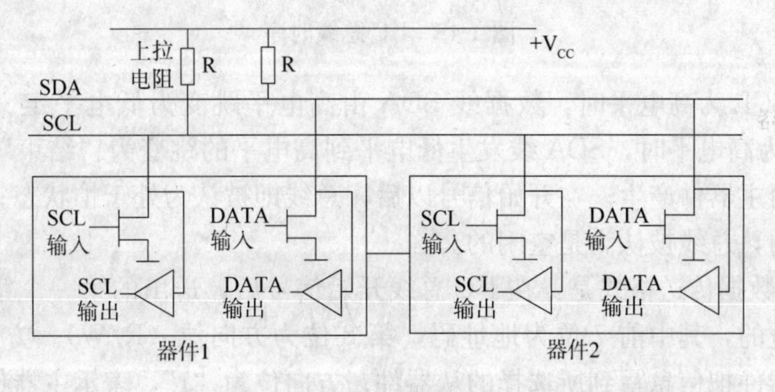

图 4-48　I^2C 总线接口电路

I^2C 总线为双向同步串行总线，因此，I^2C 总线接口内部为双向传输电路。总线端口输出为开漏结构，所以总线上必须要接上拉电阻，通常可选 5～10kΩ 阻值。

MCS-51 单片机串行接口的发送和接收都各用一条线——TXD 和 RXD，而 I^2C 总线则根据器件的功能通过软件程序使其可工作于发送或接收方式。当某个器件向总线上发送信息时，它就是发送器（也叫主器件）；而当其从总线上接收信息时，又成为接收器（也叫从器件）。主器件用于启动总线上传送数据并产生时钟以开放传送的器件，此时任何被寻址的器件均被认为是从器件。I^2C 总线的控制完全由挂接在总线上的主器件送出的地址和数据决定。在总线上，既没有中心机，也没有优先机。

总线上主和从（即发送和接收）的关系不是一成不变的，而是取决于此时数据传送的方向。SDA 和 SCL 均为双向 I/O 线，通过上拉电阻接正电源。当总线空闲时，两根线都是高电平。连接总线的器件的输出级必须是集电极或漏极开路，以具有线“与”功能。I^2C 总线的数据传送速率，在标准工作方式下为 100kb/s；在快速方式下，最高传送速率可达 400kb/s。

4.4.3.2　I^2C 总线的时序

在 I^2C 总线上传送信息时的时钟同步信号，是由挂接在 SCL 时钟线上的所有器件的逻辑“与”完成的。SCL 线上由高电平到低电平的跳变将影响到这些器件，一旦某个器件的时钟信号下跳为低电平，将使 SCL 线一直保持低电平，使 SCL 线上的所有器件开始低电平期。此时，低电平周期短的器件的时钟由低至高的跳变并不能影响 SCL 线的状态，于是这些器件将进入高电平等待的状态。

当所有器件的时钟信号都上跳为高电平时，低电平期结束，SCL 线被释放返回高电平，即所有的器件都同时开始它们的高电平期。其后，第一个结束高电平期的器件又将 SCL 线拉成低电平。这样，就在 SCL 线上产生一个同步时钟。可见，时钟低电平时间由时钟低电平期最长的器件确定，而时钟高电平时间由时钟高电平期最短的器件确定。

在数据传送过程中，必须确认数据传送的开始和结束。在 I^2C 总线技术规范中，开始和结束信号（也称启动和停止信号）的定义如图 4-49 所示。

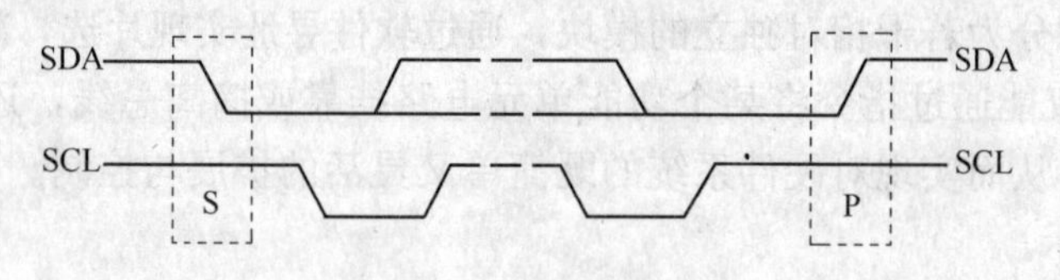

图 4-49　I^2C 总线时序

当时钟线 SCL 为高电平时，数据线 SDA 由高电平跳变为低电平定义为“开始”信号；当 SCL 线为高电平时，SDA 线发生低电平到高电平的跳变为“结束”信号。开始和结束信号都是由主器件产生。在开始信号以后，总线即被认为处于忙状态；在结束信号以后的一段时间内，总线被认为是空闲的。

I^2C 总线的数据传送格式是：在 I^2C 总线开始信号后，送出的第一个字节数据是用来选择从器件地址的，其中前 7 位为地址码，第 8 位为方向位（R/W）。方向位为“0”表示发送，即主器件把信息写到所选择的从器件；方向位为“1”，表示主器件将从从器件读信息。开始信号后，系统中的各个器件将自己的地址和主器件送到总线上的地址进行比较，如果与主器件发送到总线上的地址一致，则该器件即为被主器件寻址的器件，其接收信息还是发送信息则由第8位（R/W）确定。

在 I^2C 总线上，每次传送的数据字节数不限，但每一个字节必须为8位，而且每个传送的字节后面必须跟一个认可位（第9位），也叫应答位（ACK）。数据的传送过程如图4-50所示。

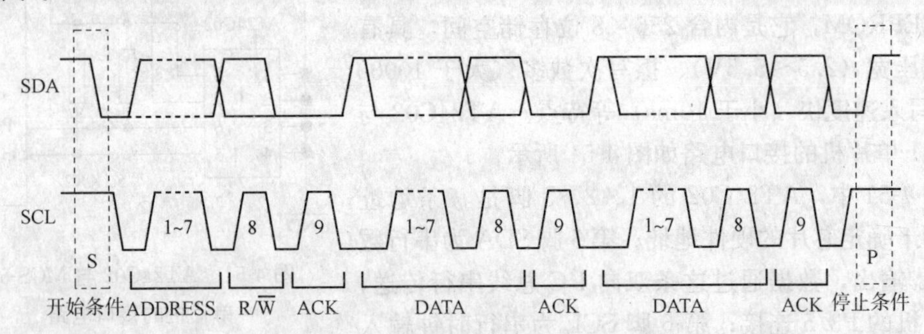

图4-50 I^2C 总线的数据传送格式

每次都是先传最高位。通常，从器件在接收到每个字节后都会作出响应，即释放SCL线返回高电平，准备接收下一个数据字节，主器件可继续传送。如果从器件正在处理一个实时事件而不能接收数据时（例如正在处理一个内部中断，在这个中断处理完之前就不能接收 I^2C 总线上的数据字节），可以使时钟SCL线保持低电平，从器件必须使SDA保持高电平，此时主器件产生一个结束信号，使传送异常结束，迫使主器件处于等待状态。当从器件处理完毕时将释放SCL线，主器件继续传送。

当主器件发送完一个字节的数据后，接着发出对应于SCL线上的一个时钟（ACK）认可位，在此时钟内主器件释放SDA线，一个字节传送结束，而从器件的响应信号将SDA线拉成低电平，使SDA在该时钟的高电平期间为稳定的低电平。从器件的响应信号结束后，SDA线返回高电平，进入下一个传送周期。

I^2C 总线还具有广播呼叫地址用于寻址总线上所有器件的功能。若一个器件不需要广播呼叫寻址中所提供的任何数据，则可以忽略该地址不作响应。如果该器件需要广播呼叫寻址中提供的数据，则应对地址作出响应，其表现为一个接收器。

4.4.3.3 总线竞争的仲裁

总线上可能挂接有多个器件，有时会发生两个或多个主器件同时想占用总线的情况。例如，多单片机系统中，可能在某一时刻有两个单片机要同时向总线发送数据，这种情况叫做总线竞争。

I^2C 总线具有多主控能力，可以对发生在SDA线上的总线竞争进行仲裁，其仲裁原则如下：

① 当多个主器件同时想占用总线时，如果某个主器件发送高电平，而另一个主器件发送低电平，则发送电平与此时SDA总线电平不符的那个器件将自动关闭其输出级。

② 总线竞争的仲裁是在两个层次上进行的，首先是地址位的比较，如果主器件寻址同一个从器件，则进入数据位的比较，从而确保了竞争仲裁的可靠性。

由于是利用 I^2C 总线上的信息进行仲裁，因此不会造成信息的丢失。

4.4.3.4 I^2C 总线接口器件与MCS-51单片机的接口

目前，在视频处理、移动通信等领域采用 I^2C 总线接口器件已经比较普遍。另外，通用的 I^2C 总线接口器件，如带 I^2C 总线的单片机、RAM、ROM、A/D、D/A、LCD 驱动器等器件，也越来越多地应用于计算机及自动控制系统中。

（1）AT24C02 与 MCS-51 单片机的接口电路

AT24C02 是美国 ATMEL 公司的低功耗 CMOS 串行 EEPROM，它是内含 256×8 位存储空间，具有工作电压宽（2.5～5.5V）、擦写次数多（大于 10000 次）、写入速度快（小于 10ms）等特点。AT24C02 与 MCS-51 单片机的接口电路如图 4-51 所示。

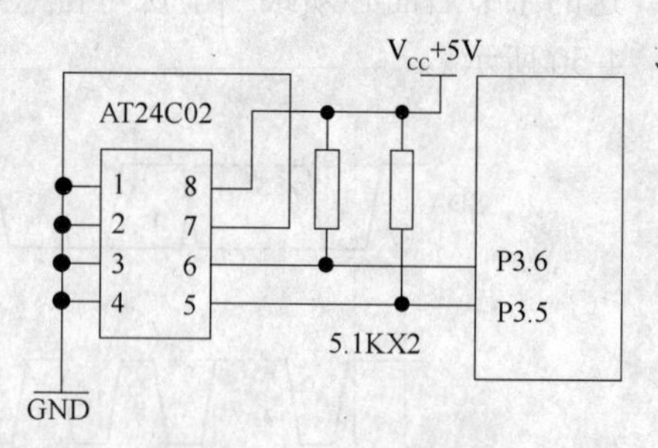

图 4-51　AT24C02 与 MCS-51 单片机的接口电路

图 4-51 中，AT24C02 的 1、2、3 脚是三条地址线，用于确定芯片的硬件地址；第 5 脚 SDA 为串行数据输入/输出，数据通过这条双向 I^2C 总线串行传送，和单片机的 P3.5 连接；第 6 脚 SCL 为串行时钟输入线，和单片机的 P3.6 连接；SDA 和 SCL 都需要和正电源间各接一个 5.1kΩ 的电阻上拉；第 7 脚需要接地。

AT24C02 中带有片内地址寄存器，每写入或读出一个数据字节后，该地址寄存器自动加 1，以实现对下一个存储单元的读写。所有字节均以单一操作方式读取。为降低总的写入时间，一次操作可写入多达 8 个字节的数据。

（2）程序举例

下面是将 0600H 地址开始的 8 个数据写到 24C02 的 01H 为首址单元中去的汇编程序。

```
        ORG 0000H
        SCL    BIT P3.4        ；定义 24C02 的串行时钟线
        SDA    BIT P3.5        ；定义 24C02 的串行数据线
        LJMP   START
START：LCALL  STAR            ；调用
        MOV    R2，＃08H       ；一个数据有 8 位
        MOV    DPTR，＃0600H   ；定义源数据的位置
LOOP：  MOV    A，＃00H
        MOVC A，@A+DPTR
        LCALL SDATA
        LCALL ACK
        JC LOOP
        INC DPTR
        DJNZ R2，LOOP
        LCALL STOP             ；调用停止子程序
STAR：  SETB SDA
        SETB SCL
        NOP
```

```
        NOP
        NOP
        NOP
        CLR SDA
        NOP
        NOP
        NOP
        NOP
        CLR SCL
        RET
SDATA： MOV R0，#08H
LOOP0： RLC A
        MOV SDA，C
        NOP
        NOP
        SETB SCL
        NOP
        NOP
        NOP
        NOP
        CLR SCL
        DJNZ R0，LOOP0
        RET
ACK：   SETB SDA
        NOP
        NOP
        SETB SCL
        NOP
        NOP
        NOP
        NOP
        MOV C，SDA
        CLR SCL
        RET
STOP：  CLR SDA
        NOP
        NOP
        NOP
        NOP
```

```
        SETB SCL
        NOP
        NOP
        NOP
        NOP
        SETB SDA
        NOP
        NOP
        NOP
        NOP
        RET
        ORG 0600H
        DB 0A0H，10H，01H，02H，03H，04H，05H，06H
        END
```

读写子程序如下：

① 写串行 E2PROM 子程序 EEPW

```
；R3=10100000（命令 1010+器件 3 位地址+读/写。器件地址一个芯片，是 000）
；(R4) =片内字节地址
；(R1) =欲写数据存放地址指针
；(R7) =连续写字节数 n
EEPW：MOV    P1，#0FFH
      CLR    P1.0            ；发开始信号
      MOV    A，R3           ；送器件地址
      ACALL  SUBS
      MOV    A，R4           ；送片内字节地址
      ACALL  SUBS
AGAIN：MOV   A，@R1
      ACALL  SUBS            ；调发送单字节子程序
      INC    R1
      DJNZ   R7，AGAIN       ；连续写 n 个字节
      CLR    P1.0            ；SDA 置 0，准备送停止信号
      ACALL  DELAY           ；延时，以满足传输速率要求
      SETB   P1.1            ；发停止信号
      ACALL  DELAY
      SETB   P1.0
      RET
SUBS： MOV   R0，#08H        ；发送单字节子程序
LOOP：CLR    P1.1
      RLC    A
```

```
        MOV     P1.0, C
        NOP
        SETB    P1.1
        ACALL   DELAY
        DJNZ    R0, LOOP            ;循环8次，送8个bit
        CLR     P1.1
        ACALL   DELAY
        SETB    P1.1
REP:    MOV     C, P1.0
        JC      REP                 ;判应答到否，未到则等待
        CLR     P1.1
        RET
DELAY:  NOP
        NOP
        RET
```

② 读串行 E2PROM 子程序 EEPR

```
;(R1)=欲读数据存放地址指针
;R3=10100001（命令1010+器件3位地址+读/写。器件地址一个芯片，是000）
;(R4)=片内字节地址
;(R7)=连续读字节数
EEPR:   MOV     P1, #0FFH
        CLR     P1.0                ;发开始信号
        MOV     A, R3               ;送器件地址
        ACALL   SUBS                ;调发送单字节子程序
        MOV     A, R4               ;送片内字节地址
        ACALL   SUBS
        MOV     P1, #0FFH
        CLR     P1.0                ;再发开始信号
        MOV     A, R3
        SETB    ACC.0               ;发读命令
        ACALL   SUBS
MORE:   ACALL   SUBR
        MOV     @R1, A
        INC     R1
        DJNZ    R7, MORE
        CLR     P1.0
        ACALL   DELAY
        SETB    P1.1
        ACALL   DELAY
```

```
        SETB     P1.0；送停止信号
        RET
SUBR：  MOV      R0，#08H      ；接受单字节子程序
LOOP2： SETB     P1.1
        ACALL    DELAY
        MOV      C，P1.0
        RLC      A
        CLR      P1.1
        ACALL    DELAY
        DJNZ     R0，LOOP2
        CJNE     R7，#01H，LOW
        SETB     P1.0；若是最后一个字节，置 A=1
        AJMP     SETOK
LOW：   CLR      P1.0；否则，置 A=0
SETOK： ACALL    DELAY
        SETB     P1.1
        ACALL    DELAY
        CLR      P1.1
        ACALL    DELAY
        SETB     P1.0；应答毕，SDA 置 1
        RET
```

程序中多处调用了 DELAY 子程序（仅两条 NOP 指令），这是为了满足 I^2C 总线上数据传送速率的要求，只有当 SDA 数据线上的数据稳定下来之后才能进行读写（即 SCL 线发出正脉冲）。另外，在读最后一数据字节时，置应答信号为"1"，表示读操作即将完成。

由于 MCS-51 单片机没有 I^2C 总线接口，所以上述程序中使用了大量的子程序来模拟 I^2C 总线的时序。程序很简单，读者可以根据前面介绍的 I^2C 总线时序来自行理解。

4.4.4 SPI 串行外设接口

4.4.4.1 SPI 简介

串行外围设备接口 SPI（serial peripheral interface）技术，是 Motorola 公司推出的一种同步串行接口。Motorola 公司生产的绝大多数 MCU（微控制器）都配有 SPI 硬件接口，如 68 系列 MCU。SPI 总线是一种三线同步总线，因其硬件功能很强，所以与 SPI 有关的软件就相当简单，使 CPU 有更多的时间处理其它事务。

SPI 主要用于微控制器和外围设备之间的串行传输。SPI 也能在多主设备系统中进行处理器的通信。外围设备可以是简单普通的 TTL 移位寄存器；也可以是复杂完整的从系统，如 LCD 显示驱动器、模数转换器系统等。

SPI 是以主从方式工作的，这种模式通常有一个主器件和一个或多个从器件。SPI 包含四条线：

① 主输出从输入 MOSI：主器件数据输出，从器件数据输入。

② 主输入从输出 MISO：主器件数据输入，从器件数据输出。

③ 串行时钟 SCLK：时钟信号，由主器件产生。

④ 从设备选择$\overline{SS}$：从器件使能信号，由主器件控制。

SPI 接口内部硬件如图 4-52 所示。

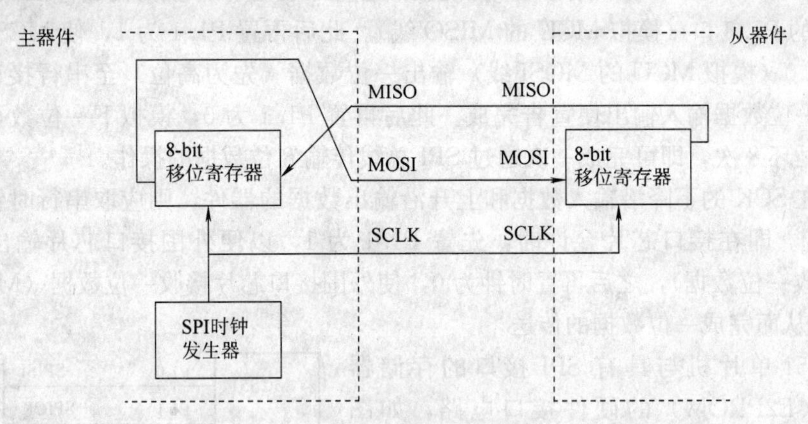

图 4-52　SPI 接口内部硬件

SPI 接口内部硬件实际上是两个简单的移位寄存器，传输的数据为 8 位，在主器件产生的从器件使能信号和移位脉冲下，按位传输，高位在前，低位在后。如图 4-53 所示，在 SCLK 的下降沿上数据改变，同时一位数据被存入移位寄存器。

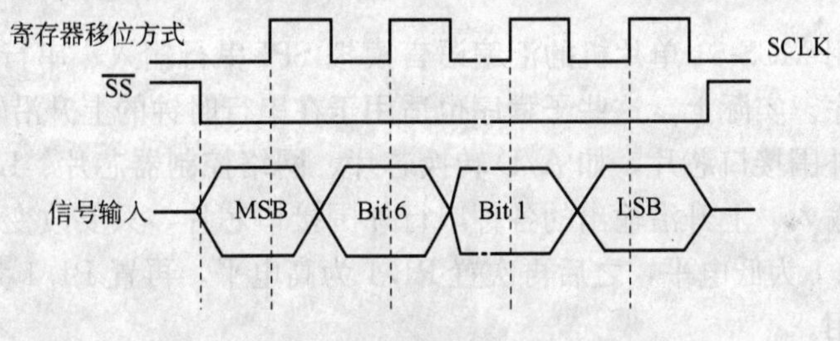

图 4-53　SPI 传送过程

SPI 串行接口主要用于短距离的主机与从机的数据传送，具有连接电路简单、使用方便等优点，可为实现主机和从机及外围设备的通信提供一种简单、易行的方案。

在点对点的通信中，SPI 接口不需要进行寻址操作，且为全双工通信，所以简单高效。

在多个从器件的系统中，每个从器件需要独立的使能信号，硬件上比 I^2C 系统要稍微复杂一些。总线系统中所有的 SCK、MOSI、MISO 引脚要连在一起。系统中只有一个 SPI 设备可作主设备，其它连在总线上的 SPI 设备就成了从设备。主设备将它的 SCK 和 MOSI、MISO 分别连到从设备的 SCK 和 MOSI、MISO 端。

SPI 没有指定的流控制，没有应答机制确认是否接收到数据。这一点在编程的时候一定要注意。

4.4.4.2　SPI 器件与 MCS-51 单片机的接口

对于不带 SPI 串行总线接口的 MCS-51 系列单片机来说，可以使用软件来模拟 SPI 的操作，包括串行时钟、数据输入和数据输出。对于不同的串行接口外围芯片，它们的时钟时序是不同的。

对于在SCK的上升沿输入（接收）数据和在下降沿输出（发送）数据的器件，一般应将其串行时钟输出口P1.1的初始状态设置为1，而在允许接收后再置P1.1为0。这样，MCU在输出一位SCK时钟的同时，将使接口芯片串行左移，从而输出一位数据至MCS-51单片机的P1.3口（模拟MCU的MISO线）。此后再置P1.1为1，使MCS-51系列单片机从P1.0（模拟MCU的MOSI线）输出一位数据（先为高位）至串行接口芯片。至此，模拟一位数据输入输出便宣告完成。此后再置P1.1为0，模拟下一位数据的输入输出。依此循环8次，即可完成一次通过SPI总线传输8位数据的操作。

对于在SCK的下降沿输入数据和上升沿输出数据的器件，则应取串行时钟输出的初始状态为0。即在接口芯片允许时，先置P1.1为1，以便外围接口芯片输出一位数据（MCU接收一位数据），之后再置时钟为0，使外围接口芯片接收一位数据（MCU发送一位数据），从而完成一位数据的传送。

MCS-51单片机与具有SPI接口的存储器X25F008（E2PROM）的硬件接口电路，如图4-54所示。

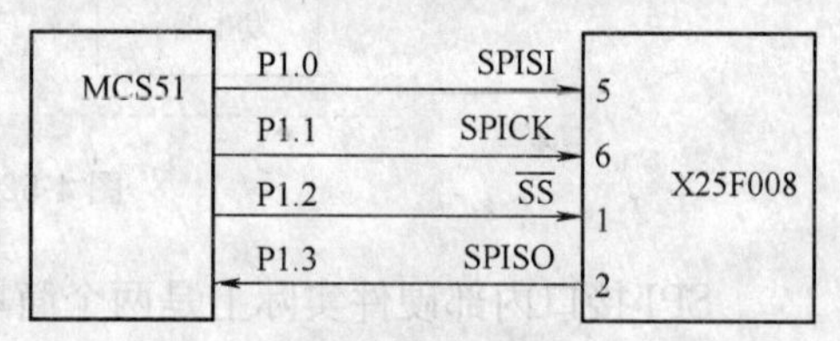

图4-54　存储器X25F008（E2PROM）的硬件接口电路

图4-54中，P1.0模拟MCU的数据输出端（MOSI），P1.1模拟SPI的SCK输出端，P1.2模拟SPI的从机选择端，P1.3模拟SPI的数据输入端（MISO）。

下面，介绍用MCS-51单片机的汇编语言模拟SPI串行输入、串行输出和串行输入/输出的三个子程序。实际上，这些子程序也适用于在串行时钟的上升沿输入和下降沿输出的其它各种串行外围接口芯片，如A/D转换芯片、网络控制器芯片、LED显示驱动芯片等。对于下降沿输入、上升沿输出的各种串行外围接口芯片，只要改变P1.1的输出电平顺序，即先置P1.1为低电平，之后再次置P1.1为高电平，再置P1.1为低电平，则这些子程序也同样适用。

(1) 串行输入子程序SPIIN

从X25F008的SPISO线上接收8位数据并放入寄存器R0中。

应用子程序如下：

```
SPIIN：SETB  P1.1        ；使P1.1（时钟）输出为1
       CLR   P1.2        ；选择从机
       MOV   R1，#08H    ；置循环次数
SPIIN1：CLR  P1.1        ；使P1.1（时钟）输出为0
       NOP               ；延时
       NOP
       MOV   C，P1.3     ；从机输出SPISO送进位C
       RLC A             ；左移至累加器ACC
       SETB  P1.1        ；使P1.0（时钟）输出为1
       DJNZ  R1，SPIIN1  ；判断是否循环8次（8位数据）
       MOV   R0，A       ；8位数据送R0
```

```
        RET
```

(2) 串行输出子程序 SPIOUT

将 MCS-51 单片机中 R0 寄存器的内容传送到 X25F008 的 SPISI 线上。

程序如下：

```
SPIOUT：SETB  P1.1           ；使 P1.1（时钟）输出为 1
        CLR   P1.2           ；选择从机
        MOV   R1，#08H       ；置循环次数
        MOV   A，R0          ；8 位数据送累加器 ACC
SPIOUT1：CLR  P1.1           ；使 P1.1（时钟）输出为 0
        NOP                  ；延时
        NOP
        RLC A                ；左移至累加器 ACC，最高位至 C
        MOV   P1.0，C        ；进位 C 送从机输入 SPISI 线上
        SETB  P1.1           ；使 P1.1（时钟）输出为 1
        DJNZ  R1，SPIOUT1    ；判是否循环 8 次（8 位数据）
        RET
```

(3) 串行输入/输出子程序 SPIIO

将 MCS-51 单片机 R0 寄存器的内容传送到 X25F008 的 SPI SI 中，同时从 X25F008 的 SPI SO 接收 8 位数据。

程序如下：

```
SPIIO：SETB  P1.1    ；使 P1.1（时钟）输出为 1
       CLR   P1.2    ；选择从机
       MOV   R1，#08H；置循环次数
       MOV   A，R0   ；8 位数据送累加器 ACC
SPIIO1：CLR  P1.1    ；使 P1.1（时钟）输出为 0
       NOP           ；延时
       NOP
       MOV   C，P1.3 ；从机输出 SPISO 送进位 C
       RLC   A       ；左移至累加器 ACC，最高位至 C
       MOV   P1.0，C ；进位 C 送从机输入
       SETB  P1.1    ；使 P1.1（时钟）输出为 1
       DJNZ  R1，SPIIO1；判断是否循环 8 次（8 位数据）
       RET
```

4.4.5 串行口方式 0 扩展接口

MCS-51 单片机的串行口方式 0 可用于 I/O 扩展。这种扩展方法既不占用外部数据存储器地址空间，又节省硬件资源，是一种经济实用的扩展方法。

4.4.5.1 用 74LS165 扩展并行输入口

74LS165 是 8 位并行输入/串行输出的移位寄存器，可以和 MCS-51 单片机的串行口

方式 0（同步移位寄存器方式）一起方便地进行并行输入口的扩展。利用两片 74LS165 扩展两个 8 位并行输入口的接口电路，如图 4-55 所示。

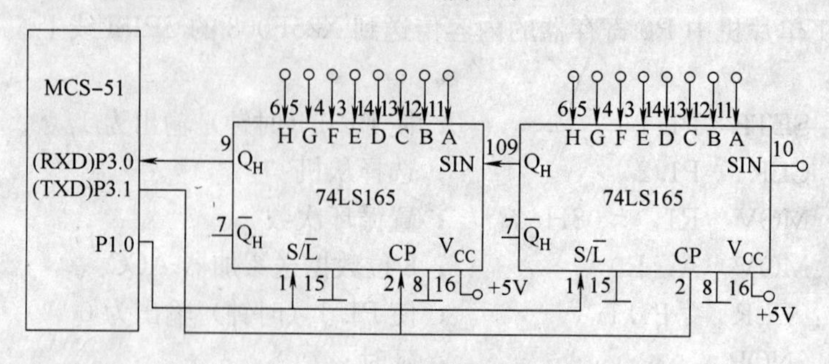

图 4-55　扩展两片 74LS165

例：下面的程序是从 16 位扩展口读入 5 组数据（每组 2 个字节），并把它们转存到内部 RAM 20H 开始的单元。

程序如下：

```
        MOV   R7，＃05H          ；设置读入组数
        MOV   R0，＃20H          ；设置内部 RAM 数据区首址
START：CLR   P1.0               ；并行置入数据，S/L̄＝0
        SETB  P1.0               ；允许串行移位，S/L̄＝1
        MOV   R1，＃02H          ；设置每组字节数，即外扩 74LS165
                                   的个数
RXDAT：MOV   SCON，＃00010000H  ；设串口方式 0，允许接收，启动
                                   接收过程
WAIT： JNB   R1，WAIT           ；未接收完一帧，循环等待
        CLR   R1                 ；清 R1 标志，准备下次接收
        MOV   A，SBUF            ；读入数据
        MOV   @R0，A             ；送至 RAM 缓冲区
        INC   R0                 ；指向下一个地址
        DJNZ  R1，RXDATA         ；未读完一组数据，继续
        DJNZ  R7，START          ；5 组数据未读完，重新并行置入
```

4.4.5.2　用 74LS164 扩展并行输出口

74LS164 是 8 位串入并出移位寄存器。利用两片 74LS164 扩展两个 8 位并行输出口的接口电路，如图 4-56 所示。

例：将内部 RAM 单元 30H、31H 的内容经串行口由 74LS164 并行输出的程序。

程序如下：

```
START：  MOV   R7，＃02H      ；设置要发送的字节个数
         MOV   R0，＃30H      ；设置地址指针
         MOV   SCON，＃00H    ；设置串行口为方式 0
SEND：   MOV   A，@R0
         MOV   SBUF，A        ；启动串行口发送过程
```

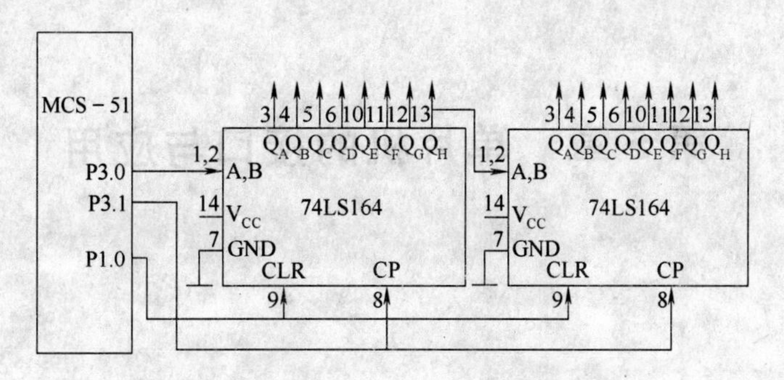

图 4-56　扩展两个 8 位并行输出口的接口电路

```
WAIT：  JNB     TI，WAIT        ；一帧数据未发送完，循环等待
        CLR     TI
        INC     R0              ；取下一个数
        DJNZ    R7，SEND        ；未发送完，继续，发送完从子程序返回
        RET
```

第 5 章　单片机的接口与应用

5.1　键盘

在微机应用系统中，为了输入数据、查询和控制系统的工作状态，一般都设置有键盘，包括数字键、复位键和各种功能键。键盘是最常用的单片机输入设备，操作人员可以通过键盘输入数据或命令，实现简单的人机对话。单片机使用的键是一种常开型的开关，平时键的两个触点处于断开状态，按下键时它们才闭合。根据按键的识别方法分类，键盘分编码和非编码键盘两种，键盘的识别可用软件识别也可用专用芯片识别。

MCS-51 单片机扩展键盘接口的方法有很多，从硬件结构上，可通过单片机 I/O 接口扩展键盘，也可通过扩展 I/O 接口设计键盘，还有些用专用键盘芯片。

5.1.1　键盘的工作原理

在单片机控制系统中广泛使用的机械键盘的工作原理是：按下键帽时，按键内的复位弹簧被压缩，动片触点与静片触点相连，按键两个引脚连通，接触电阻大小与按键触点面积及材料有关，一般在数十欧姆以下；松手后，复位弹簧将动力片弹开，使动片触点与静片触点脱离接触，两引脚返回断开状态。可见，机械键盘或按钮的基本工作原理就是利用动片触点和静片触点的接触和断开来实现键盘或按钮两引脚的通、断。

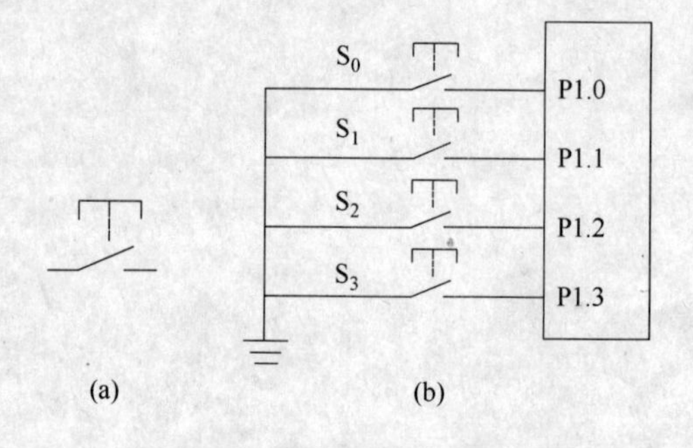

图 5-1　键盘按键的电气符号及简单的键盘电路
（a）键盘按键电气符号　（b）简单键盘电路

在图 5-1（b）所示的键盘电路中，按键没有被按下时，P1 口内部上拉电阻将 P1.0～P1.3 引脚置为高电平，而当 S_0～S_3 之一被按下时，相应按键两引脚连通，P1 口对应引脚接地。

在理想状态下，按键引脚电压变化如图 5-2（a）所示。但实际上，在按键被按下或释放的瞬间，由于机械触点存在弹跳现象，实际按键电压波形如图 5-2（b）所示，一般在 5～10ms 之间，而按键稳定闭合期的长短与按键时间有关，从数百毫秒到数秒不等。为了保证按键由按下到松开之间仅视为一次或数次输入（对于具有重复输入功能的按键），必须在硬件或

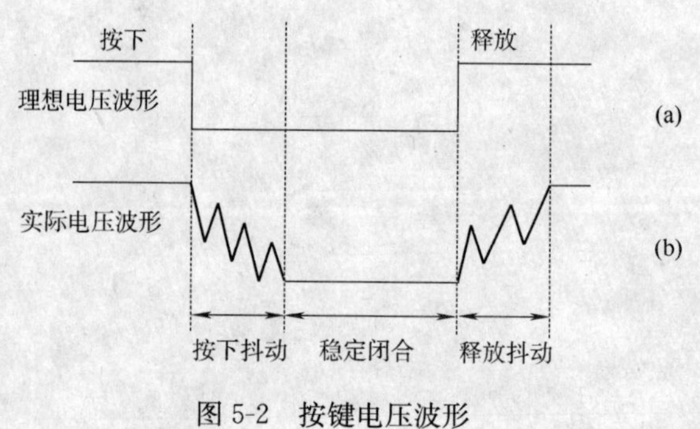

图 5-2　按键电压波形
（a）理想按键电压波形　（b）实际按键电压波形

软件上采取去抖动措施，避免一次按键输入一串数码。

硬件上，可利用单稳态电路或 RS 触发器消除按键抖动现象。但在单片机应用系统中，最常见的方法是利用软件延迟方式消除按键抖动问题，这样可以不增加硬件成本。因此，在单片机系统中按键识别过程是：通过随机扫描、定时中断扫描或中断监控方式发现按键被按下后，延迟 10～20ms（因为机械按键由按下到稳定闭合的时间为 5～10ms）再去判别按键是否处于按下状态，并确定是哪一个按键被按下。

对于每按一次仅视为一次输入的按键设定来说，在按键稳定闭合后，按键进行扫描，读出按键的编码（或称为键号），执行相应操作（不必等待按键释放）；对于具有重复输入功能的按键设定来说，在按键稳定闭合期内，每隔特定时间，如 250ms（即按下某键不动，1s 内重复输入该键 4 次）或 500ms（每秒重复输入该键 2 次）对按键进行检测，当发现按键仍处于按下状态时，就输入该键，直到按键被释放。

5.1.2 独立式键盘和矩阵式键盘

键盘从结构上分，有独立式键盘与矩阵式键盘。一般按键较少时采用独立式键盘，在按键较多时采用矩阵式键盘。

5.1.2.1 独立式键盘

独立式按键就是各个按键相互独立，分别接一条输入线，各条输入线上的按键工作状态不会影响其它输入线的工作状态。因此，通过检测输入线的电平状态，判断哪个按键被按下。

在由单片机组成的测控系统及智能化仪器中，用得最多的是独立式键盘。这种键盘电路配置灵活，软件设计简单。缺点是每个按键需要一根输入口线，在按键数量较多时，占用大量的输入口资源，电路结构显得很繁杂，只适用于按键较少或操作速度较高的场合。

图 5-3 是一个利用 MCS-51 单片机的 P1 口设计的非编码键盘。

当按键没按下时，CPU 对应的 I/O 端口由于内部有上拉电阻，其输入为高电平；当某键被按下后，对应的 I/O 端口变为低电平。只要在程序中判断 I/O 端口的状态即可知道哪个键处于闭合状态。

5.1.2.2 矩阵式键盘

矩阵式键盘适用于按键数量较多的场合。它由行线与列线组成，按键位于行、列的交叉点上。一个 3×3 的行列结构可以构成一个有 9 个按键的键盘；同理，一个 4×4 的行、列可以构成一个 16 按键的键盘。很明显，在按键数量较多的场合，矩阵式键盘与独立式键盘相比，要节省很多 I/O 端口。

图 5-4 是一个 4×4 矩阵式键盘。

5.1.2.3 矩阵式键盘接口设计举例

（1）硬件电路设计

图 5-5 是 MCS-51 单片机通过 8255A 扩展 I/O 口构成的 4×8 矩阵键盘接口电路，采用扫描法来完成按键的识别。

通用可编程并行通信 I/O 接口 8255A 是 Intel 公司产品，片内有 A、B、C 三个 8 位 I/O 端口，其中 A 口和 B 口为两个数据端口，C 口既可作数据口，也可作控制端口。8255A 有三种工作方式：方式 0 为基本输入输出方式，方式 1 为选通（单向）输入输出方

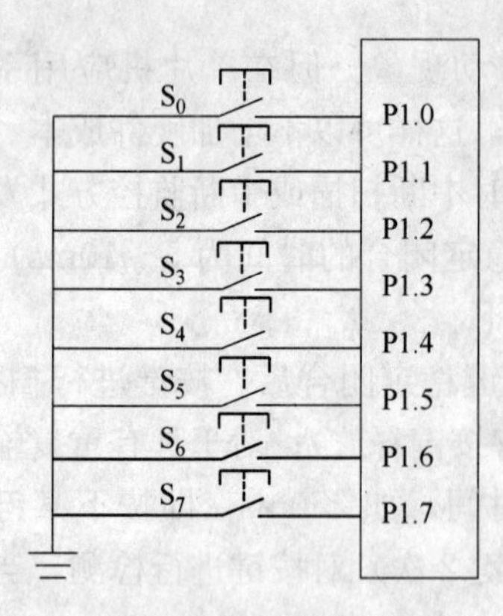

图 5-3　独立式键盘

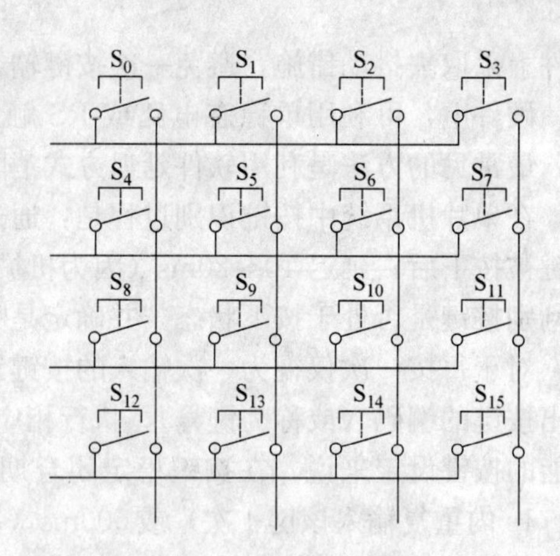

图 5-4　矩阵式键盘

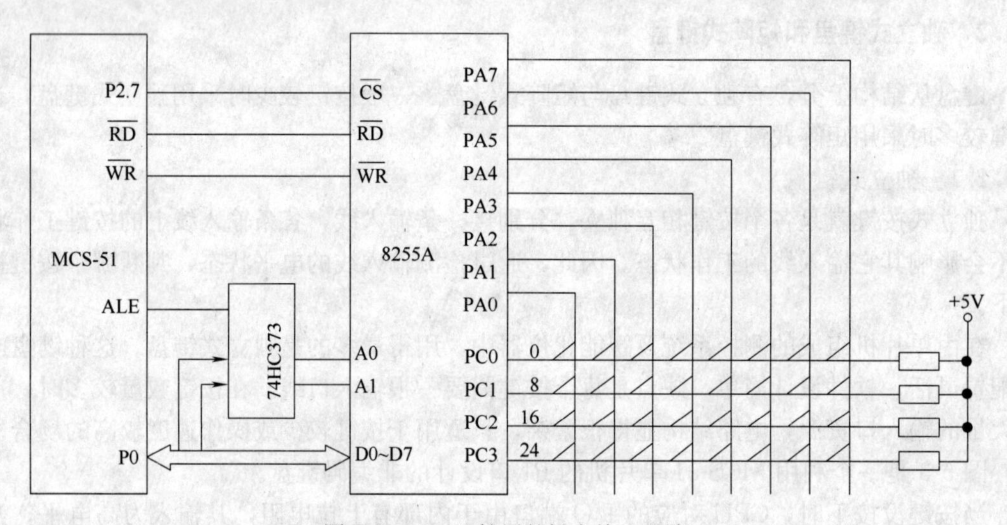

图 5-5　8255A 扩展的键盘接口电路

式，方式 2 为选通（双向）输入输出方式。

电路中，利用 8255A 的 PC 口低 4 位输出逐行扫描信号，PA 口输入 8 位列信号，均为低电平有效。以 P2.7 作为 8255A 的片选控制，接至 $\overline{CS}$，地址线 P0.0、P0.1 经锁存器与 8255A 的 A0、A1 连接，相应控制其口地址。这样，可得到 8255A 的口地址分别为 PA 口：0700H；PC 口：0702H；控制寄存器：0703H。PA 口工作于方式 0 输入，PC 口低 4 位工作于方式 0 输出，因此 8255A 相应的方式命令控制字为 10010000B (90H)。

(2) 软件设计

采用编程扫描工作方式的工作过程及键盘处理的程序框图，如图 5-6 所示。

按功能，程序可分为几个模块，包括键盘扫描模

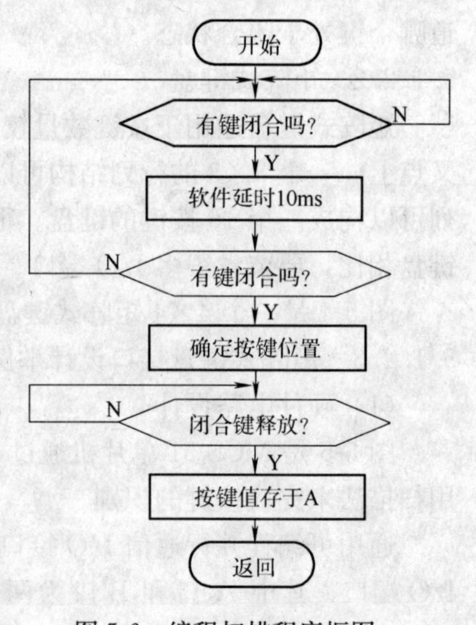

图 5-6　编程扫描程序框图

块、确定按键位置模块、按键编码模块等，这几个模块都采用子程序结构。在主程序中，按顺序调用各个子模块。

键盘扫描模块中，判断有无键按下时，采用延时 10ms 子程序进行消除抖动处理。通过设置处理标志来区分闭合键是否已处理过。用计算方法得到键码，高 4 位代表行，低 4 位代表列。

键盘处理的程序清单如下：

1）主程序　不断扫描键盘直到有一键被按下，键值存于 A 中返回，键值是以键号进行编码所得的值。

```
MAIN：    ACALL   KEY_ON          ；判断有无键按下
          JNZ     DELAY           ；有键按下（A 不等于 0），转延时
          AJMP    MAIN            ；无键按下，继续扫描
DELAY：   ACALL   DL10MS          ；延时 10ms 进行消抖
          ACALL   KEY_ON          ；再判断有无键按下
          JNZ     KEY_NUM         ；A 不等于 0，转按键位置处理
          AJMP    MAIN            ；A 等于 0，是键抖动
KEY_NUM：ACALL   KEY_POS         ；确定按键位置子程序
          ANL     A，#0FFH
          JZ      MAIN            ；A 等于 0 表示出错，继续扫描
          ACALL   KEY_COD         ；对按键编码
          PUSH    ACC             ；保护编码值
KEY_OFF：ACALL   KEY_ON          ；等待按键释放
          JNZ     KEY_OFF         ；有键，则等待
          POP     ACC             ；恢复 A
          RET                     ；返回
```

2）判断有无键按下子程序　KEY_ON

```
KEY_ON：MOV     A，#00H          ；扫描字 00H
        MOV     DPTR，#0702H     ；PC 口地址送 DPTR
        MOVX    @DPTR，A         ；PC 口输出扫描字
        MOV     DPTR，#0700H     ；PA 口地址送 DPTR
        MOVX    A，@DPTR         ；PA 口状态读入 A 中
        CPL     A                ；A 取反
        RET                      ；若 A 不等于"0"，表示有键按下
```

3）延时 10ms 子程序（时钟 12MHz）　DL10MS

```
DL10MS：  MOV     R7，#10
DLP1：    MOV     R6，#0FAH
DLP2：    NOP
          NOP
          DJNZ    R6，DLP2
          DJNZ    R7，DLP1
```

```
        RET
```

4）判断按键位置子程序 KEY _ POS。采用行扫描法，R2、R3 中保存行、列信息，A 中存放键的位置，高 4 位是行号，低 4 位是列号。

```
KEY_ POS：MOV     R7，#0FEH          ；键盘第一行置“0”
          MOV     A，R7              ；暂存于 R7
PLOOP：   MOV     DPTR，#0702H       ；PC 口地址送 DPTR
          MOVX    @DPTR，A           ；扫描字送 PC 口
          MOV     DPTR，#0700H       ；PA 口地址送 DPTR
          MOVX    A，@DPTR           ；读入 PA 口状态
          MOV     R6，A              ；送 R6 保存
          CPL     A                  ；A 取反
          JZ      NEXT               ；此行无按键，扫描下一行
          AJMP    KEY_ C             ；按键在此行，转键处理 KEY_ P
NEXT：    MOV     A，R7              ；扫描字送 A
          JNB     ACC.3，ERROR       ；若第 4 行扫描完，无按键，则
                                     转错误处理
          RL      A                  ；循环左移，得到下一行扫描字
          MOV     R7，A              ；存于 R7 中
          AJMP    PLOOP              ；转下一行扫描
ERROR：   MOV     A，#00H            ；置出错标志码 00H
          RET                        ；返回
```

找出 R7、R6 中为“0”的位，即按键对应的行或列，分别保存于 R3、R2 中。

```
KEY_ P：  MOV     R2，#00H           ；初始化 R2、R3
          MOV     R3，#00H
          MOV     R5，#08H           ；循环次数，共 8 列
          MOV     A，R6              ；列状态送 A
ROW：     JNB     ACC.0，CONT1       ；ACC.0 位为 0，转 CONT1
          INC     R2
          RR      A                  ；循环右移
          DJNZ    R5，ROW            ；8 列未测试完，继续
CONT1：   MOV     R5，#04H           ；共 4 行，方法同列处理
          MOV     A，R7              ；行状态送 A
LINE：    JNB     ACC.0，CONT2       ；ACC.0 位为 0，转 CONT2
          INC     R3
          RR      A
          DJNZ    R5，LINE
CONT2：   MOV     A，R3              ；行号送入 A 中
          SWAP    A                  ；行号置于高 4 位
          ADD     A，R2              ；列号置于低 4 位
```

```
        RET                       ；返回
```

5）键编码子程序　KEY_COD。键编码根据键位置设定，应考虑便于执行散转指令，键的功能和意义由程序确定。矩阵键盘的键编号有一定的规律，图 5-5 中，假定各行行号首键号依次为 0、8、16、24，均相差 8。显然，键编号可由行号乘以 8，再加上列号得到。

```
KEY_COD：PUSH   ACC              ；保存 A
         ANL    A，#0FH          ；屏蔽行号
         MOV    R7，A            ；取出列号
         POP    ACC              ；恢复 A
         SWAP   A
         ANL    A，#0FH          ；屏蔽列号
         MOV    B，#08H
         MUL    AB               ；行号乘以 8
         ADD    A，R7            ；加上列号得到键编号
         RET                     ；返回
```

5.2 LED 显示器

单片机应用系统中使用的显示器件主要有发光二极管数码显示器（LED）和液晶显示器（LCD）。LED 价格低廉，配置灵活，与单片机接口简单；LCD 可进行字符或图形显示，但成本高，与单片机接口也复杂。

5.2.1 LED 显示器和分类

LED 显示器一般由 8 个发光二极管组成，7 个发光二极管组成一个“8”，另一个为小数点。可显示 0～9 及一些英文字母或特殊字符。LED 有不同的大小及颜色，有共阴极与共阳极两种。共阳极是 8 个发光二极管的阳极连在一起，为一个公共端。共阴极是 8 个发光二极管的阴极连在一起，为一个公共端。

一位 LED 显示器由 8 个发光二极管组成，当某一段（笔划）加上正向电流时，该段被点亮，没有通电流的不亮。如图 5-7 所示为 LED 显示器的内部结构及外形。

在单片机系统中，如要使 LED 正常显示数字与字符时，不能直接将数字送到 LED 显示器，而是将要显示的数字通过查表方式，查到相应的显示字模再送到 LED 显示器显示。

以共阴极 LED 为例，公共端接低电平，当 a、b、c 三段通过电流时，则该显示器显示“7”字型。共阴极 7 段 LED 显示数字 0～F，符号等字型如表 5-1 所示，其中 a 段为最低位，dp 为最高位。

5.2.2 LED 显示器的显示方式

N 个 LED 可组成 *N* 位 LED 显示器。通常，控制线分为字位选择线和字型（字段）选择线：位选线为各个 LED 的公共端，用来控制该 LED 是否点亮；而段选线确定显示的字符。根据不同的显示方式，位选线和段选线的连接方法也有所区别。

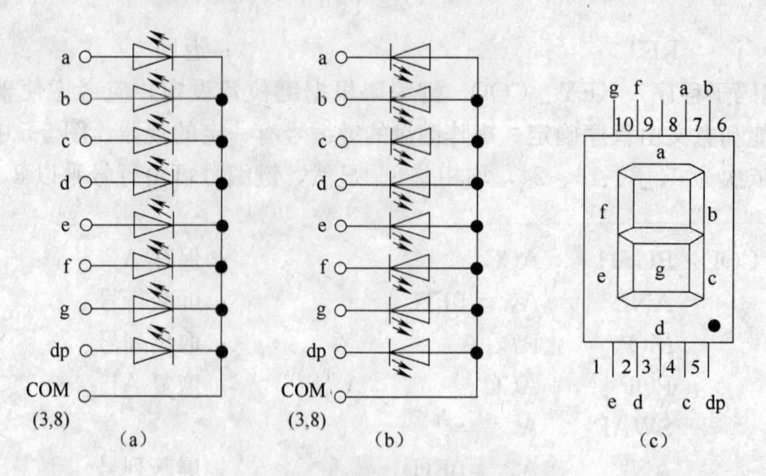

图 5-7　LED 显示器结构及实物

(a) 共阴极　(b) 共阳极　(c) LED 实物

LED 显示器有静态显示和动态显示两种方式。

表 5-1　　7 段 LED 数码管显示字型表

显示字符	共阴极字符码	共阳极字符码	显示字符	共阴极字符码	共阳极字符码
0	3FH	C0H	C	39H	C6H
1	06H	F9H	D	5EH	A1H
2	5BH	A4H	E	79H	86H
3	4FH	B0H	F	71H	8EH
4	66H	99H	P	73H	8CH
5	6DH	92H	U	3EH	C1H
6	7DH	82H	T	31H	CEH
7	07H	F8H	Y	6EH	91H
8	7FH	80H	H	76H	89H
9	6FH	90H	L	38H	C7H
A	77H	88H	不显示	00H	FFH
B	7CH	83H			

5.2.2.1　LED 的静态显示方式

在静态显示方式下，LED 显示器中各位的公共端（共阴极或共阳极）连接在一起，而每位的段选线分别与 8 位锁存器输出相连接。每个显示字符经锁存器输出后，LED 即保持连续稳定显示，直到输出下一个显示字符。

采用静态显示方式时，编程比较简单，电流始终流过每个点亮的字段，亮度较高；但占用的输出口线较多，消耗功率较大。

5.2.2.2　LED 的动态显示方式

在多个 LED 显示时，为克服静态显示的缺点，可采用动态显示。方法是：将所有位的段选线相应并联，由一个 8 位 I/O 口控制，从而形成段选线的多路复用；同时，各位的公共端分别由相应的 I/O 线控制，实现分时选通。

显然，为在各位 LED 上分别显示不同的字符，需要采用循环扫描显示的方法，即在某一时刻只选通一条位选线，并输出该位的字段码，其余位则处于关闭状态。可见，各位 LED 显示的字符并不是同时出现的，但由于人眼的视觉暂留及 LED 的余辉，可以达到同时显示的效果。

采用动态显示时，需要确定 LED 各位显示的保持时间。由于 LED 从导通到发光有延时，时间太短会造成发光微弱，显示不清晰；如果显示时间太长，则会占用较多的 CPU 时间。可以看出，动态显示本身就是以增加 CPU 开销作为代价的。

5.2.3 点阵式 LED 显示器

LED 数码显示器能够显示的字符信息有限，为了能够显示更多、更复杂的字符，如汉字、图形等信息，常采用点阵式 LED 显示器。在点阵式 LED 显示器中，行、列交叉点对应一只发光二极管（正极接行线，负极接列线），二极管的数量决定了点阵式 LED 显示器的分辨率。图 5-8 所示的点阵式 LED 显示器由 7×5 只发光二极管组成。将若干小块点阵式 LED 显示器的行线或列线连接在一起，就可以构成更多点阵的 LED 显示器。在大屏幕 LED 显示器中，发光二极管的数目可达上万只。

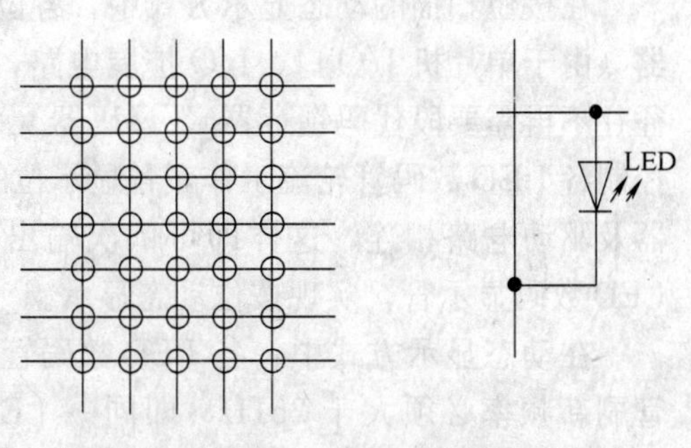

图 5-8　7×5 点阵式 LED 显示器结构图

5.2.3.1　点阵式 LED 显示器的显示方式

点阵式 LED 显示驱动一般采用动态扫描方式。例如图 5-8 所示的点阵式 LED 显示器，采用列扫描方式，每次显示一列，显示信息由行线输入，具体显示驱动电路如图 5-9 所示。

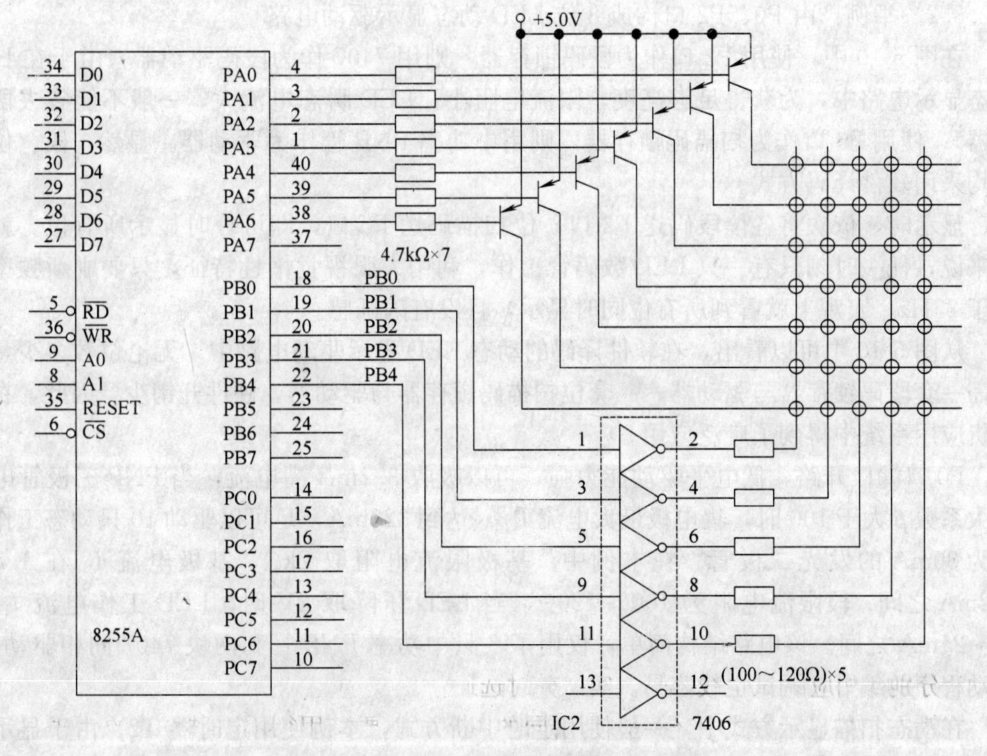

图 5-9　7×5 点阵式 LED 显示器驱动电路

在静态显示方式下，显示驱动程序简单，CPU 占用率低，但每一位 LED 数码管需要一个 8 位锁存器来锁存段码，硬件开销大（元件数目多，印刷版面积也会随之增加），仅适用于显示位数较少（4 位以下）的场合。当需要显示的位数为 4～12 位时，多采用按位扫描软件译码（在单片机系统中一般不用硬件译码）的动态显示方式或按段扫描的动态显示方式，如图 5-10 所示。

在按位扫描的动态显示方式中，各位段引脚 a～dp 并联在一起，共用一个段代码锁存器（由于单片机 I/O 口、I/O 扩展电路，如 8155、8255 等大多具有输出锁存功能，因而往往不再需要段代码锁存器）、译码器（采用软件译码时，不用译码器）及驱动器。为了控制各 LED 数码管轮流工作，各显示位的公共端与位译码（采用软件译码时不用）、锁存器及驱动电路相连，这样即可依次输出每一显示位的段代码和位扫描码，轮流点亮各 LED 数码显示管，实现按位动态显示。

在动态显示方式中，各 LED 数码管轮流工作，为了防止出现闪烁现象，LED 数码管刷新频率必须大于 25Hz，即同一 LED 数码管相邻两次点亮时间间隔要小于 40ms。对于具有 N 个 LED 数码管的动态显示电路来说，如果 LED 显示器刷新频率为 f，那么刷新周期为 $1/f$，每一位的显示时间为 $1/(f \cdot N)$ s。显然，位数越多，每一位的显示时间就越短，在驱动电流一定的情况下，亮度就越低（正因如此，在动态 LED 显示电路中，需适当增大驱动电流，一般取 20～35mA，以抵消因显示时间短引起的亮度下降）。实验表明：为了保证一定的亮度，在驱动电流取 30mA 的情况下，每位显示时间不能小于 1ms。

5.2.3.2 举例：由 P0、P2 口构成 8 位 LED 动态显示驱动电路

在图 5-10 中，使用 P2 口作为段码锁存器，则用 7407 作为段码驱动器（由于在 LED 动态显示电路中，为获得足够亮度，限流电阻小，LED 瞬态电流大，一般不能省去段驱动器）；使用 P0 口作为扫描码锁存器，则用中功率 PNP 管作为驱动器。显然，段、位扫描均采用软件译码方式。

显示时，依次将各位段码送 P2 口，位扫描码送 P0 口，即可分时显示所有位。就微观来说，任一时刻只有一只 LED 数码管工作，利用人眼视觉惰性特征，只要刷新频率不小于 25Hz，宏观上就看到所有位同时显示，且没有闪烁感。

从图 5-10 中可以看出，在软件译码的动态 LED 显示驱动电路中，无论位数多少，都只需一套段码锁存器与驱动器，一套位扫描码锁存器与驱动器，硬件开销少。因此，在单片机应用系统中得到了广泛应用。

P0 口漏极开路，低电平驱动能力强，可以吸收 3.2mA 灌电流，当 PNP 三极管电流放大系数 β 大于 100 时，集电极最大电流 I_{CMAX} 达到 320mA，足可以驱动 10 只动态工作电流为 30mA 的发光二极管。在本例中，基极限流电阻取 2kΩ，基极电流 I_B 在 1.8～2.2mA 之间；段限流电阻为 100～120Ω，当 LED 压降取 2V 时，LED 工作电流 I_F 在 20～24mA 之间。该电路结构简单，仅用了 8 只中功率 PNP 管和两块 7407 同相驱动器，驱动程序的编写和调试也较容易。

在动态扫描显示方式中，一般使用定时中断方式，本例使用定时器 T2。由于显示位较多，刷新频率取 50Hz，即一位显示时间为（1/50×8）即 2.5ms，因此定时器 T2 溢出时间为 2.5ms。假设晶振频率为 11.0592MHz，则定时器 T2 初值为 63232（F700H）。

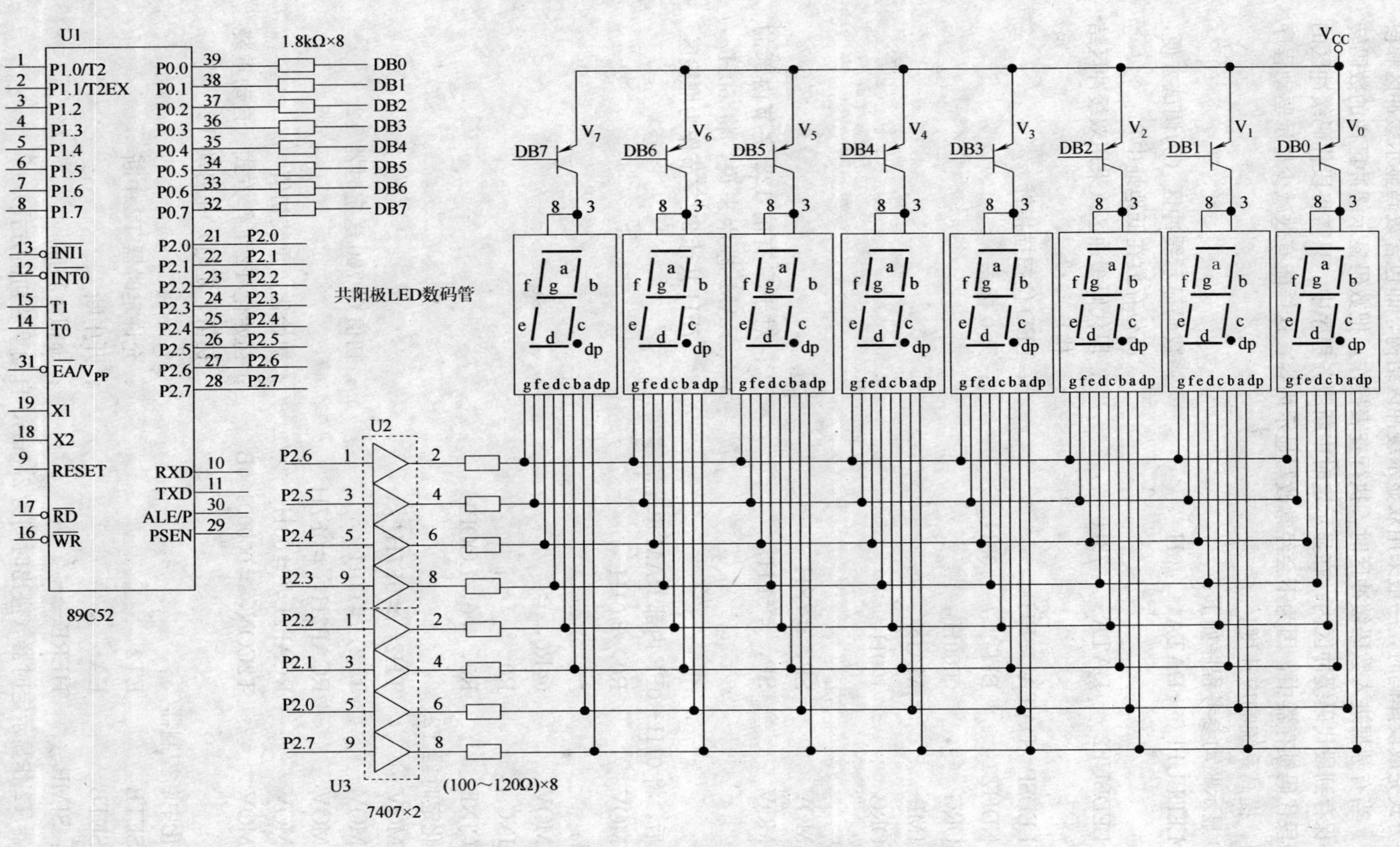

图 5-10　由 P0、P2 口构成的 8 位 LED 动态显示驱动电路

用软件方式完成段译码时，一般采用双显示缓冲区结构，即包含数码显示缓冲区和段代码缓冲区。当有数据进入数码缓冲区时，执行查表操作，把数码显示缓冲区内的数码转换为段码并保存到段代码缓冲区内；在显示定时中断服务程序中，只需将段代码缓冲区的信息输出到段代码锁存器中，因为不会经常改写显示内容，这样能有效减少显示驱动程序的执行时间，提高系统响应速度。

图 5-10 显示驱动参考程序如下：

```
        LEDBUF1     DATA    0H          ；数码显示缓冲区（为调试方便，
                                          高位存放在低地址中）
        LEDBUF2     DATA    78H         ；段代码缓冲区（采用双缓冲区结
                                          构）
        LEDSP   DATA   6FH              ；LED 位扫描指针
        NDHZ        BIT     08H         ；灭 0 标志
        ORG         0000H
        JMP         MAIN
        ORG         100H
MAIN:
        MOV         SP，＃7FH
        MOV         SP，＃5FH           ；对于只有前 128 字节内部的
                                          RAM 芯片来说，将 60H～
                                          7FH 共计 32 字节作为堆栈区
；复位后，将 01H～0FF 内部 RAM 单元清零
        MOV         R0，＃01H
LOOP1:
        MOV         @R0，＃0
        INC         R0
        CJNE        R0，＃0，LOOP1
；初始化定时器 T2
        MOV         TH2，＃0F7H
        MOV         TL2，＃00H          ；初值 0F700 送定时器 T2
        MOV         RCAP2H，＃0F7H
        MOV         RCAP2L，＃00H       ；初始化，重装初值
        MOV         T2CON，＃00000100B  ；初始化 T2 工作方式（自动重装
                                          初值、定时）并启动 T2
；初始化中断控制器
        SETB        ET2                 ；允许定时器 T2 中断
        SETB        EA                  ；开中断
HERE：SJMP          HERE                ；虚拟主程序
；定时器 T2 作显示定时器（溢出时间为 2.5ms，自动重装初值方式）
        PROC        CTC2
```

```
CTC2：
        PUSH        PSW
        PUSH        ACC                        ；保护现场
        SETB        RSl
        SETB        RS0                        ；切换工作区
        MOV         A，LEDSP                   ；取扫描位指针
        ANL         A，#07H                    ；仅保留低 3 位
        ADD         A，#LEDBUF2                ；与段码缓冲区首地址相加，以获
                                                 得段码地址
        MOV         R0，A                      ；对应位段地址保存在 R0 中
        MOV         P2，@R0                    ；段码送 P2 口
        MOV         A，LEDSP                   ；送扫描码
        ANL         A，#07H                    ；仅保留低 3 位
        CJNE        A，#7，NEXT1
        MOV         P0，#01111111B             ；输出位扫描码（P0.7 位亮）
        SJMP        EXIT
NEXT1：
        CJNE        A，#6，NEXT2
        MOV         P0，#10111111B             ；输出位扫描码（P0.6 位亮）
        SJMP        EXIT
NEXT2：
        CJNE        A，#5，NEXT3
        MOV         P0，#11011111B             ；输出位扫描码（P0.5 位亮）
        SJMP        EXIT
NEXT3：
        CJNE        A，#4，NEXT4
        MOV         P0，#11101111B             ；输出位扫描码（P0.4 位亮）
        SJMP        EXIT
NEXT4：
        CJNE        A，#3，NEXT5
        MOV         P0，#11110111B             ；输出位扫描码（P0.3 位亮）
        SJMP        EXIT
NEXT5：
        CJNE        A，#2，NEXT6
        MOV         P0，#11111011B             ；输出位扫描码（P0.2 位亮）
        SJMP        EXIT
NEXT6：
        CJNE        A，#1，NEXT7
        MOV         P0，#11111101B             ；输出位扫描码（P0.1 位亮）
```

```
        SJMP      EXIT
NEXT7：
        MOV       P0，#11111110B              ；输出位扫描码（P0.0 位亮）
EXIT：
        INC       LEDSP                       ；指针加 1
        CLR       TF2
        POP       ACC
        POP       PSW
        RETI
END
DISPTAB：                                     ；7 段共阳 LED 段码（0～F）
DB 0C0H，0F9H，0A4H，0B0H，99H，92H，82H，0F8H，80H，90H，88H，
83H，0C6H，0A1H，86H，8EH                    ；把显示缓冲区内待显示数码转换为
                                               段码，并存放在段码缓冲区（检查
                                               高位是否为 0，若是要灭 0）
PROC DISPC
DISPC：
        MOV       R0，#LEDBUF1                ；数码缓冲区首地址送 R0
        MOV       R1，#LEDBUF2                ；段码缓冲区首地址送 R1
        MOV       R2，#7                      ；记录转换位
        MOV       DPTR，#DISPTAB              ；把共阳 LED 段表首地址装入 DPTR
        SETB      NDHZ                        ；灭 0 标志置 1
LOOP1：
        MOV       A，@R0                      ；取显示数码
        JNB       NDHZ，NEXT1
；灭 0 标志有效，说明高位 0，要检查数码是否为 0
        CJNE      A，#0，NEXT2
；本位数码为 0，不显示
        MOV       @R1，#0FFH                  ；直接送 FF 码
        LJMP      NEXT3
NEXT2：
        CLR       NDHZ                        ；高位为 0，但本位不是 0，要清灭
                                               0 标志
NEXT1：
        MOVC      A，@A+DPTR
        MOV       @R1，A                      ；段数码送笔码显示缓冲区
NEXT3：
        INC       R0
        INC       R1
```

```
        DJNZ      R2，LOOP1              ；循环，直到10位
；换个位（个位不灭0）
        MOV       A，@R0                 ；取显示数码
        MOVC      A，@A+DPTR
        MOV       @R1，A                 ；段数码送笔码显示缓冲区
        RET
END
```

5.3 LCD显示器

5.3.1 LCD液晶显示器概述

液晶，即液态晶体，是某些有机化合物特有的物态，其物理特性介于液态和晶体之间。它既有液体的流动性，又有晶体的光学各向异性。

与LED相比，LCD液晶显示器具有体积小、重量轻、工作电压低（3～6V）、功耗小以及分辨率高（可逼真地实现彩色显示）等特点。且通过平面刻蚀工艺，可设计出任意形状的显示图案。因此，被广泛用作数字化仪器仪表（如示波器、万用表）、家用电器（如钟表、手机、数码相机、空调机遥控器）、笔记本电脑等电子设备的显示器件。

液晶显示器分字段式和点阵式两大类。

5.3.2 字段式LCD显示器

字段式液晶显示器是根据各种需要，将液晶制作成各种数字字形与图案。字段式液晶显示器的字形与图案，有的是根据市场需要制作成通用的形式，有的是根据一些厂家订制成专用的形式。字段式液晶显示器一般用在小型设备仪器中，液晶显示器的字形与图案不能随意改变，只能通过控制使其显示或不显示。

目前，国内外很多液晶生产厂家都在生产各种字段式液晶显示器。其字形图案不同，接口方式也不同。但是为了简化接口形式，大多采用串行口通信。下面，以北京表云创新科技发展有限公司生产的LCM061A字段式液晶显示器为例，介绍其工作原理及与MCS-51单片机的接口方式。

5.3.2.1 LCM061A的基本功能

LCM061A是6位多功能通用8段式液晶显示模块。内含看门狗、显示RAM、鸣蜂器驱动。与单片机的接口采用3-4线串行接口。工作电压为2.4～5.2V，显示状态下电流仅为50μA左右。

5.3.2.2 LCM061A的引脚说明

LCM061A共有10个引脚，引脚说明如表5-2所示。

表 5-2　　　　　　　　　　　　　LCM061A 的引脚说明

引　脚	符　号	说　明	输入输出
1	$\overline{CS}$	LCM061A 片选，低电平有效	输入
2	$\overline{RD}$	LCM061A 读选通信号，低电平有效	输入
3	$\overline{WR}$	LCM061A 写选通信号，低电平有效	输出
4	DA	数据线	输入输出
5	GND	电压地	输入
6	VLCD	LCD 显示屏工作电压，可调整 LCD 的显示视角	输入
7	V_{DD}	正电源，2.4～5.2V	输入
8	IRQ	中断输出，看门狗或定时器输出	输出
9	BZ＋	鸣蜂器正输出	输出
10	BZ－	鸣蜂器负	输出

5.3.2.3　LCM061A 与 MCS-51 单片机的接口方式

LCM061A 与 MCS-51 单片机接口时可用 2 线方式到 5 线方式。$\overline{WR}$、$\overline{RD}$、DA 三条线与其它芯片不共用并且只写不读时，可将 LCM061A 的 $\overline{CS}$ 端直接接地，$\overline{RD}$ 线可不接，这样可用 2 线方式。如果还有其它芯片与 LCM061A 共用 $\overline{WR}$、$\overline{RD}$、DA 时，并且要使用 IRQ 端，则必须使用 5 线方式。

LCM061A 与 MCS-51 单片机采用 5 线方式的接口电路，如图 5-11 所示。

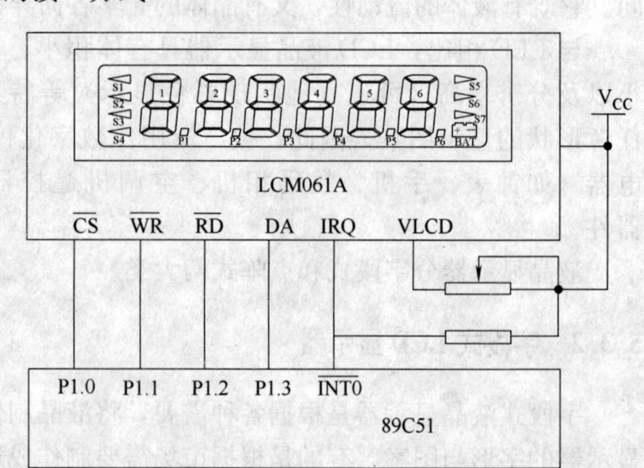

图 5-11　LCM061A 与 MCS-51 单片机的接口电路

5.3.2.4　LCM061A 的读写时序

LCM061A 有读数据 RAM、写命令、写数据三种操作方式。

(1) 读数据操作

读数据操作方式是将 LCM061A 内部显示 RAM 的数据读出，一般情况下不使用这个操作。

读数据操作时序如图 5-12 所示。

读数据操作共有 13 位。写入的数据一共是 9 位，前 4 位是命令码 1100，后 5 位是地址 A4A3A2A1A0。读出的数据是 4 位，数据格式为 D0 D1 D2 D3。

CS　WR　RD
1　1　0　0　A4　A3　A2　A1　A0　D0　D1　D2　D3

图 5-12　读数据 RAM 操作

(2) 写命令操作

写命令时序如图 5-13 所示。

写命令操作共有 12 位。前 3 位是命令码 100，后跟 8 位命令码 C7C6C5C4C3C2C1C0，

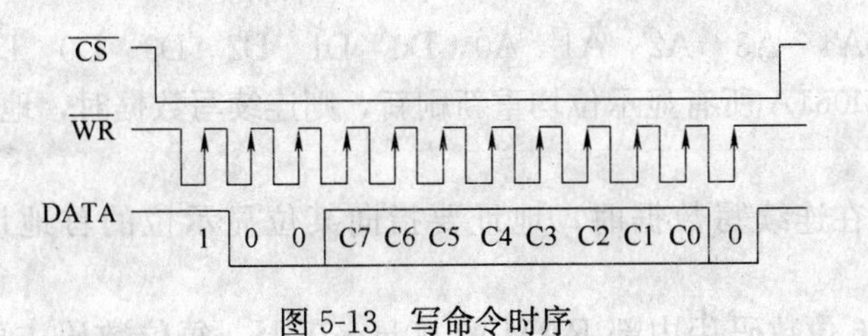

图 5-13　写命令时序

最后 1 位是 0。其命令码的意义如表 5-3 所示。

表 5-3　　LCM061A 的命令码

命令码	功　能	命令码	功　能
00H	关闭振荡器，LCD 进入低功耗状态	0DH	定时器清 0
01H	开振荡器	80H	不允许定时器/WDT 输出
02H	关 LCD 显示	88H	允许定时器/WDT 输出
03H	开 LCD 显示	18H	定义 RC 方式工作
08H	开鸣蜂器	A0H	定时＝1s/WDT＝4s
09H	关鸣蜂器	A1H	定时＝2s/WDT＝2s
60H	鸣蜂器 2kHz	A2H	定时＝4s/WDT＝1s
40H	鸣蜂器 4kHz	A3H	定时＝8s/WDT＝0.5s
29H	模块专用初始化命令	A4H	定时＝16s/WDT＝0.25s
05H	关 WDT	A5H	定时＝32s/WDT＝0.125s
07H	开 WDT	A6H	定时＝64s/WDT＝0.0625s
04H	关定时器	A7H	定时＝128s/WDT＝0.03125s
06H	开定时器	14H	定义晶振方式
0EH	WDT 清 0		

(3) 写数据操作

写数据操作共有 13 位，前 4 位是 1010，紧跟着是 5 位地址 A4A3A2A1A0，最后 4 位是写入数据 D0 D1 D2 D3。写数据操作的时序如图 5-14 所示。

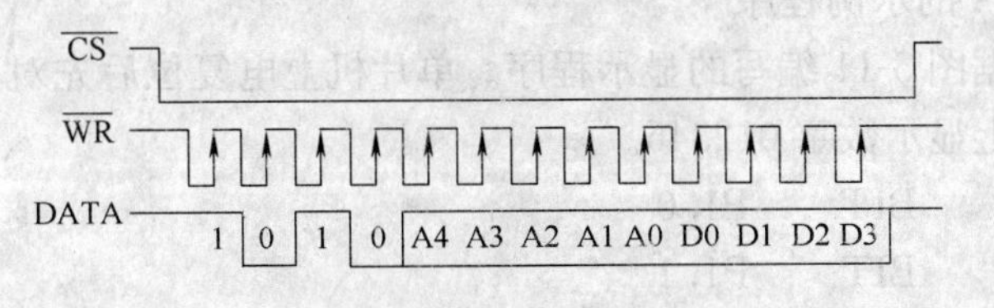

图 5-14　写数据时序

写数据操作是将显示数据写入到 LCM 的显示寄存器中，LCM061A 的显示寄存器与每位显示器的地址对应如表 5-4 所示。由于写数据操作中写入 LCM 显示 RAM 的数据只有 4 位，并且其数据位与显示段是一一对应的，故要显示一个字符的操作要进行两次写数据操作。但由于 LCM061A 的写数据操作有连续写数据功能，因而在写一个显示位时可指定某显示位的首地址，进入连续写两个数据的操作。连续写某一位的操作格式如下：

1 0 1 0 A4 A3 A2 A1 A0 D0 D1 D2 D3 D0 D1 D2 D3

如果想使 LCM061A 所有显示位均重新刷新，则连续写数据时，地址指向 00H，后跟 12 组数据即可。

要注意的是，在连续写数据时，地址要指向某位显示位的首地址，否则可能显示出错。

LCM061A 的 6 位数码用内部 RAM 的 00H～0BH，每位数码占两个地址，小数点 dp1～dp6 各占一个地址，可分别控制。其它显示状态 S1～S7 及 BAT 也各占一个 RAM 地址，若要让其显示，只要向其地址的 D0 位写一个 1 即可。

表 5-4　　LCM061A 显示段与内部 RAM 的关系

D3	D2	D1	D0	地址	D3	D2	D1	D0	地址
1F	1E	1G	1D	00000				BAT	10000
1A	1C	1B		00001				DP6	10001
2F	2E	2G	2D	00010				DP5	10010
2A	2C	2B		00011				DP4	10011
3F	3E	3G	3D	00100				DP3	10100
3A	3C	3B		00101				DP2	10101
4F	4E	4G	4D	00110				DP1	10110
4A	4C	4B		01111				S4	10111
5F	5E	5G	5D	01000				S3	11000
5A	5C	5B		01001				S2	11001
6F	6E	6G	6D	01010				S1	11010
6A	6C	6B		01011					11011
				01100					11100
			S7	01101					11101
			S6	01110					11110
			S5	01111					11111

5.3.2.5　LCM061A 的示例程序

以下程序是根据图 5-11 编写的显示程序。单片机上电复位后先对 LCM061A 初始化，然后在 LCM061A 上显示数字 012345。

```
        CS      BIT     P1.0
        WRR     BIT     P1.1
        RDD     BIT     P1.2
        DAT     BIT     P1.3
        ORG     0000H
        AJMP    MAIN
        ORG     100H
MAIN：  MOV     A，#29H                  ；初始化定义
        LCALL   LCM_WCOM
```

```
        MOV     A, #18H              ; RC工作方式
        LCALL   LCM_WCOM
        MOV     A, #03H              ; 开显示
        LCALL   LCM_WCOM
        MOV     A, #1                ; 开振荡器
        LCALL   LCM_WCOM
        MOV     R4, #6
        MOV     R5, #0
MAIN1:  MOV     A, R5                ; R5是地址计数器，通过R5查的字
                                       型送到R6中进行显示
        MOV     DPTR, #LCM_TAB
        MOVC    A, @A+DPTR
        MOV     R6, A
        LCALL   LCM_WDATT
        INC     R5
        DJNZ    R4, MAIN1
        AJMP    $
;写命令子程序，命令在A中
LCM_WCOM:   CLR     CS
        SETB    DAT                  ; 送写命令100
        CLR     WRR
        SETB    WRR
        CLR     DAT
        CLR     WRR
        SETB    WRR
        NOP
        CLR     WRR
        SETB    WRR
        MOV     R7, #8
LCM_WCOM1:  RLC     A
        MOV     DAT, C
        CLR     WRR
        SETB    WRR
        DJNZ    R7, LCM_WCOM1        ; 命令在A中，写命令
        CLR     DAT
        CLR     WRR
        SETB    WRR
        SETB    CS                   ; 写0
        SETB    DAT
```

```
        RET
;写数据子程序，地址在 R5 中，数据在 R6 中
LCM_WDATT:  CLR     CS
        SETB    DAT                 ;写数据 1010
        CLR     WRR
        SETB    WRR
        CLR     DAT
        CLR     WRR
        SETB    WRR
        SETB    DAT
        CLR     WRR
        SETB    WRR
        CLR     DAT
        CLR     WRR
        SETB    WRR
        MOV     R7，#5              ;写地址，地址在 R5 中
        MOV     A，R5
LCM_WDATT1: RLC     A
        MOV     DAT，C
        CLR     WRR
        SETB    WRR
        DJNZ    R7，LCM_WDATT1
        MOV     R7，#8              ;写数据，数据在 R6 中，连续写两个
                                    数据
        MOV     A，R6
LCM_WDATT2: RLC     A
        MOV     DAT，C
        CLR     WRR
        SETB    WRR
        DJNZ    R7，LCM_WDATT2
        SETB    DAT
        SETB    CS
        RET
;读数据子程序，地址在 A 中，读回的数据也放在 A 中
LCM_RDATT:  CLR     CS
        SETB    DAT                 ;读命令，1100
        CLR     WRR
        SETB    WRR
        NOP
```

```
        CLR     WRR
        SETB    WRR
        CLR     DAT
        CLR     WRR
        SETB    WRR
        NOP
        CLR     WRR
        SETB    WRR
        MOV     R7，#5                ；写地址，地址在A中
LCM_RDATT1： RLC   A
        MOV      DAT，C
        CLR      WRR
        SETB     WRR
        DJNZ     R7，LCM_RDATT1
        MOV      R7，#4               ；读数据，读回的数据放在A中
        MOV      A，#0
LCM_RDATT2： CLR   RDD
        SETB     RDD
        MOV      C，DAT
        RLC      A
        DJNZ     R7，LCM_RDATT2
        SETB     DAT
        SETB     CS
        RET
LCM_TAB：DB  0B7H，06H，0E5H，0C7H，56H     ；0，1，2，3，4
        DB  0D3H，0F3H，07H，0F7H，0D7H     ；5，6，7，8，9
        DB  77H，0F2H，0B1H，0E6H，0F1H     ；A，B，C，D，E
        DB  71H，40H，0B6H                  ；F，-，U
        END
```

5.3.3 点阵式LCD显示器

字段式液晶显示器虽然能显示一些数字及图案，但因其在制造时就已将字形及图形制作好，在使用时不能改变，只能控制是否显示，在一些较复杂的单片机显示中已不能满足要求，如不能显示汉字、任意图形等。而点阵式液晶显示器则不仅可以显示字符、数字，还可以显示各种图形、曲线及汉字，并且可以实现屏幕上下左右滚动、动画、分区开窗口、反转、闪烁等功能，用途十分广泛。

点阵式液晶显示器按尺寸分有多种规格，现常用的有132×32、128×64、192×64、240×128、320×240等尺寸。

点阵式液晶显示器有的还固化有汉字库，在使用时就不用再送字形数据，而是写入汉

字编码即可显示汉字。而大多数点阵式液晶显示器内部没有汉字库。

根据尺寸不同、厂家不同，点阵式液晶显示器内部的驱动芯片也不同。因而，在使用点阵式液晶显示器时要仔细阅读使用说明书。

下面以 HS12864 点阵液晶显示器为例，介绍其与 MCS-51 单片机的接口方式及程序。

5.3.3.1 HS12864 的主要技术性能

HS12864 是一种图形点阵液晶显示器，它主要由行驱动器/列驱动器及 128×64 全点阵液晶显示器组成。可完成图形显示，也可以显示 8×4 个（16×16 点阵）汉字。

主要技术参数和性能如下：

① 电源：V_{DD}＝＋5V，模块内自带－10V 负电压，用于 LCD 的驱动电压。

② 显示内容：128（列）×64（行）点。

③ 全屏幕点阵。

④ 7 种指令。

⑤ 与 CPU 接口采用 8 位数据总线并行输入输出和 8 条控制线。

⑥ 工作温度为－10～＋55℃，存储温度为－20～＋60℃。

5.3.3.2 HS12864 的内部硬件构成

HS12864 液晶显示器的内部硬件组成如图 5-15 所示。模块内部有两片列驱动器，一片行驱动器。在列驱动器及行驱动器中有如下寄存器。

（1）指令寄存器（IR）

IR 是存放指令的寄存器。当 D/I＝0 时，在 E 的下降沿的作用下，指令写入 IR。

（2）数据寄存器（DR）

DR 是存放数据的寄存器。当 D/I＝1 时，在 E 的下降沿作用下，显示数据写入 DR。或当 E＝1 时，CPU 可读内部数据。

（3）忙标志（BF）

BF 标志提供内部工作情况。当 BF＝1 时，表示模块内部正在操作，此时模块不能接受外部指令和数据。当 BF＝0 时，模块为准备状态，可随时接受外部的指令和数据。

应当注意的是：BF 出现在数据线的 DB7 上。

（4）显示控制触发器（DFF）

此触发器用于控制模块屏幕显示开和关。当 DFF＝1 时，为开显示，DFF＝0 时，为关显示。

（5）XY 地址计数器

XY 地址计数器是一个 9 位的计数器，高 3 位是 X 地址计数器，低 6 位是 Y 地址计数器。

XY 地址计数器实际上是作为 DDRAM 的地址指针。X 地址计数器为 DDRAM 的页指针，Y 地址计数器为 DDRAM 的 Y 地址指针。

X 地址无自动计数功能，只能靠指令设置。Y 地址有自动循环计数功能，Y 只要设定初值，在连续送数据时 Y 自动加 1。Y 的计数范围从 0～63。

（6）Z 地址计数器

Z 地址计数器是一个 6 位计数器，此计数器具有循环计数功能。它适用于显示行扫描同步，当一行扫描完成，Z 地址计数器自动加 1 指向下一行扫描数据。RST 复位后，Z 地址计数器为 0。

Z 地址计数器可以用 DISPLAY START LINE 指令预置。因此，显示屏幕的起始行就由此指令控制，即 DDRAM 的数据从哪一行开始显示在屏幕的第一行。此模块的 DDRAM 共 64 行，屏幕可以循环滚动显示 64 行。

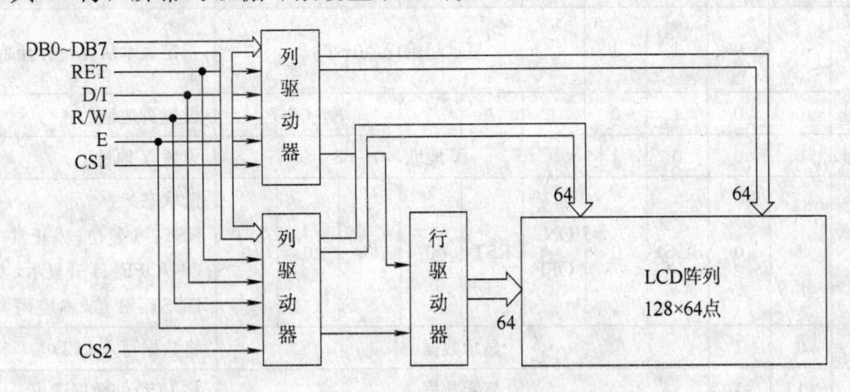

图 5-15　HS12864 的内部硬件主要构成

5.3.3.3　HS12864 的外部接口

HS12864 模块的外部接口共 20 个引脚，各引脚功能如表 5-5 所示。

表 5-5　HS12864 液晶显示器的引脚功能

管脚号	管脚名称	状　态	功　能
1	V_{SS}	0	电源地
2	V_{DD}	5V	电源电压
3	V_0	−13～5V	显示驱动电压，可调节对比度
4	D/I	H/L	D/I＝H，DB0～DB7 为显示数据
			D/I＝L，DB0～DB7 为指令
5	R/W	H/L	R/W＝H，E＝H，CPU 可读数据
			R/W＝L，E 的下降沿，数据被写到 IR 或 DR 中
6	E	H/L	R/W＝L，E 信号的下降沿，可将数据或指令写入
			R/W＝H，E＝H，CPU 可读 DDRAM 数据
7～14	DB0～DB7	H/L	数据线
15	CS1	H/L	CS1＝H，CS2＝L，向右半屏送数据
16	CS2	H/L	CS1＝L，CS2＝H，向左半屏送数据
17	RET	H/L	复位信号，低电平复位
18	V_{EE}	−10V	负电压输出
19	LEDA		LED 背光电源＋
20	LEDK		LED 背光电源－

5.3.3.4　HS12864 液晶显示器的指令

HS12864 液晶显示器的指令有 7 条，指令的详细说明如表 5-6 所示。

表 5-6　　　　　　　　　　　**HS12864 液晶显示器的指令表**

指　令	指令码										功　能
	R/W	D/I	D7	D6	D5	D4	D3	D2	D1	D0	
显示 ON/OFF	0	0	0	0	1	1	1	1	1	1/0	D0=1，开显示 D0=0，关显示
显示起始行	0	0	1	1	显示起始行，0～63						指定显示从哪一行开始显示
设置 X 地址	0	0	1	0	1	1	1	X，0～7			设置页地址
设置 Y 地址	0	0	0	1	Y 地址，0～63						设置 Y 地址
读状态	1	0	BUSY	0	ON/OFF	RST	0	0	0	0	读状态 RST：1 复位，0 正常 ON/OFF：1 开显示，0 关显示 BUSY：1 忙，0 空闲
写显示	0	1	显示数据								将数据写入 LCD
读数据	1	1	显示数据								将 LCD 的数据读出

5.3.3.5　HS12864 液晶显示器的读写时序

HS12864 的操作时序有两种，一种是读数据时序，另一种是写命令或写数据时序。其写时序与读时序操作分别如图 5-16 和图 5-17 所示。

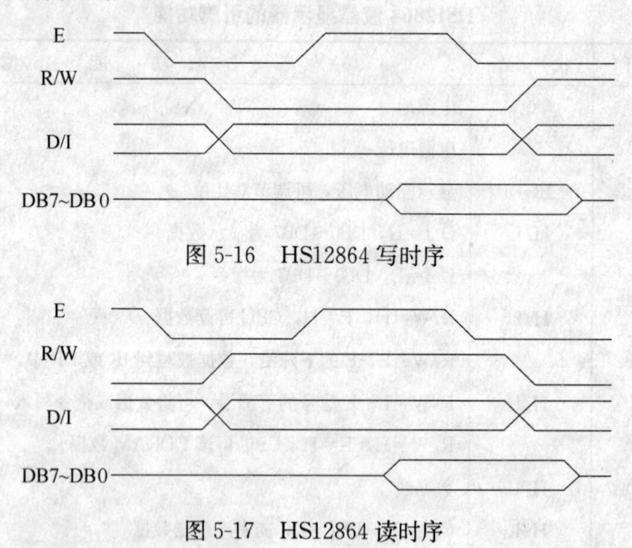

图 5-16　HS12864 写时序

图 5-17　HS12864 读时序

5.3.3.6　HS12864 与 MCS-51 单片机的接口

MCS-51 单片机与 HS12864 的接口有多种方式可供选择。根据实际的系统，可用单片机直接与 HS12864 相连，也可通过扩展 I/O 与 HS12864 相连。图 5-18 是 MCS-51 单片机直接与 HS12864 接口的电路图。

其中，数据线由 89C55WD 单片机的 P1 口提供；控制线使用 6 条，分别是 D/I、R/W、E、CS1、CS2、RET，它们由单片机的 P3.2～P3.7 控制。图中的电位器是调节显示器对比度的。

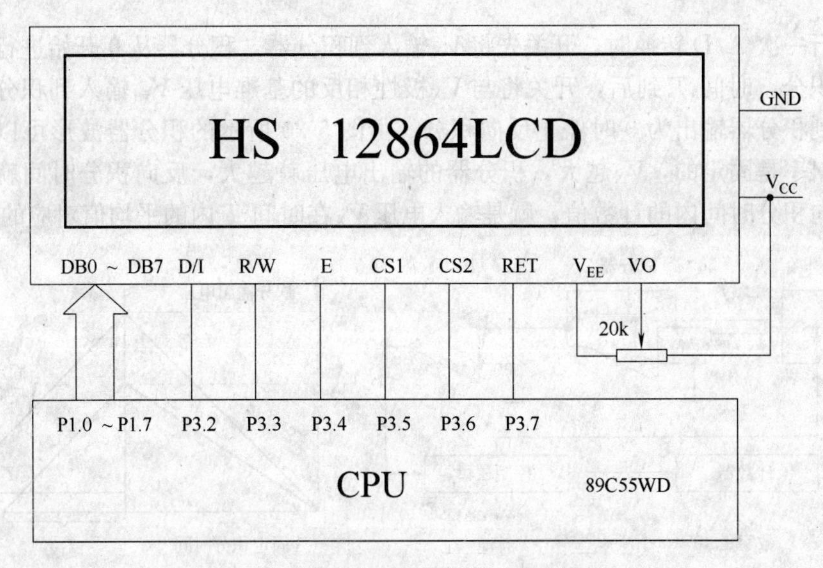

图 5-18　HS12864LCD 与单片机直接接口

5.4　A/D 转换芯片与单片机接口

在一个实际的单片机应用系统中，往往要将外部的模拟量采集到单片机中，由于 MCS-51 单片机只能对数字量进行处理，因而 MCS-51 单片机在对模拟量进行处理时要用到将模拟量转换成数字量的器件，这种器件称之为 A/D 转换器。模拟量一般是电压、电流等信号，有的物理量是声、光、压力、温度、湿度等随时间连续变化的物理量。非电的模拟量可通过合适的传感器转换成电信号。

将模拟量转换成数字量的方法有很多，根据转换原理，有逐次逼近式、双积分式、压频变换式、电压时间式等。

衡量 A/D 性能的主要参数如下：

① 分辨率：即输出的数字量变化一个 LSB 值时，输入模拟量的变化值。

② 满量程误差：即输出全为 1 时，输入的电压与理想输入量之差。

③ 转换速率：完成一次 A/D 采样的时间。

④ 转换精度：实际 A/D 结果与理想值之差。

⑤ 与 CPU 之间的接口方式：有并行口方式和串行口方式。

5.4.1　A/D 转换器的原理

A/D 转换器根据转换方式，分为逐次逼近式、双积分式、压频变换式等。

5.4.1.1　双积分式 A/D 转换器的工作原理

双积分式 A/D 转换器由电子开关、积分器、比较器和控制逻辑组成，如图 5-19 所示。

双积分式 A/D 是将被测电压 V_X 转换成时间来间接测量的，因此双积分式 A/D 也称为 V-T 型 A/D。

在进行一次 A/D 转换时，开关先将 V_X 输入到积分器，积分器从 0 开始进行固定时间 T 的正向积分，时间 T 到后，开关将与 V_X 极性相反的基准电压 V_{ref} 输入到积分器进行反向积分，到积分器输出为 0 时停止反向积分。由图 5-20 所示的积分器波形可以看出：反向积分的斜率是固定的，V_X 越大，积分器的输出电压就越大，反向积分时间就越长。计数器在反向积分时间内的计数值，就是输入电压 V_X 在时间 T 内的平均值对应的数字量。

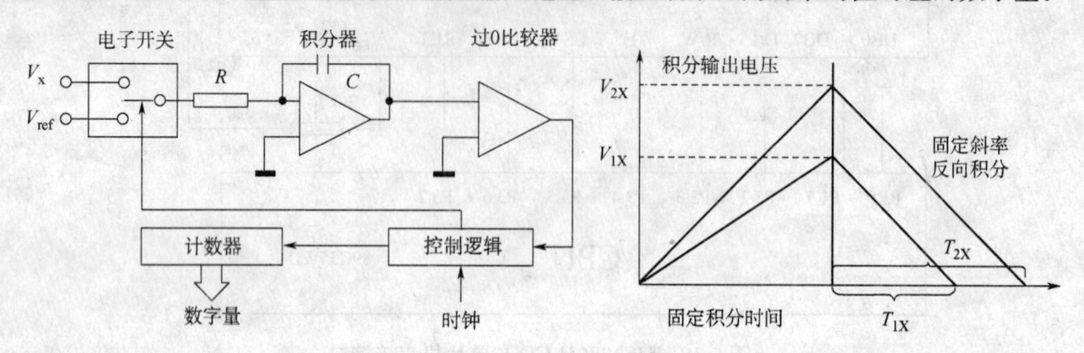

图 5-19　双积分 A/D 电路结构

图 5-20　积分输出波形

由于这种 A/D 要经历正、反两次积分，故转换速度较慢。

常用的双积分 A/D 转换集成电路有 MC14433、ICL7135 等。

5.4.1.2　逐次逼近式 A/D 转换器的工作原理

逐次逼近式 A/D 转换也称逐次比较式 A/D。它由结果寄存器、D/A、比较器和置位控制逻辑等部件组成，如图5-21 所示。

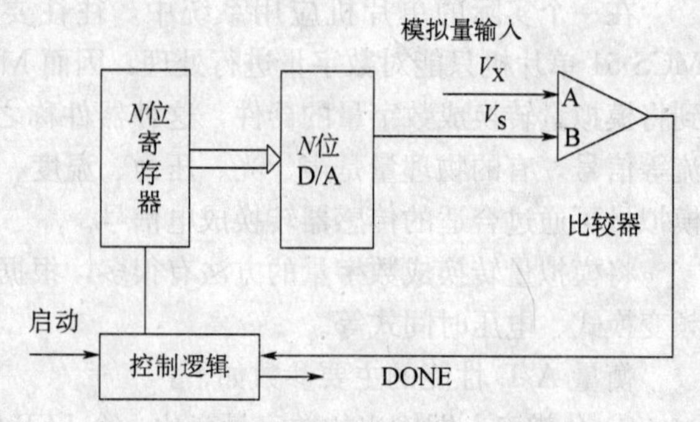

图 5-21　逐次逼近式 A/D 电路

这种 A/D 采用对分搜索法逐次比较、逐步逼近的原理来转换，整个转换过程是个“试探”过程。

控制逻辑先置 1 结果寄存器最高位 D_{n-1}，然后经 D/A 转换得到一个占整个量程 1/2 的模拟电压 V_S，比较器将 V_S 和模拟输入量 V_X 比较，若 $V_X > V_S$ 则保留 D_{n-1}（为 1），否则清“0” D_{n-1} 位；然后，控制逻辑置 1 结果寄存器次高位 D_{n-2}，连同 D_{n-1} 一起送 D/A 转换，得到的 V_S 再和 V_X 比较，以决定 D_{n-2} 位保留为 1 还是清 0，依次类推。最后，D_0 连同前面的 D_{n-1}、D_{n-2}、…D_1 一起送 D/A 转换，转换得到的结果 V_S 和 V_X 比较，决定 D_0 保留为 1 还是清 0。至此，结果寄存器的状态便是与输入的模拟量 V_X 对应的数字量。

常用的逐次逼近式 A/D 转换器有 ADC0809、ADC0816、ADC1210、AD574 等。

5.4.1.3　压频（V/F）变换法 A/D 的工作原理

压频变换法 A/D 的工作原理是将电压信号转换成频率信号。它具有良好的精度、线性和积分输入特点；此外，它的电路简单，对外围器件要求不高，适应环境能力强；转换速度可与双积分式 A/D 相比，且价格低。因此，压频转换式 A/D 得到广泛的应用。

用V/F实现A/D转换需要与计数器相配合使用，电路框图如图5-22所示。

原理如下：同时启动计数器与定时器，计数器将V/F输出的频率信号作为计数脉冲，定时器用基准频率作为定时脉冲，当定时结束时，定时器输出信号使计数器停止计数。计数器的计数值与频率之间的关系为：

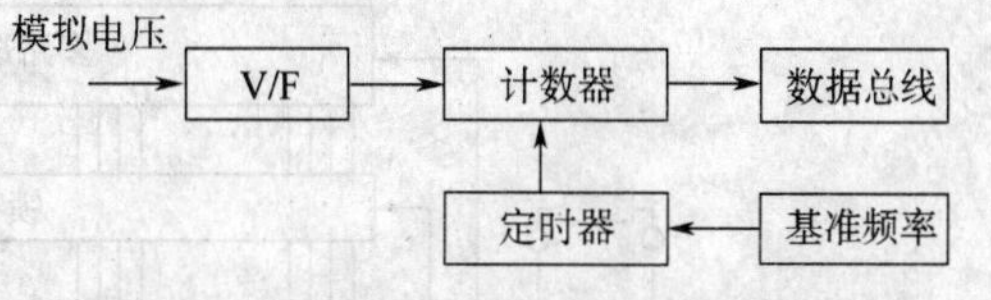

图5-22 用V/F实现A/D的结构框图

$$f=\frac{D}{T} \tag{5-1}$$

式中 D——计数值

T——计数时间

只要知道计数值 D 及计数时间 T 就能算出频率 f，并根据频率计算出模拟电压。

5.4.2 常用的A/D转换器

常用的A/D转换器有很多种，表5-7列出了不同种类的A/D转换器的型号及基本性能。

表5-7 常用A/D转换器的型号及性能

型 号	转换方式	接口方式	转换精度	型 号	转换方式	接口方式	转换精度
ADC0809	逐次逼近	并行口	8路8位	TLV1572	逐次逼近	串行口	1路10位
TLC0831	逐次逼近	串行口	1路8位	TLC2543	电容逼近	串行口	11路12位
TLC0834	逐次逼近	串行口	4路8位	AD7888	逐次逼近	串行口	8路12位
AD7705	Σ－△	串行口	2路16位	AD7714	和差转换	串行口	6路24位
MC14433	双积分	BCD码	三位半	ICL7135	双积分	BCD码	四位半

5.4.2.1 双积分型A/D转换器MC14433

MC14433是三位半A/D转换器，它是一种双积分型的A/D转换器，具有精度高(相当于11位二进制数)、抗干扰性好等优点，其缺点为转换速度慢，约1～10次/秒。在不要求高速转换的场合被广泛使用（如温度控制系统中）。MC14433与国内的5G14433完全相同，可以互换。

MC14433 A/D转换器的输入电压范围为0～199.9mV或0～1.999V两种，与之对应的基准电压相应为＋200mV或＋2V两种，转换结果以BCD码形式分4次送出。

(1) MC14433的功能框图

MC14433的功能框图如图5-23所示。

(2) MC14433引脚功能

MC14433引脚如图5-24所示，具体功能如下：

① V_{AG}——模拟地，被测电压与参考电压接地端。

② V_{REF}——外接参考电压（2V或200mV）输入端。

③ V_X——被测电压输入端。

④ R_1、R_1/C_1、C_1——外接阻容元件端。

⑤ C_{01}、C_{02}——外接失调补偿端。

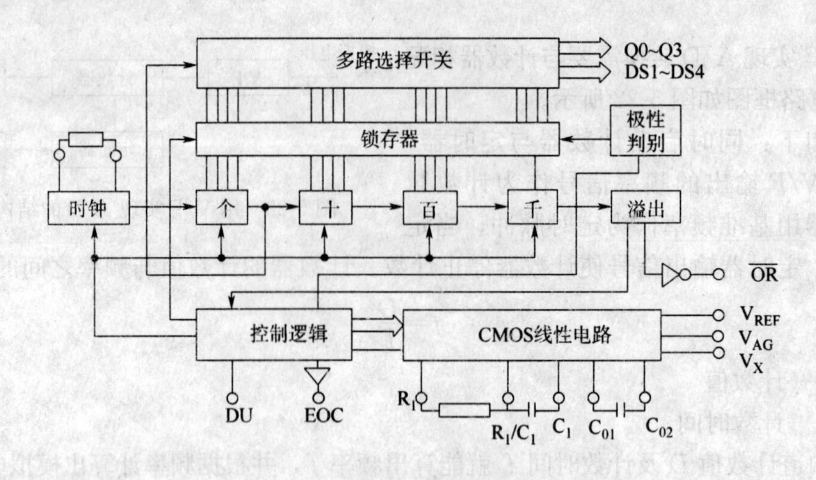

图 5-23　MC14433 的功能逻辑框图

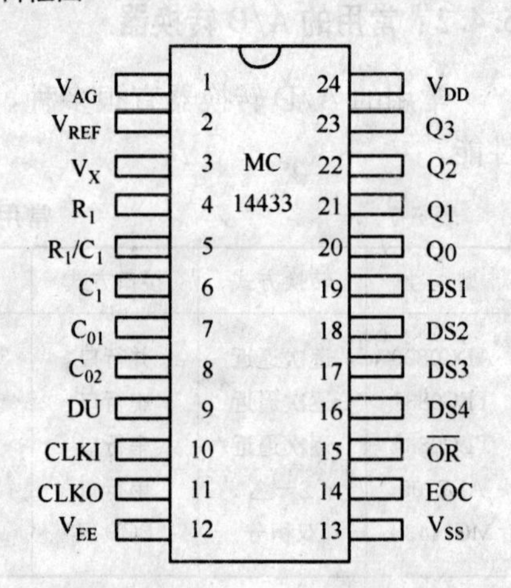

图 5-24　MC14433 引脚图

⑥ DU——更新转换结果输出的输入端。当 DU 和 EOC 连接时，每次 A/D 转换结果都被更新。

⑦ CLKI 和 CLKO——时钟振荡器外接电阻 R_C端。

⑧ V_{EE}——模拟部分的负电源，接－5V。

⑨ V_{SS}——数字地。

⑩ EOC——转换结束标志输出。每当转换结束，EOC 输出一个宽度为时钟周期 1/2 的正脉冲。

⑪ $\overline{OR}$——过量程标志输出。当输入电压大于参考电压时，$\overline{OR}$输出低电平。

⑫ DS1～DS4——多路选通脉冲输出端。DS1 对应千位，DS2 对应百位，DS3 对应十位，DS4 对应个位。每个选通脉冲宽度为 18 个时钟周期，两个脉冲之间为两个时钟周期。其输出波形如图 5-25 所示。

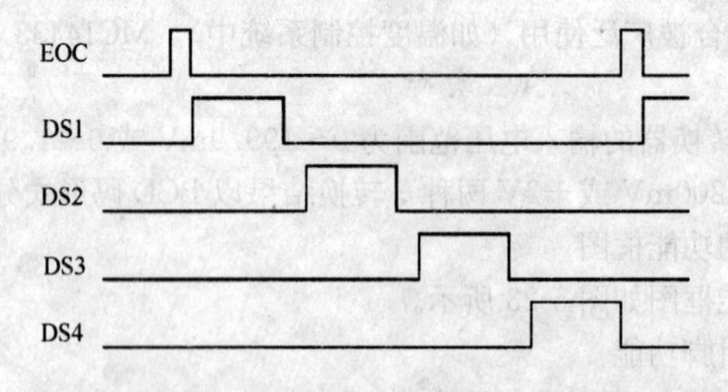

图 5-25　MC14433 选通脉冲时序图

⑬ Q0～Q3——BCD 码数据输出线。其中 Q0 为最低位，Q3 为最高位。当 DS2～DS4 选通期间，输出三位完整的 BCD 码；但在 DS1 选通期间，输出端Q0～Q3 除了表示个位 0 或 1 外，还表示转换值的正负极性（Q2＝1 为正）和欠量程还是过量程，其含义如表 5-8所示。

由表 5-8 可知：Q3 表示 1/2 位，Q3＝0 对应 1，反之对应 0；Q2 表示极性，Q2＝1 为正极性，反之为负极性；Q0＝1 表示超量程，当 Q3＝0 时是过量程，Q3＝1 时是欠量程。

⑭ V_{DD}——正电源端。

表 5-8　　　　DS1 与 Q0～Q3 对应关系表

DS1 选通时的高位含义	Q3	Q2	Q1	Q0
＋　0	1	1	1	0
－　0	1	0	1	0
＋　0　欠量程	1	1	1	1
－　0　欠量程	1	0	1	1
＋　1	0	1	0	0
－　1	0	0	0	0
＋　1　过量程	0	1	0	1
－　1　过量程	0	0	0	1

5.4.2.2　逐次逼近型 A/D 转换器 ADC0809

ADC0809 是 8 位 A/D 转换芯片，它是采用逐次逼近的方法完成 A/D 转换的。

(1) ADC0809 的功能框图

ADC0809 的内部结构如图 5-26 所示。

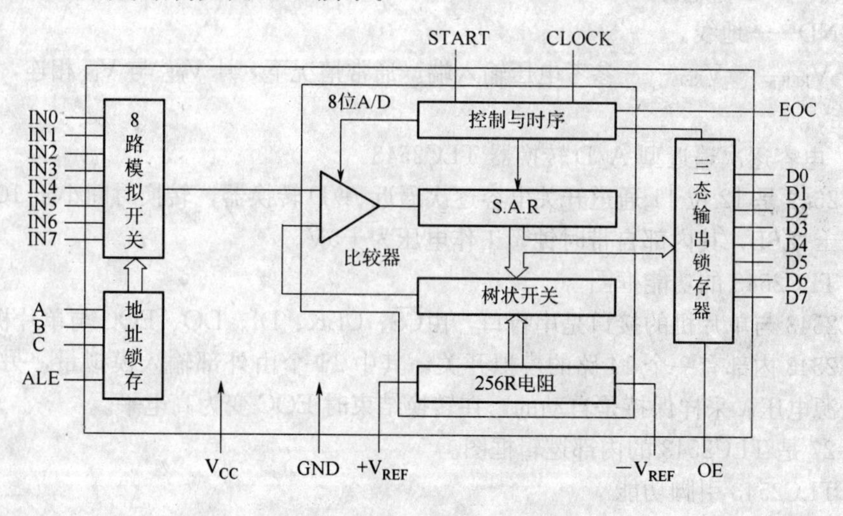

图 5-26　ADC0809 的逻辑框图

ADC0809 由单一的＋5V 电源供电；片内带有锁存功能的 8 路模拟开关，可对 8 路 0～5V 的输入模拟电压信号分时进行转换，完成一次转换约需 100μs；片内具有多路开关的地址译码器和锁存电路，稳定的比较器，256R 电阻 T 型网络和树状电子开关以及逐次逼近寄存器。输出具有 TTL 三态锁存缓冲器，可直接与单片机的数据线相连。

(2) ADC0809 引脚功能

① IN0～IN7——模拟量输入，用于输入被转换的模拟量。

② ALE——通道锁存信号，高电平有效。在高电平时将通道选择 A、B、C 锁存。

③ A、B、C——通道选择，用于选择模拟通道。被选模拟通道与 A、B、C 的关系如表5-9所示。

表 5-9　　被选模拟通道与 ABC 关系

被选模拟通道	A	B	C
IN0	0	0	0
IN1	0	0	1
IN2	0	1	0
IN3	0	1	1
IN4	1	0	0
IN5	1	0	1
IN6	1	1	0
IN7	1	1	1

④ D0～D7——数字量输出，是转换后的数字量。

⑤ START——启动转换信号，正脉冲启动 ADC0809 开始转换。

⑥ EOC——转换结束信号。高电平时表示转换结束，通知 CPU 可以读数据。

⑦ OE——输出允许信号，由 CPU 送来。高电平时数据出现在 D0～D7 数据线上。

⑧ CLOCK——工作时钟输入端。其频率为 640kHz。

⑨ V_{CC}——工作电源，+5V。

⑩ GND——地线。

⑪ $+V_{REF}$、$-V_{REF}$——参考电压输入端。通常情况下，$+V_{REF}$与 V_{CC}相连，$-V_{REF}$与 GND 相连。

5.4.2.3　电容逐次逼近型 A/D 转换器 TLC2543

TLC2543 是 12 位 11 通道开关电容逐次逼近 A/D 转换器，转换时间小于 10μs，线性误差小于±1LSB，其内部自带时钟，工作电压为+5V。

(1) TLC2543 的功能框图

TLC2543 与单片机的接口是串行口，由$\overline{CS}$、CLK、DI、DO、EOC 与单片机接口。

TLC2543 内部有一个 14 路的模拟开关，其中 11 个由外部输入模拟量，另 3 个在内部测试电源电压。采样保持是自动的，在转换结束时 EOC 变为高电平。

图 5-27 是 TLC2543 的内部逻辑框图。

(2) TLC2543 引脚功能

① IN0～IN10——模拟量输入。对 4.1MHz 的时钟，驱动源的阻抗必须小于 50Ω。

② DI——串行数据输入。用一个 4 位的串行地址来选择下一个即将被转换的模拟输入或测试电压。串行数据以 MSB 为前导，并在 CLK 的前 4 个上升沿被移入。

③ DO——用于 A/D 转换结果输出的三态串行输出端。DO 在$\overline{CS}$为高时处于高阻态，而当$\overline{CS}$为低时处于激活状态。$\overline{CS}$一旦有效，按照前次转换结果的 MSB/LSB，将 DO 从高阻态转变为相应的逻辑电平。CLK 的下降沿将根据下一个 MSB/LSB 将 DO 驱动成相应的电平，余下的各位依次移出。

④ CLK——串行同步时钟。CLK 有四个功能：前 8 个上升沿，它将 8 个数据位移入

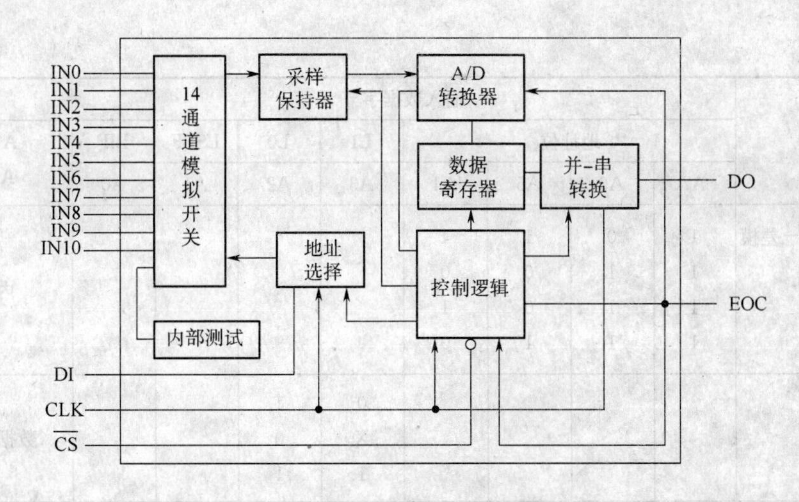

图 5-27　TLC2543 的内部逻辑框图

到输入数据寄存器，在第 4 个上升沿之后为多路地址；在第 4 个 CLK 的下降沿，在选定多路器的输入端上的模拟电压开始向电容器充电，并持续到 CLK 的最后一个下降沿；在 CLK 的下降沿，将前一次转换的数据的其余的 11 位移出到 DO 端；在 CLK 的最后一个下降沿，将转换的控制信号传送到内部的状态控制位。

⑤ $\overline{CS}$——芯片选择，低电平有效。一个由高到低的变化将复位内部计数器，并控制 DO、DI 和 CLK 信号；一个由低到高的变化，将在一个设置时间内禁止 DI 和 CLK 信号。

⑥ EOC——转换结束信号。在最后的 CLK 下降沿后，EOC 从高电平变为低电平并保持低电平直到转换完成及数据准备传输，EOC 由低电平变为高电平。

⑦ REF＋、REF－——基准电压端。通常情况下，REF＋接 V_{CC}，REF－接 GND。

在 TLC2543 内部有一个 8 位的寄存器，高 4 位 A7～A4 是通道选择；A3、A2 是控制输出数据长度的；A1 是控制输出顺序的，可控制低位在前或高位在前；A0 控制数据的极性。详细说明如表 5-10 所示。

表 5-10　　输入寄存器格式

功能选择	输入数据字节								注释
	地址位				L1	L0	LSBF	BIP	A7＝MSB A0＝LSB
	A7	A6	A5	A4	A3	A2	A1	A0	
IN0	0	0	0	0					
IN1	0	0	0	1					
IN2	0	0	1	0					
IN3	0	0	1	1					
IN4	0	1	0	0					
IN5	0	1	0	1					选择输入通道
IN6	0	1	1	0					
IN7	0	1	1	1					
IN8	1	0	0	0					
IN9	1	0	0	1					
IN10	1	0	1	0					

续表

功能选择	输入数据字节								注释
	地址位				L1	L0	LSBF	BIP	A7=MSB A0=LSB
	A7	A6	A5	A4	A3	A2	A1	A0	
REF+与REF-差模	1	0	1	1					内部测试
REF-单端	1	1	0	0					
REF+单端	1	1	0	1					
软件断电	1	1	1	0					
输出8位					0	1			数据输出长度
输出12位					X	0			
输出16位					1	1			
MSB（高位）在前							0		输出顺序
LSB（低位）在前							1		
单极性（二进制）								0	极性选择
双极性（2的补码）								1	

（3）TLC2543的工作时序

图5-28是TLC2543的读写时序，输出数据长度为16位，高位在前。

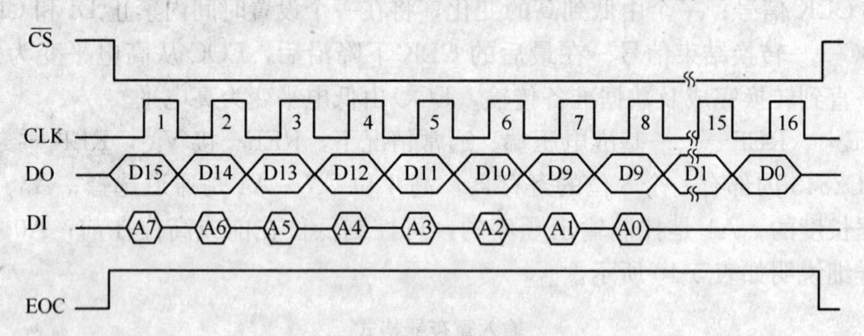

图5-28　TLC2543的读写时序

由于TLC2543在写下一次转换的通道时其数据也同时输出，所以在使用无SPI接口的CPU与TLC2543接口时，需注意这一特性。

5.4.3　MCS-51单片机与A/D转换器的接口

MCS-51单片机与A/D转换器的接口通常可以采用查询和中断两种方式。采用查询方式传送数据时，MCS-51单片机应对EOC线状态进行查询，若为低电平，表示A/D正在转换；当EOC由低电平转为高电平时，表示A/D已转换完毕，此时可以读数据。采用中断方式时，EOC应接在MCS-51单片机的外部中断输入线上（$\overline{INT0}$或$\overline{INT1}$），CPU响应中断后，应在中断程序中读取转换结果。

以下介绍MCS-51单片机与并行A/D的接口及串行A/D的接口。

5.4.3.1　MCS-51单片机与ADC0809的接口

由于ADC0809内部有一个8位的三态输出缓冲寄存器，可以锁存转换后的数字量，所以 ADC0809 可以直接与 MCS-51 单片机接口，也可通过扩展 I/O 与其接口。

(1) 直接接口

如图 5-29 所示，是 MCS-51 单片机与 ADC0809 采用直接相连的方式，不用全地址译码方式。在图中，ADC0809 的转换结果数字量输出线与 MCS-51 单片机的 P0 口相连，通道选择用 P2.0、P2.1、P2.2 分别对应 ADC0809 的 A、B、C；P2.3 与 START 相连，ADC0809 的转换结束线 EOC 与 MCS-51 单片机的 P3.2 ($\overline{INT0}$) 相连，P3.7 与 OE 相连；ADC0809 的工作时钟 CLOCK 与单片机的 ALE 相连。

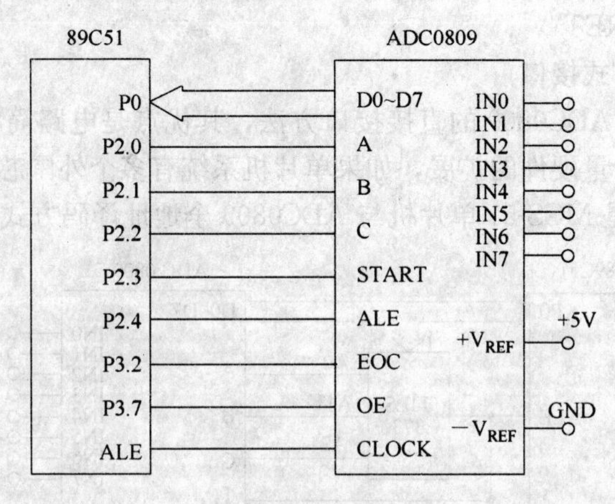

图 5-29 MCS-51 单片机与 ADC0809 直接接口

根据图 5-29 的电路可编写 A/D 采样的程序。通道号放在 R2 中，采集结果放在 30H～37H中，起始通道号为 0。

```
START        BIT      P2.3
EOC          BIT      P3.2
ALE          BIT      P2.4
OE           BIT      P3.7
ADC0809:     MOV      R2，#0               ；设起始通道号
             MOV      R0，#30H             ；设数据缓冲区
ADC0809_1:
             MOV      A，R2
             MOV      P2，A                ；写通道号
             SETB     ALE
             NOP
             CLR      ALE
             INC      R2
             SETB     START                ；发启动转换脉冲
             NOP
             NOP
             CLR      START
             JNB      EOC，$               ；等待转换结束
```

```
        CLR     OE
        MOV     A，P0                   ；读转换数据
        SETB    OE
        MOV     @R0，A                  ；暂存数据
        INC     R0
        CJNE    R2，#08H，ADC0809_1；8个通道没转换完，转换
                                          下一个通道
        RET
```

(2) 全地址译码方式接口

MCS-51单片机与ADC0809的直接接口方法，其优点是电路简单，无需增加其它硬件。这种方式只适合少量硬件的扩展，如果单片机系统有多个外围芯片时则只能采用全地址译码方式。图5-30是MCS-51单片机与ADC0809全地址译码方式的接口电路。

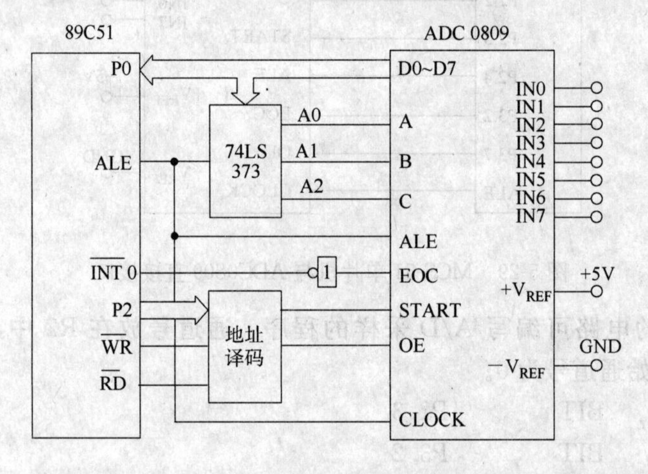

图5-30　MCS-51与ADC0809全地址译码方式接口电路

在图5-30中，ADC0809的数据输出与MCS-51单片机的P0口相连，通道选择A、B、C分别接地址线的A0、A1、A2；转换结束信号EOC经反向后接到单片机的外部中断0（$\overline{INT0}$）上；启动转换信号START及OE是一个地址，但START只有在写操作时有效，OE在读操作时有效。

以下程序是根据图5-30编写的ADC0809采样汇编语言程序。ADC0809的地址是8000H～8007H，通道号在R2中，采样后的结果存放到30H～37H中。在程序中启动ADC0809的同时将通道号写到ADC0809中。

```
        ORG     00H
        AJMP    MAIN
        ORG     03H
        AJMP    ADC0809
        ORG     100H
MAIN：  SETB    EA
        SETB    EX0
```

```
        SETB    IT0                    ；设置外部中断 0 为边沿方式，允
                                         许中断
        MOV     R2,，#0                ；设置通道号
        MOV     R0，#30H               ；设置暂存首址
        MOV     DPTR，#8000H           ；启动 ADC0809
        MOVX    @DPTR，A
        AJMP $                         ；等待 ADC0809 中断
ADC0809:
        MOVX    A，@DPTR               ；读转换结果
        MOV     @R0，A                 ；暂存转换结果
        INC     R0
        INC     R2                     ；指向下一个通道
        MOV     A，R2
        ORL     A，DPL
        MOV     DPL，A                 ；将通道号合并到地址中
        MOVX    @DPTR，A               ；启动 ADC0809，进行下一次转换
        CJNE    R2，#07H，ADC0809      ；8 个通道没转换完
        MOV     R2，#0
        MOV     R0，#30H
        RETI                           ；8 个通道全部转换完毕，返回
```

在上述程序中，由于在主程序中启动的是 0 通道，因而在中断服务程序中从 1 通道开始处理。

5.4.3.2　MCS-51 单片机与 TLC2543 的接口

TLC2543 的接口是典型的 SPI 接口，它与 MCS-51 单片机相连接时，其硬件电路要比 ADC0809 简单得多。但是，由于 MCS-51 没有标准的 SPI 接口，只能在程序中模仿 SPI 的操作方式对 TLC2543 进行操作，因而程序要复杂一些。MCS-51 单片机与 TLC2543 的接口电路如图 5-31 所示。

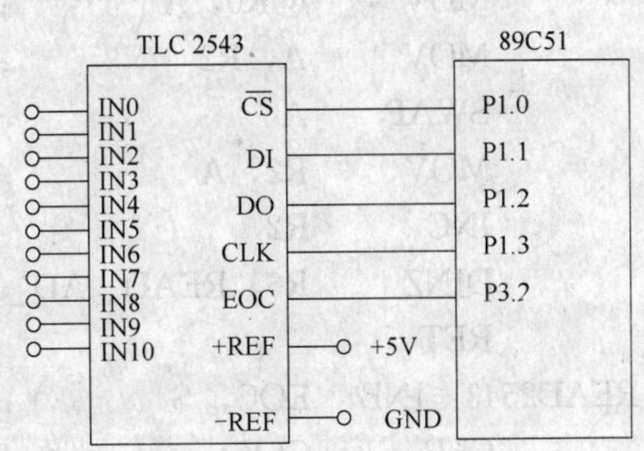

图 5-31　MCS-51 单片机与 TLC2543 的接口电路

在图 5-31 中，TLC2543 转换结束信号 EOC 是接在单片机的 P3.2（$\overline{\text{INT0}}$）上的。这样连接的目的是，设计程序时既可以采用查询方式又可以采用中断方式。

下面的程序是采用查询方式读 TLC2543 的 11 个通道的模拟量。通道号在 R2 中，转换结果放到 30H 起始地址的内部 RAM 中。设置 TLC2543 为 12 位方式，高位在前，数据为二进制格式。

```
        CS          BIT   P1.0
        DI          BIT   P1.1
        DO          BIT   P1.2
```

```
        CLK      BIT  P1.3
        EOC      BIT  P3.2
        ORG      00H
        AJMP     MAIN
        ORG      100H
MAIN：  LCALL    READ_AD
        AJMP     MAIN
READ_AD：                        ；读 11 个外部通道子程序
        MOV      R0，#30H        ；设置缓冲区首址
        MOV      R2，#0
        MOV      R6，#11         ；最大采集路数
        LCALL    READ2543        ；空读，第一次启动，数据不准
READ_AD_1：
        MOV      A，R2
        SWAP     A
        MOV      R2，A           ；将通道号的高 4 位与低 4 位交换，低 4 位为
                                 通道号，高 4 位为数据长度、数据格式等
        LCALL    READ2543
        MOV      A，R3
        MOV      @R0，A
        INC      R0
        MOV      A，R4
        MOV      @R0，A          ；保存数据
        MOV      A，R2           ；将 R2 的高低 4 位交换，以便通道号加 1
        SWAP     A
        MOV      R2，A
        INC      R2
        DJNZ     R6，READ_AD_1
        RET
READ2543：JNB    EOC，$          ；等待 TLC2543 转换完毕
        CLR      CLK             ；清 I/O 时钟
        SETB     CS              ；设置片选为高
        CLR      CS              ；设置片选为低
        MOV      R7，#08         ；先读高 8 位
        MOV      A，R2           ；把方式/通道控制字放到 A
READ_1：
        MOV      C，DO           ；读转换结果
        RLC      A               ；A 寄存器左移，移入结果数据位，移出方
                                 式/通道控制位
```

```
        MOV     DI, C           ; 输出方式/通道位
        SETB    CLK             ; 设置 I/O 时钟为高
        CLR     CLK             ; 清 I/O 时钟
        DJNZ    R7, READ_1      ; R7 不为 0, 则返回 READ_1
        MOV     R3, A           ; 转换结果的高 8 位放到 R3 中
        MOV     A, #00H         ; 复位 A 寄存器
        MOV     R7, #04         ; 再读低 4 位
READ_2:
        MOV     C, DO           ; 读转换结果
        RLC     A               ; A 寄存器左移, 移入结果数据位
        SETB    CLK             ; 设置 I/O 时钟为高
        CLR     CLK             ; 清 I/O 时钟
        DJNZ    R7, READ_2      ; R7 不为 0, 则返回 LOP2
        MOV     R4, A           ; 转换结果的低 4 位放到 R4 中
        SETB    CS              ; 设置片选为高
        RET
        END
```

MCS-51 单片机在读 TLC2543 转换结果时，除了可用查询方式和采用中断方式外，有时也可采用定时方式。由于 TLC2543 转换较快，一般情况下，每隔一段时间读一次已能完全满足要求。

5.5 D/A 转换芯片与单片机接口

D/A 转换器是单片机系统中常用模拟输出的必备电路，基本的 D/A 由电压基准或电流基准、精密电阻网络、电子开关及全电流求和电路构成。选择一个好的 D/A 转换器有三个重要指标：分辨率、准确度和转换速度。另外，还要考虑其基本要求：温度稳定性、输入编码、输出方式、基准和功耗等。

D/A 转换器的动态指标如下：

① 分辨率：当输入的数字信号发生单位数码变化，即最低位产生一次变化时，所对应的输出模拟量的变化量即为分辨率。在实际应用中，更常用的方法是用输入的数字量的位数来表示分辨率。如 8 位二进制的 D/A 转换器，常简称为分辨率为 8 位。

② 精度：如果不考虑 D/A 的转换误差，D/A 转换的精度为其分辨率的大小。因此，要获得一定精度的 D/A 转换结果，首要条件是选择有足够分辨率的 D/A 转换器。当然，D/A 转换的精度不仅与 D/A 转换器本身有关，也与外电路以及电源有关。影响转换精度的主要误差因素有失调误差、增益误差、非线性误差和微分非线性误差等。

③ 建立时间：建立时间是描述 D/A 转换速度快慢的一个重要指标，它是指输入的数字量变化后，输出模拟量稳定到相应的数字范围内（±0.5LSB）所需的时间。

④ 尖峰：尖峰是输入的数字量发生变化时产生的瞬时误差。通常尖峰的转换时间很

短，但幅度很大。在许多场合是不允许有尖峰存在的，应采取措施予以消除。

在选择 D/A 转换器时，不仅要考虑上述性能指标，还要考虑 D/A 转换芯片的结构特性和应用特性。需要考虑的特性如下：

① 数字输入特性：是串行输入还是并行输入以及逻辑电平等。

② 模拟输出特性：是电流输出还是电压输出以及输出的范围等。

③ 锁存特性及转换特性：是否具有锁存功能，是单缓冲还是双缓冲，如何启动转换等。

④ 参考电压：是内部参考电压还是外部参考电压，其大小如何，极性如何等。

⑤ 电源：功耗的大小，是否具有低功耗的模式，正常工作时需要几组电源及电压的高低等。

5.5.1 D/A 转换器的原理

D/A 转换器可以直接从 MCS-51 单片机输入数字量，并经一定的方式转换成模拟量。通常情况下，D/A 转换器输出的模拟量与输入的数字量是成正比关系的，有如下关系式：

$$V_{OUT}=B\cdot V_R \tag{5-2}$$

式中　V_R——常量，由参考电压 V_{REF} 决定

B——数字量，为一个二进制数

数字量 B 一般为 8 位、10 位、16 位等，它由 D/A 转换器的具体型号决定。B 为 n 位时的通式为：

$$B=b_{n-1}b_{n-2}\cdots b_1b_0=b_{n-1}\times 2^{n-1}+b_{n-2}\times 2^{n-2}+\cdots+b_1\times 2^1+b_0\times 2^0 \tag{5-3}$$

式中　b_{n-1}——B 的最高位

b_0——B 的最低位

D/A 转换器的原理很简单，它将数字量的每一位按权值分别转换成模拟量，再通过运算放大器求和相加。因此，D/A 转换器内部有一个解码网络，以实现按权值分别进行 D/A 转换。

解码网络有两种：一种是二进制加权网络，另一种是 T 型网络。在二进制加权电阻网络中，每位二进制位的 D/A 转换是通过相应的位加权电阻实现的，这种方法将使加权电阻的阻值差别极大，如果 D/A 转换器的位数较大时就很难实现。在集成电路制造中，电阻的阻值不能做得很大，就是能制造出来其精度也不能保证。因此，现代的 D/A 转换器几乎毫无例外地采用 T 型网络进行解码。

下面以 4 位 D/A 转换器为例加以介绍，图 5-32 是其原理图。图中虚框内为 T 型电阻网络（桥上电阻为 R，桥臂电阻为 $2R$）；OA 为运算放大器；A 点为虚拟地；V_{REF} 为参考电压；S_3～S_0 为电子开关，受 4 位 DAC 寄存器中的 $b_3b_2b_1b_0$ 控制。为了分析问题，设 $b_3b_2b_1b_0$ 全为 1，故 $S_3S_2S_1S_0$ 全部和 1 端相连，根据克希荷夫定律，关系式（5-4）～式(5-7) 成立。

$$I_3=\frac{V_{REF}}{2R}=2^3\times\frac{V_{REF}}{2^4R} \tag{5-4}$$

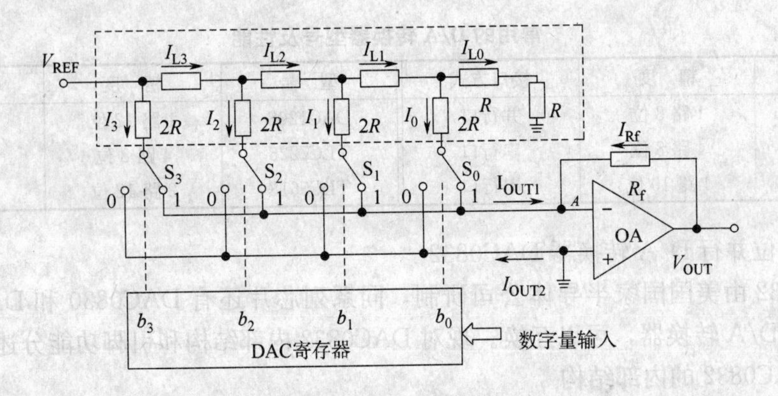

图 5-32　T 型电阻网络 D/A 转换器

$$I_2=\frac{I_3}{2}=2^2\times\frac{V_{REF}}{2^4R} \tag{5-5}$$

$$I_1=\frac{I_2}{2}=2^1\times\frac{V_{REF}}{2^4R} \tag{5-6}$$

$$I_0=\frac{I_1}{2}=2^0\times\frac{V_{REF}}{2^4R} \tag{5-7}$$

事实上，S_3～S_0的状态是受 $b_3b_2b_1b_0$ 控制的，并一定全为 1。若它们中有些位为 0，S_3～S_0中相应的开关与 0 端相接而无电流流入 A 点。因此，可以得到公式（5-8）：

$$\begin{aligned}I_{OUT}&=b_3\cdot I_3+b_2\cdot I_2+b_1\cdot I_1+b_0\cdot I_0\\&=(b_3\times2^3+b_2\times2^2+b_1\times2^1+b_0\times2^0)\times\frac{V_{REF}}{2^4R}\end{aligned} \tag{5-8}$$

选取 $R_f=R$，并考虑 A 点为虚地，故

$$I_{Rf}=-I_{OUT1} \tag{5-9}$$

因此，可以得到：

$$V_{OUT}=I_{Rf}=-(b^3\times2^3+b_2\times2^2+b_1\times2^1+b_0\times2^0)\times\frac{V_{REF}}{2^4R}\times R_f=-B\times\frac{V_{REF}}{16} \tag{5-10}$$

对于 n 位 T 型电阻网络，可得式（5-11）：

$$\begin{aligned}V_{OUT}&=-(b_{n-1}\times2^{n-1}+b_{n-2}\times2^{n-2}+\cdots+b_1\times2^1+b_0\times2^0)\times\frac{V_{REF}}{2^nR}\times R_f\\&=-B\times\frac{V_{REF}}{2^n}\end{aligned} \tag{5-11}$$

上述讨论表明：D/A 转换过程主要由解码网络实现，而且是并行工作的。换句话说，D/A 转换器并行输入数字量，每位代码同时被转换成模拟量。这种转换方式的速度快，一般为微秒级，有的可达几十纳秒。

5.5.2　常用的 D/A 转换器

常用的 D/A 转换器的型号和功能如表 5-11 所示。目前，单片机系统常用的 D/A 转换器转换精度有 8 位、10 位、12 位等；与单片机接口方式有并行接口，也有串行接口。

表 5-11 **常用的 D/A 转换器型号及性能**

型 号	精 度	接口方式	型 号	精 度	接口方式
DAC0832	1 路 8 位	并行口	DAC1208	1 路 12 位	并行口
TLC5620	4 路 8 位	串行口	TLC7226	4 路 8 位	并行口
TLC5615	1 路 10 位	串行口	TLC5618	2 路 12 位	串行口

5.5.2.1 8 位并行 D/A 转换器 DAC0832

DAC0832 由美国国家半导体公司研制，同系列芯片还有 DAC0830 和 DAC0831，它们都是 8 位 D/A 转换器，可以互换。现对 DAC0832 内部结构和引脚功能分述如下。

（1）DAC0832 的内部结构

DAC0832 内部由三部分组成，如图 5-33 所示。8 位输入寄存器用于存放 CPU 送来的数字量，使输入数字量得到缓冲和锁存，由 $\overline{LE1}$ 加以控制。8 位 DAC 寄存器用于存放待转换的数字量，由 $\overline{LE2}$ 控制。8 位 D/A 转换电路由 8 位 T 型电阻网络和电子开关组成，电子开关受 8 位 DAC 寄存器的输出控制，T 型电阻网络能输出与数字量成正比的模拟电流。因此，DAC0832 通常需要外接运算放大器才能得到模拟电压输出。

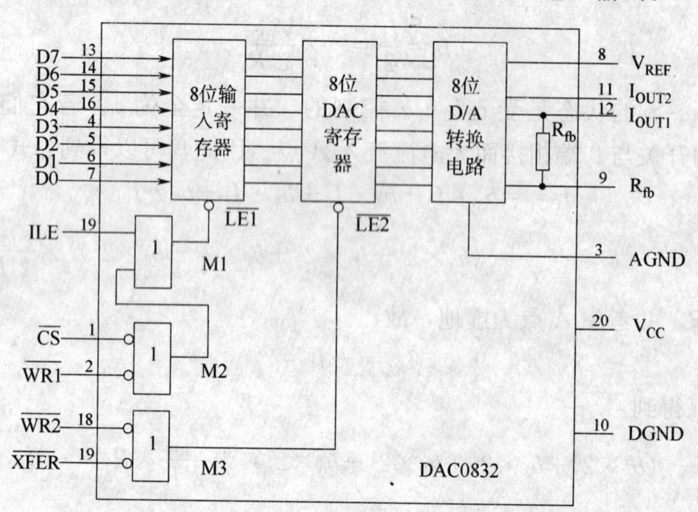

图 5-33 DAC0832 原理框图

（2）DAC0832 的引脚功能

DAC0832 共有 20 只引脚，双列直插封装。各引脚功能如下：

① D0～D7——数字量输入。通常 D0～D7 与单片机的数据总线相连，用于输入 CPU 送来的待转换数字量。

② $\overline{CS}$——片选信号，低电平有效。

③ ILE——数字量输入允许控制。为高电平时，允许输入数字量。

④ $\overline{XFER}$——传送控制输入线，低电平有效。

⑤ $\overline{WR1}$、$\overline{WR2}$——写命令输入线。

$\overline{WR1}$ 用于控制数字量输入到输入寄存器。当 ILE＝1、$\overline{CS}$＝0、$\overline{WR1}$＝0 时，则与门 M1 输出高电平，数据可送到 8 位输入寄存器中，并被锁存。

$\overline{WR2}$ 用于控制 D/A 的转换时刻。当 $\overline{XFER}$＝0、$\overline{WR2}$＝0 时，则 M3 输出高电平，8

位 DAC 寄存器的输出与输入相同。

⑥ R_{fb}——运算放大器的反馈输入。

⑦ I_{OUT1}、I_{OUT2}——模拟电流输出线。$I_{OUT1}+I_{OUT2}$为一常数，若输入数字量全为 1，则 I_{OUT1}为最大，I_{OUT2}为最小；若输入数字量全为 0，则 I_{OUT1}为最小，I_{OUT2}为最大。为了保证输出电流的线性，应将 I_{OUT1}及 I_{OUT2}接到外部运算放大器的输入端上。

⑧ V_{CC}——芯片工作电源，范围是＋5～＋15V。

⑨ V_{REF}——参考电压，范围是－10～＋10V。

⑩ DGND——数字地。

⑪ AGND——模拟地。

5.5.2.2　10 位串行 D/A 转换器 TLC5615

TLC5615 是带有缓冲基准输入的 10 位电压输出 D/A 转换器，该 D/A 的输出电压是基准电压的 2 倍。TLC5615 可在单 5V 电源下工作，且具有上电复位功能以确保可重复启动。TLC5615 与单片机的接口是三线串行通信方式，TLC5615 的数字输入端是施密特触发器，有一定的抗干扰能力。其使用的数字通信协议有 SPI、QSP 等标准。TLC5615 的功耗在 5V 供电时仅为 1.75mW，数据更新速率 1.2MHz，典型的建立时间为 12.5μs。

TLC5615 可广泛应用于电池供电的测试仪器、仪表、工业控制等领域。

(1) TLC5615 的内部结构及引脚

TLC5615 的内部结构如图 5-34（a）所示，它主要由 16 位寄存器、10 位 DAC 寄存器、D/A 转换权电阻网络、基准缓冲器、控制逻辑和 2 倍放大器等组成。其引脚排列如图 5-34（b）所示。

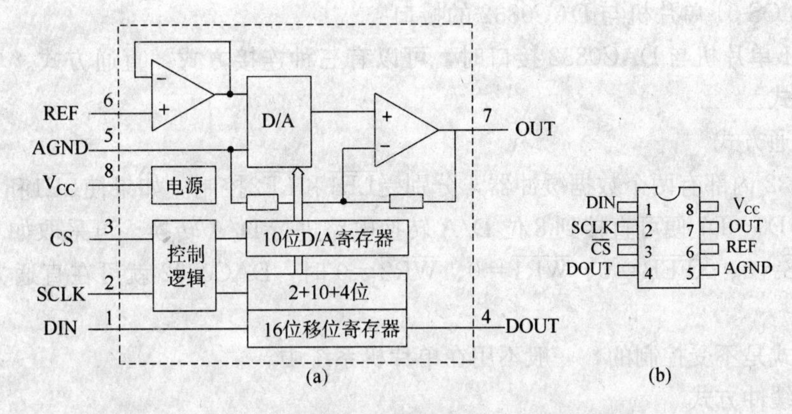

图 5-34　TLC5615 内部结构与引脚排列

① DIN——串行数据输入端。

② SCLK——串行同步时钟输入端。

③ $\overline{CS}$——片选端，低电平有效。

④ DOUT——串行数据输出端，用于多片级联时使用。

⑤ AGND——模拟地。

⑥ REF——参考电压输入。

⑦ OUT——模拟电压输出。

⑧ V_{CC}——工作电压，＋5V。

（2）TLC5615 的工作时序

TLC5615 的工作时序如图 5-35 所示。在不使用多片级联时，可只用 12 位方式，其中前 10 位是数字量，后 2 位是 0。在同步时钟 SCLK 的上升沿时，数据位被移位到 TLC5615 的 16 位移位寄存器中，当 12 位全部移完后，$\overline{CS}$的上升沿启动 TLC5615 开始转换。

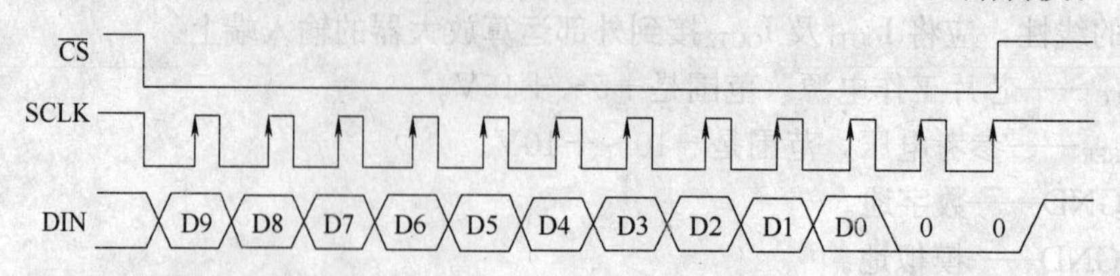

图 5-35　TLC5615 的工作时序

5.5.3 MCS-51 单片机与 D/A 转换器的接口

各种型号的 D/A 转换芯片与单片机的接口方式不尽相同，但基本方式有两种，一种是并行口方式，另一种是串行口方式。并行口方式由于传输数据的速度快，在早期的D/A 转换器及要求高速转换的场合使用仍很广泛。串行接口的 D/A 转换器是近几年才发展起来的，其优点是接口简单、便于扩展、体积小，因而很多单片机开发人员在其开发的单片机系统中广泛使用具有串行接口的 D/A 转换器。

下面分别以 DAC0832 与 TLC5615 为例，介绍 D/A 转换器与 MCS-51 单片机的接口方式。

5.5.3.1　MCS-51 单片机与 DAC0832 的接口

MCS-51 单片机与 DAC0832 接口时，可以有三种连接方式：直通方式、单缓冲方式和双缓冲方式。

（1）直通方式

DAC0832 内部有两个数据缓冲器，分别受$\overline{LE1}$和$\overline{LE2}$控制。如果使$\overline{LE1}$和$\overline{LE2}$均为高电平，数据 D0～D7 便可直接到 8 位 D/A 转换电路进行 D/A 转换。可采取如下方法：使 ILE＝1、$\overline{CS}$＝0、$\overline{XFER}$＝0、$\overline{WR1}$＝0、$\overline{WR2}$＝0 时，DAC0832 就可在直通方式下进行 D/A 转换。

这种方式是不受控制的，一般不用在单片机系统中。

（2）单缓冲方式

单缓冲方式是指 DAC0832 内部的两个数据缓冲器，有一个是处于直通方式，另一个受单片机控制。其方法是：使$\overline{WR2}$＝0、$\overline{XFER}$＝0、$\overline{CS}$与$\overline{WR1}$受单片机控制，如图 5-36 所示。

用 DAC0832 作波形发生器，根据图 5-36，写出产生锯齿波、三角波和方波的程序。其中 DAC0832 的地址是 8000H。

① 锯齿波程序：

```
START：  MOV        DPTR，＃8000H
         MOVX       @DPTR，A
         INC        A
         AJMP       START
```

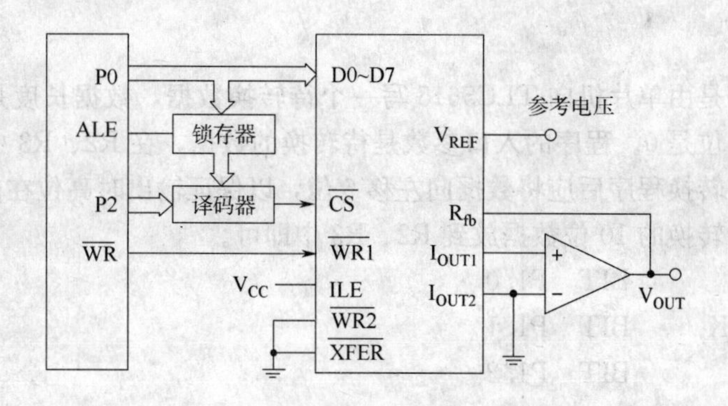

图 5-36　单缓冲方式的 DAC0832

② 三角波程序：

```
START：  MOV      DPTR，#8000H
         MOV      A，#0
UP：     MOVX     @DPTR，A
         INC      A
         CJNE     A，#0FFH，UP
DOWN：   DEC      A
         MOVX     @DPTR，A
         CJNE     A，#0，DOWN
         AJMP     UP
```

③ 方波程序：

```
START：  MOV      DPTR，#8000H
         MOV      A，#7FH
         MOVX     @DPTR，A
         LCALL    DELAY
         MOV      A，#0FEH
         MOVX     @DPTR，A
         LCALL    DELAY
         AJMP     START
```

(3) 双缓冲方式

DAC0832 可在双缓冲方式下工作。在这种方式下，DAC0832 要占两个 I/O 接口。双缓冲方式一般在多片 D/A 要求同时转换时使用，以便使各个 D/A 能同步输出信号。

5.5.3.2　TLC5615 与 MCS-51 单片机的接口

TLC5615 与单片机的接口是串行方式的，因而其接口方式与并行方式相比要简单得多。图5-37 是 TLC5615 与 MCS-51 单片机的接口电路图。

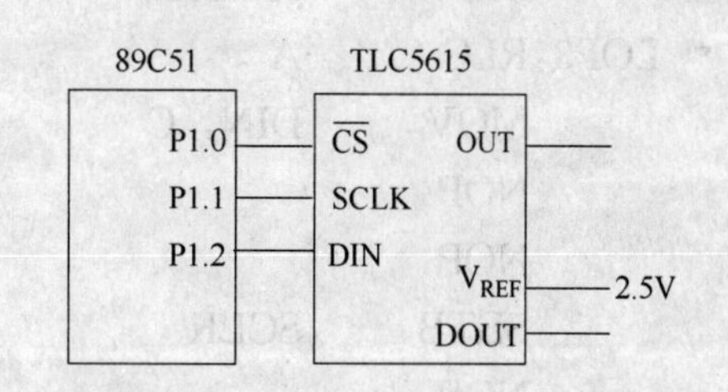

图 5-37　TLC5615 与 MCS-51 单片机接口

TLC5615 在不使用级联方式时 DOUT 引脚可悬空，参考电压小于 2.5V。TLC5615 的模拟量输出引脚是带缓冲的，具有短路保护功能，可驱动 2kΩ 负载。

以下子程序是由单片机向 TLC5615 写一个待转换数据，数据长度是 12 位，前 10 位是有效值，后 2 位是 0。程序的入口参数是待转换的数据，在 R2、R3 中保存。数据是右对齐的，在进入转换程序后应将数据向左移 6 位，以保证输出时高位在前。在调用本子程序前，只要将待转换的 10 位数据放到 R2、R3 中即可。

```
        CS      BIT   P1.0
        SCLK    BIT   P1.1
        DIN     BIT   P1.2
TLC5615_OUT:
        MOV     R7，#6              ；将数据向左移 6 位，使数据左对齐
LOP1:   MOV     A，R3
        RLC     A
        MOV     R3，A
        MOV     A，R2
        RLC     A
        MOV     R2，A
        DJNZ    R7，LOP1
        MOV     A，R2
        MOV     R7，#8
        CLR     CS
        CLR     SCLK
LOP2:   RLC     A                   ；发送高 8 位
        MOV     DIN，C
        NOP
        NOP
        SETB    SCLK
        NOP
        NOP
        CLR     SCLK
        DJNZ    R7，LOP2
        MOV     R7，#4
        MOV     A，R3
LOP3:   RLC     A                   ；发送低 4 位
        MOV     DIN，C
        NOP
        NOP
        SETB    SCLK
        NOP
        NOP
```

```
        CLR     SCLK
        DJNZ    R7，LOP3
        SETB    CS
        SETB    SCLK
        RET
```

5.6 光电耦合驱动接口

5.6.1 晶体管输出型光电耦合器驱动接口

晶体管输出型光电耦合器的受光器是光电晶体管。光电晶体管除了没有使用基极外，跟普通晶体管一样。取代基极电流的是以光作为晶体管的输入。当光电耦合器的发光二极管发光时，光电晶体管受光的影响在 cb 间、ce 间有电流流过，这两个电流基本上受光的强度控制，常用 ce 极间的电流作为输出电流，输出电流受 V_{ce} 的电压影响很小，在 V_{ce} 增加时，稍有增加。

光电晶体管的集电极电流 I_c 与发光二极管的电流 I_F 之比称为光电耦合器的电流传输比 CTR。不同结构的光电耦合器的电流传输比相差很大，如输出端是单个晶体管的光电耦合器 4N25 的电流传输比 CTR≥20%，输出端使用达林顿管的光电耦合器 4N33 的电流传输比 CTR≥500%。电流传输比受发光二极管的工作电流大小影响，电流为 10～20mA 时，电流传输比最大，电流小于 10mA 或大于 20mA，传输比都下降。温度升高，传输比也会下降，因此在使用时要留一些余量。

光电耦合器在传输脉冲信号时，输入信号和输出信号之间有延迟时间。不同结构的光电耦合器的输入输出延迟时间相差很大。4N25 的导通延迟 t_{on} 是 2.8μs，关断延迟 t_{off} 是 4.5μs；4N33 的导通延迟 t_{on} 是 0.6μs，关断延迟 t_{off} 是 45μs。

5.6.1.1　光电耦合器 4N25 的接口电路

图 5-38 是使用 4N25 的光电耦合器接口电路图。4N25 起到耦合脉冲信号和隔离单片机系统与输出部分的作用，使两部分的电流信号独立。输出部分的地线接机壳或接大地，而 8031 系统的电源地线悬空，不与交流电源的地线相接。这样可以避免输出部分电源变化对单片机电源的影响，减少系统所受的干扰，提高系统的可靠性。4N25 输入输出端的最大隔离电压＞2500V。

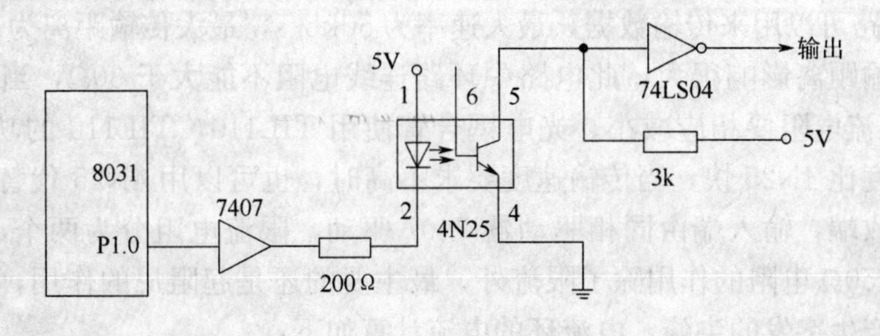

图 5-38　光电耦合器 4N25 的接口电路

图 5-38 接口电路中使用同相驱动器 7407 作为光电耦合器 4N25 输入端的驱动。光电耦合器输入端的电流一般为 10～15mA，发光二极管的压降约为 1.2～1.5V。限流电阻由下式计算：

$$R=\frac{V_{CC}-(V_F+V_{CS})}{I_F} \tag{5-12}$$

式中 V_{CC}——电源电压

V_F——输入端发光二极管的压降，取 1.5V

V_{CS}——驱动器的压降

I_F——发光二极管的工作电流

如果图 5-38 电路要求 I_F 为 15mA，则限流电阻计算如下：

$$R=\frac{V_{CC}-V_F-V_{CS}}{I_F}=\frac{5-1.5-0.5}{0.015}=200\ (\Omega)$$

当 8031 的 P1.0 端输出高电平时，4N25 输入端电流为 0，输出相当开路，74LS04 的输入端为高电平，输出为低电平；当 8031 的 P1.0 端输出低电平时，7407 输出端为低电压输出，4N25 的输入电流为 15mA，输出端可以流过≥3mA 的电流。如果输出端负载电流小于 3mA，则输出端相当于一个接通的开关，74LS04 输出高电平。4N25 的 6 脚是光电晶体管的基极，在一般的使用中可以不接，该脚悬空。

由于光电耦合器是电流型输出，不受输出端工作电压的影响，因此，可以用于不同电平的转换。若图 5-38 的电路中，输出部分不是使用 74LS04，而是要求使用 CMOS 的反相器 MC14069，工作电压用 15V。这时，只需把 3kΩ 的电阻改为 10kΩ，工作电压由 5V 改为 15V，74LS04 改用 MC14069 即可。当 P1.0 端输出高电平时，光电耦合器的输出端相当开路，MC14069 的输入端电压为 15V；当 P1.0 端输出低电平时，光电耦合器的输出晶体管导通，MC14069 的输入端电压接近 0V。4N25 输出端晶体管的 ce 极间的耐压大于 30V，所以 4N25 最大的电平转换可到 30V。

5.6.1.2　电流环电路

光电耦合器也常用于较远距离的信号隔离传送。一方面，光电耦合器可以起到隔离两个系统地线的作用，使两个系统的电源相互独立，消除地电位不同所产生的影响；另一方面，光电耦合器的发光二极管是电流驱动器件，可以形成电流环路的传送形式。由于电流环电路是低阻抗电路，它对噪声的敏感度低，因此提高了通讯系统的抗干扰能力。常用于有噪声干扰的环境下传输信号。

如图 5-39 所示，是用光电耦合器组成的电流环发送和接收电路。

图 5-39 电路可以用来传输数据，最大速率为 50kb/s，最大传输距离为 900m。环路连线的电阻对传输距离影响很大，此电路中环路连线电阻不能大于 30Ω，当连线电阻较大时，100Ω 的限流电阻要相应减小。光电耦合管使用 TIL110，TIL110 的功能与 4N25 相同，但开关速度比 4N25 快，当传输速度要求不高时，也可以用 4N25 代替。电路中光电耦合器放在接收端，输入端由同相驱动器 7407 驱动，限流电阻分为两个，一个是 50Ω，一个是 100Ω。50Ω 电阻的作用除了限流外，最主要的还是起阻尼的作用，防止传送的信号发生畸变和产生突发的尖峰。电流环的电流计算如下：

$$I_F=\frac{V_{CC}-V_F-V_{CS}}{R_1+R_2}=\frac{5-1.5-0.5}{50+100}=20\ (\text{mA})$$

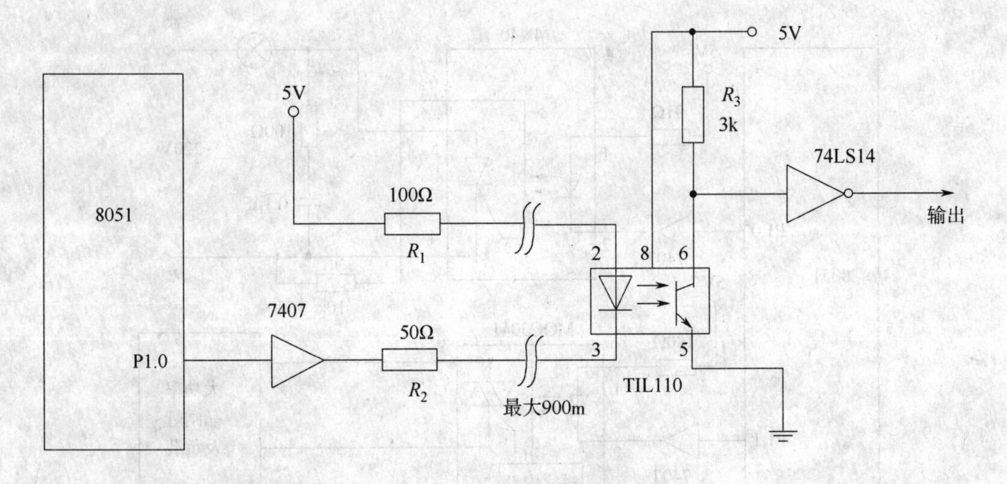

图 5-39 电流环电路

TIL110 的输出端接一个带施密特整形电路的反相器 74LS14，作用是提高抗干扰能力。施密特触发电路的输入特性有一个回差，输入电压大于 2V 时才认为是高电平输入，小于 0.8V 时才认为是低电平输入；电平在 0.8～2V 之间变化时，则不改变输出状态。因此，信号经过 74LS14 之后便更接近理想波形。

5.6.2 晶闸管输出型光耦合器驱动接口

晶闸管输出型光电耦合器的输出端是光敏晶闸管或光敏双向晶闸管。当光电耦合器的输入端有一定的电流流入时，晶闸管即导通。有的光电耦合器的输出端还配有过零检测电路，用于控制晶闸管过零触发，以减少用电器在接通电源时对电网的影响。

4N40 是常用的单向晶闸管输出型光电耦合器。当输入端有 15～30mA 电流时，输出端的晶闸管导通。输出端的额定电压为 400V，额定电流有效值为 300mA，输入、输出端隔离电压为 1500～7000V。4N40 的 6 脚是输出晶闸管的控制端，不使用此端时，此端可对阴极接一个电阻。

MOC3041 是常用的双向晶闸管输出型光电耦合器，带过零触发电路。输入端的控制电流为 15mA，输出端额定电压为 400V，最大重复浪涌电流为 1A，输入、输出端隔离电压为 7500V。MOC3041 的 5 脚是器件的衬底引出端，使用时不需要接线。

如图 5-40 所示，是 4N40 和 MOC3041 的接口驱动电路。

4N40 限流电阻的计算：

$$R=\frac{V_{CC}-V_F-V_{CS}}{I_F}=\frac{5-1.5-0.5}{0.03}=100\ (\Omega)$$

实际应用中可以留一些余量，限流电阻取 91Ω。

MOC3041 输入端限流电阻的计算：

$$R=\frac{V_{CC}-V_F-V_{CS}}{I_F}=\frac{5-1.5-0.5}{0.015}=200\ (\Omega)$$

留一定的余量，限流电阻选 180Ω。

4N40 常用于小电流用电器的控制，如指示灯等，也可以用于触发大功率的晶闸管。MOC3041 一般不直接用于控制负载，而用于中间控制电路或用于触发大功率的晶闸管。

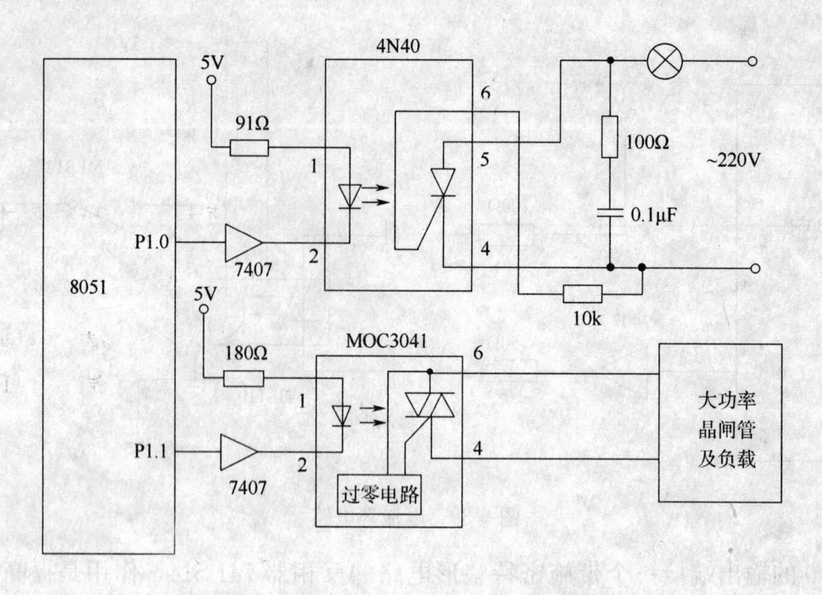

图 5-40　晶闸管输出型光电耦合器驱动接口

5.7　继电器线圈与单片机接口

5.7.1　直流电磁式继电器的功率接口

直流电磁式继电器，一般用功率接口集成电路或晶体管驱动。在使用较多继电器的系统中，可用功率接口集成电路驱动，例如 SN75468 等。一片 SN75468 可以驱动 7 个继电器，驱动电流可达 500mA，输出端最大工作电压为 100V。

常用的继电器大部分属于直流电磁式继电器，也称为直流继电器。图 5-41 是直流继电器的接口电路图。

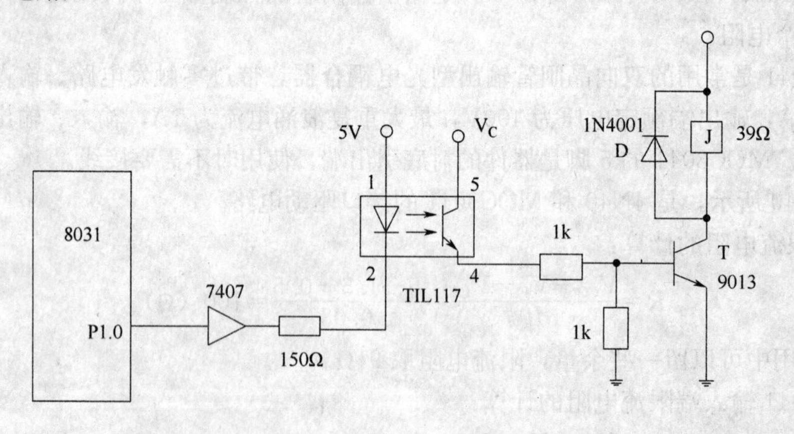

图 5-41　直流继电器接口

继电器的动作由单片机 8031 的 P1.0 端控制。P1.0 端输出低电平时，继电器 J 吸合；P1.0 端输出高电平时，继电器 J 释放。采用这种控制逻辑，可以使继电器在上电复位或单片机受控复位时不吸合。

继电器 J 由晶体管 9013 驱动，9013 可以提供 300mA 的驱动电流，适用于继电器线圈工作电流 300mA 的场合。Vc 的电压范围是 6～30V。光电耦合器使用 TIL117，TIL117 有较高的电流传输比，最小值为 50%。晶体管 9013 的电流放大倍数大于 50。当继电器线圈工作电流为 300mA 时，光电耦合器需要输出大于 6.8mA 的电流，其中 9013 基极对地的电阻分流约 0.8mA。输入光电耦合器的电流必须大于 13.6mA，才能保证向继电器提供 300mA 的电流。光电耦合器输入电流由 7407 提供，电流约为 20mA。

二极管 D 的作用是保护晶体管 T。当继电器 J 吸合时，二极管 D 截止，不影响电路工作。继电器释放时，由于继电器线圈存在电感，这时晶体管 T 已经截止，所以会在线圈的两端产生较高的感应电压，这个感应电压的极性是上负下正，正端接在 T 的集电极上。当感应电压与 V_c 之和大于晶体管 T 的集电结反向耐压时，晶体管 T 就有可能损坏。加入二极管 D 后，继电器线圈产生的感应电流由二极管 D 流过，因此不会产生很高的感应电压，晶体管 T 得到了保护。

5.7.2 交流电磁式接触器的功率接口

继电器中切换电路能力较强的电磁式继电器称为接触器。接触器的触点数一般较多。

交流电磁式接触器由于线圈的工作电压要求是交流电，所以通常使用双向晶闸管驱动或使用一个直流继电器作为中间继电器控制。图 5-42 是交流接触器的接口电路图。

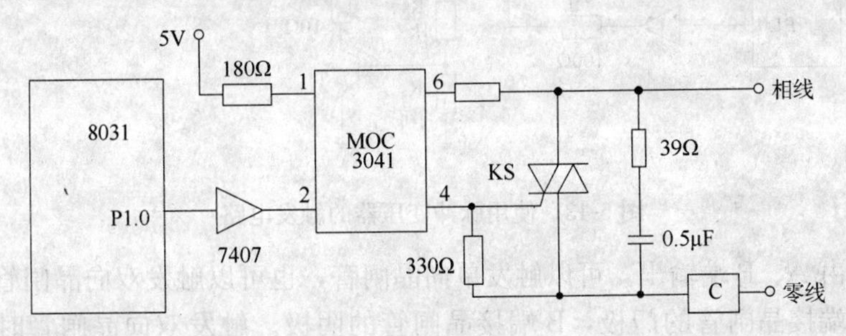

图 5-42 交流接触器接口

交流接触器 C 由双向晶闸管 KS 驱动。双向晶闸管的选择要满足：额定工作电流为交流接触器线圈工作电流的 2～3 倍；额定工作电压为交流接触器线圈工作电压的 2～3 倍。对于中、小型 220V 工作电压交流接触器，可以选择 3A 600V 的双向晶闸管。

光电耦合器 MOC3041 的作用是触发双向晶闸管 KS 以及隔离单片机系统和接触器系统。光电耦合器 MOC3041 的输入端接 7407，由单片机 8031 的 P1.0 端控制。P1.0 输出低电平时，双向晶闸管 KS 导通，接触器 C 吸合；P1.0 输出高电平时，双向晶闸管 KS 关断，接触器 C 释放。MOC3041 内部带有过零控制电路，因此双向晶闸管 KS 工作在过零触发方式。接触器动作时，电源电压较低，这时接通用电器，对电源的影响较小。

5.8 晶闸管与单片机接口

晶闸管是一种大功率的半导体器件，具有弱电控制、强电输出的特点，只需要很小的功率，就可以控制较大的电流。触发信号通常经脉冲变压器或光电耦合器隔离后加到晶闸管上，这对安全操作特别有利。

5.8.1　使用脉冲变压器的触发电路

脉冲变压器用于隔离主回路与触发电路，并把触发脉冲加到晶闸管的门极上。使用脉冲变压器，可以把脉冲电压升高或降低，改变脉冲的极性及使阻抗匹配。脉冲变压器在结构上与普通变压器相似，但其工作情况却有很大区别，普通变压器初级加的是正弦电压，而脉冲变压器初级加的是周期脉冲电压。

脉冲触发方式可以减少晶闸管门极的功耗以及触发信号放大电路的功耗，它是晶闸管较常用的触发方式。图 5-43 是使用脉冲变压器的触发电路。触发脉冲由单片机 8031 的 P1.0 端控制，当 P1.0 为低电平时，光电耦合器 4N25 有电流输出，使晶体管 T 导通，脉冲变压器 BM 的初级有电流流过，次级输出触发脉冲，经 D_1 后触发晶闸管；P1.0 为高电平时，晶体管 T 截止，触发脉冲结束。

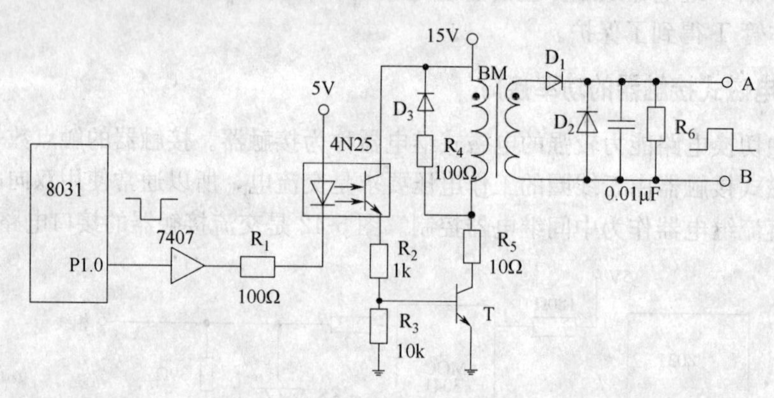

图 5-43　使用脉冲变压器的触发电路

触发脉冲由 A、B 端输出，可以触发单向晶闸管，也可以触发双向晶闸管。触发单向晶闸管时，A 端接晶闸管的门极，B 端接晶闸管的阴极。触发双向晶闸管时，A 端接门极，B 端接 T2 主电极，为Ⅰ＋或Ⅲ＋触发方式；A 端接 T2 主电极，B 端接门极，为Ⅰ－或Ⅲ－触发方式。两种接法都可以触发双向晶闸管，但由于Ⅲ＋需要较大的触发电流，在实际应用中常用Ⅰ－和Ⅲ－触发方式。

触发脉冲的宽度由单片机 8031 设定。为了保证触发的晶闸管可靠导通，要求触发的脉冲具有一定的宽度。一般晶闸管导通时间为 6μs，故触发脉冲的宽度应有 6μs 以上，一般取 20～50μs；对于电感性负载，触发脉冲宽度还应加大，否则在脉冲终止时，主回路电流还未上升到晶闸管的维持电流以上，则晶闸管又重新关断，故脉冲宽度不应小于 100μs，一般用到 1ms。晶体管 T 工作在开关状态，当晶体管导通时，脉冲变压器 BM 铁心中的磁通量线性上升，这个变化磁通也在次级绕组感应出电压。如果脉冲宽度很宽，铁心就会接近或达到饱和，这样脉冲变压器将失去作用，这时流过晶体管 T 的电流会很大。为了避免这种情况，可以用多个窄脉冲代替宽脉冲，也可以加大铁心截面积，使铁心的磁通量增加，不发生饱和的现象。

为了防止晶闸管误触发，提高系统的可靠性，在脉冲变压器的次级 A、B 两端上并联一个电阻和一个电容，以降低触发回路的阻抗，减少干扰信号的影响。D_1、D_2 用于保护晶闸管，D_3 用于保护晶体管 T。

5.8.2 使用光电耦合器的触发电路

在要求触发脉冲较宽的晶闸管控制系统中，常用光电耦合器组成晶闸管触发电路。

5.8.2.1 由光电耦合器 4N25 组成的晶闸管触发电路

如图 5-44 所示，触发电路由 7407、4N25、晶体管 9013、变压器 B 和整流电路等组成。触发电路使用独立电源；触发脉冲由 A、B 两端输出，A 端为正输出端。

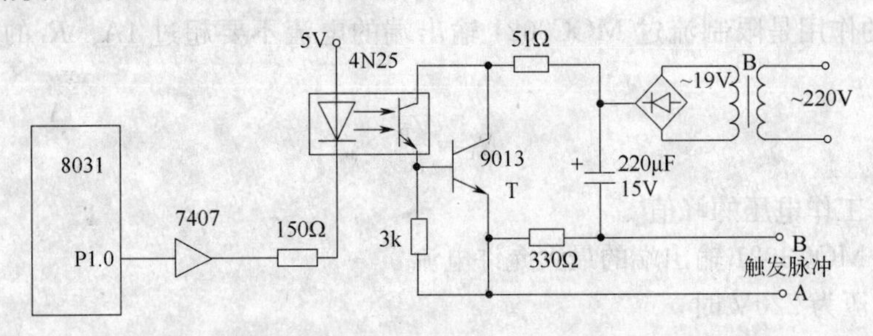

图 5-44 使用光电耦合器 4N25 的触发电路

当单片机 8031 的 P1.0 端输出低电平时，同相驱动器 7407 输出低电平，光电耦合器的输出端导通，使晶体管 9013 导通，A、B 端有触发脉冲输出；当 P1.0 端输出高电平时，晶体管截止，触发脉冲结束。触发脉冲的宽度由单片机控制，可以做到直流电压输出，适合于各种控制方式的电路使用。A、B 两端输出的触发脉冲，可以用于触发单向晶闸管，也可以用于触发双向晶闸管。

5.8.2.2 双向晶闸管型触发电路

图 5-45 是另一种晶闸管触发电路。用于触发双向晶闸管，不需要另外的触发电源，使用双向晶闸管的工作电流作为触发电源。

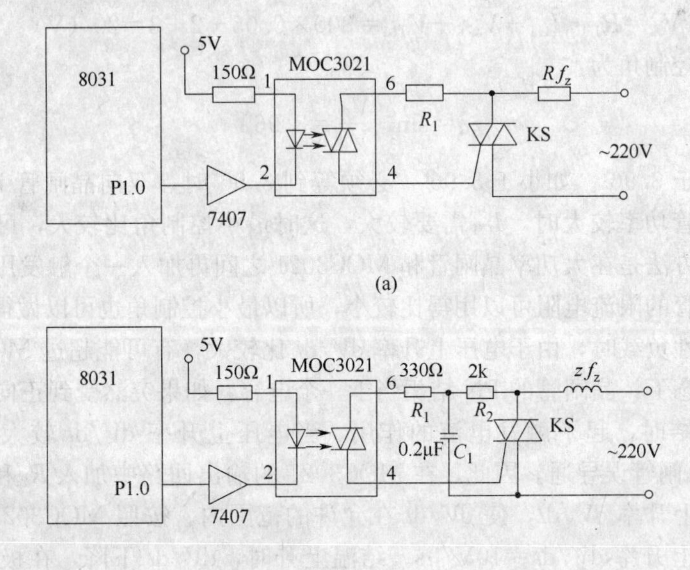

图 5-45 双向晶闸管型触发电路

(a) 阻性负载 (b) 电感性负载

MOC3021 是双向晶闸管输出型的光电耦合器，输出端的额定电压为 400V，最大输出电流为 1A，最大隔离电压是 7500V，输入端控制电流小于 15mA。MOC3021 的作用是隔离单片机系统和触发外部的双向晶闸管。

单片机 8031 的 P1.0 端输出低电平时，7407 输出低电压，MOC3021 的输入端有电流输入，输出端的双向晶闸管导通，触发外部双向晶闸管 KS 导通；当 P1.0 端输出高电平时，MOC3021 输出端的双向晶闸管关断，外部双向晶闸管 KS 也关断。

电阻 R_1 的作用是限制流过 MOC3021 输出端的电流不要超过 1A。R_1 的大小由下式计算：

$$R_1=\frac{V_P}{I_P} \tag{5-13}$$

式中 V_P——工作电压的峰值

I_P——MOC3021 输出端的最大允许电流

当工作电压为 220V 时，

$$R_1=\frac{V_P}{I_P}=\frac{220\times\sqrt{2}}{1}=311\ (\Omega)$$

R_1 取 300Ω。

由于串入电阻 R_1，使得触发电路有一个最小触发电压，低于这个电压时，KS 才导通。最小触发电压 V_T 由下式计算：

$$V_T=R_1\cdot I_{GT}+V_{GT}+V_{TM} \tag{5-14}$$

式中 I_{GT}——晶闸管 KS 的最大触发电流

V_{GT}——晶闸管 KS 的最小触发电压

V_{TM}——MOC3021 输出端压降，取 3V

设晶闸管 KS 的门极触发电流为 50mA，触发电压为 2V，则最小触发电压为：

$$V_T=R_1\cdot I_{GT}+V_{GT}+V_{TM}=300\times0.05+2+3=20\ (V)$$

对应的最小控制角为：

$$\alpha=\sin^{-1}\frac{V_T}{V_P}=3.96°$$

即控制角不能小于 3.96°。如小于 3.96°，必须等到 3.96°时，双向晶闸管 KS 才导通。当外接的双向晶闸管功率较大时，I_{GT} 需要较大，这时最小控制角比较大，可能会超出使用的要求。解决的方法是在大功率晶闸管和 MOC3021 之间再加入一个触发用的晶闸管，这个触发用的晶闸管的限流电阻可以用得比较小，所以最小控制角也可以做得比较小。

当负载为感性负载时，由于电压上升率 dV/dt 比较大，有可能超过 MOC3021 允许的范围。在阻断状态下，晶闸管的 PN 结相当于一个电容，如果突然受到正向电压，充电电流流过门极 PN 结时，起了触发电流的作用。当电压上升率 dV/dt 较大时，就会造成 MOC3021 输出晶闸管误导通。因此，在 MOC3021 的输出回路中加入 R_2 和 C_1 组成的 RC 回路，降低电压上升率 dV/dt，使 dV/dt 在允许的范围内。按照 MOC3021 的技术指标，允许最大的电压上升率 $dV/dt=10V/\mu s$。结温上升时，dV/dt 下降，在极端的工作条件下，$dV/dt=0.8V/\mu s$。

由于

$$\frac{dV}{dt}=\frac{V_P}{R_2\cdot C_1} \tag{5-15}$$

则 $$R_2 \cdot C_1 = \frac{V_P}{dV/dt} = \frac{311}{0.8\times10^6} = 389\times10^{-6}\ (\mathrm{s})$$

R_1、R_2之和与最小触发电压和晶闸管门极电流的关系如下：

$$R_1 + R_2 \approx \frac{V_T}{I_{GT}} \tag{5-16}$$

设 $V_T=40\mathrm{V}$，$I_{GT}=15\mathrm{mA}$，由式（5-16）可得：

$$R_2 \approx \frac{V_T}{I_{GT}} - R_1 = \frac{40}{0.015} - 300 = 2366\ (\Omega)$$

R_2取 2kΩ。

$$C_1 = \frac{389\times10^{-6}}{2\times10^3} = 0.19\times10^{-6} = 0.19\ (\mu\mathrm{F})$$

C_1取 0.2μF。

在实际应用中，太大的电压上升率，对于外部的双向晶闸管 KS 也是不允许的。所以在控制功率较大的使用场合，晶闸管 KS 也需要加电阻电容串联的 *RC* 回路，由 *RC* 阻容回路与电流变压器的漏感组成滤波环节，使作用于晶闸管 KS 上的电压上升率下降。这时，MOC3021 输出端的电压上升率也会下降，R_2和 C_1的数值可以减少。在一般情况下，R_2可以在 470Ω～1kΩ 之间，C_1可以在 0.05～0.15μF 之间。

KS 两端所加的 *RC* 保护回路如图 5-46 所示。电容的大小根据负载电流的大小和电感大小确定，在一般的使用场合下，工作电流小于 20A 时，电容取 0.1～0.15μF。*RC* 保护回路中，电阻的作用是防止电容器产生振荡以及减少晶闸管导通时的电流上升率 d*i*/d*t*，一般情况下电阻取 51Ω。R_3的作用是防止 KS 误触发，提高系统的可靠性。

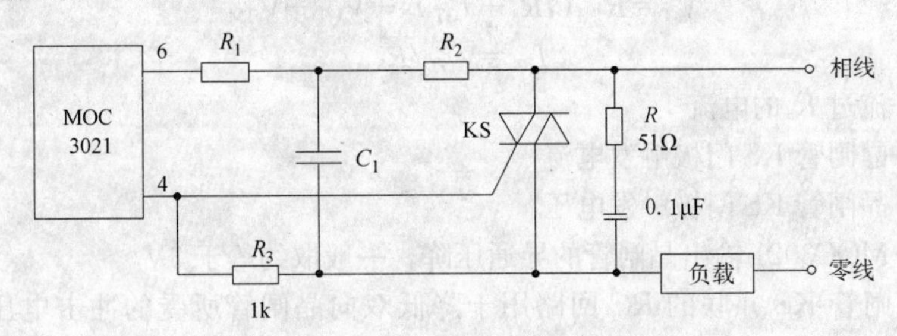

图 5-46　双向晶闸管保护电路

5.8.2.3　带过零触发的双向晶闸管触发电路

在使用晶闸管的控制电路中，常要求晶闸管在电源电压为零或刚过零时触发晶闸管，减少晶闸管导通时对电源的影响，这种触发方式称为过零触发。过零触发需要过零检测电路，有些光电耦合器内部含有过零检测电路，如 MOC3061 双向晶闸管触发电路。图 5-47 是使用 MOC3061 双向晶闸管的触发电路。

MOC3061 输出端的额定电压是 600V；最大重复浪涌电流为 1A；最大电压上升率 d*V*/d*t* 为 1000V/μs 以上，一般可达 2000V/μs；输入输出隔离电压大于 7500V；输入控制电流为 15mA。

当 8031 的 P1.0 端输出低电平时，MOC3061 的输入端有约 16mA 的电流输入，在 MOC3061 的输出端 6 脚和 4 脚之间的电压稍过零时，内部双向晶闸管导通，触发外部双

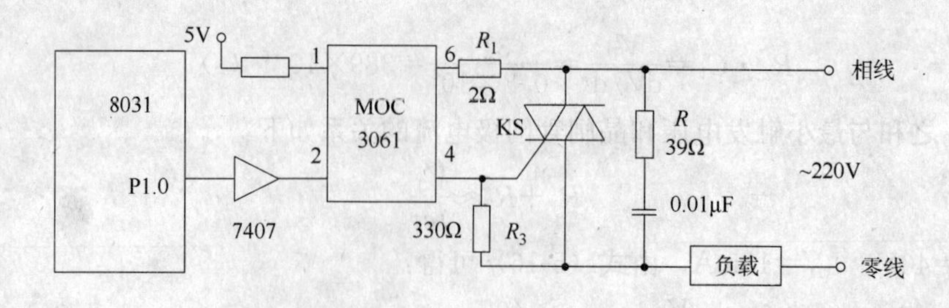

图 5-47　带过零触发的双向晶闸管触发电路

向晶闸管 KS 导通；当 P1.0 端输出高电平时，双向晶闸管 KS 关断。MOC3061 在输出关断的状态下，也有小于或等于 500A 的电流，加入 R_3 可以消除这个电流对外部双向晶闸管的影响。

R_1 是 MOC3061 的限流电阻，用于限制流经 MOC3061 输出端的电流最大值不超过 1A。MOC3061 过零检测的电压值为 20V，所以限流电阻取稍大于 20Ω。如果负载是电感性负载，由于电感的影响，触发外部双向晶闸管 KS 的时间延长，这时流经 MOC3061 输出端的电流会增加，所以在电感性负载的系统中，R_1 的值需要增大。当负载的功率因数小于 0.5 时，R_1 取最大值。最大值由下式计算：

$$R_1=\frac{V_P}{I_P}=\frac{220\times\sqrt{2}}{1}=311\ (\Omega)$$

R_1 取 300Ω。在其它情况下，R_1 可以取 270～330Ω。

当 R_1 取得较大时，对最小触发电压会有影响。最小触发电压 V_T 由下式计算：

$$V_T=R_1\ (IR_3+I_{GT})\ +V_{GT}+V_{TM} \tag{5-17}$$

$$I_{R3}=V_{GT}/R_3 \tag{5-18}$$

式中　I_{R3}——流过 R_3 的电流

I_{GT}——晶闸管 KS 门极触发电流

V_{GT}——晶闸管 KS 门极触发电压

V_{TM}——MOC3021 输出晶闸管的导通压降，一般取约等于 3V

与双向晶闸管 KS 并联的 RC 回路用于降低双向晶闸管所受的冲击电压，保护 KS 及 MOC3061。

第6章 单片机开发系统与应用实例

6.1 开发工具与开发方法

6.1.1 单片机应用系统的设计方法

单片机应用系统的设计是一个理论与实际相结合的工程问题。它包括自动控制理论、计算技术、计算方法，还包括自动检测技术与数字电路，是一个多学科的综合运用。因此，单片机系统设计者要具备以下几方面的知识和能力：

① 设计者必须具有一定的硬件基础知识。这些硬件不仅包括各种单片机、存储器及I/O接口，而且还包括对仪器或装置进行信息设定的键盘及开关、检测各种输入量的传感器、控制用的执行装置，单片机与各种仪器进行通信的接口，以及打印和显示设备等。

② 设计者需要具有一定的软件设计能力，能够根据系统的要求，灵活地设计出所需要的程序。主要有数据采集程序、A/D转换程序、D/A转换程序、数码转换程序、数字滤波程序，以及各种控制算法及非线性补偿程序等。

③ 设计者具有综合运用知识的能力，善于将复杂设计任务划分成许多便于实现的组成部分，特别是对软件、硬件的折中问题能够恰当地运用。设计单片机应用系统的一般原理是：先选择和组织硬件，构成最小系统；然后是当硬件、软件之间需要折中协调时，通常解决的办法是尽量减少硬件，降低系统的成本；接着应满足设计中各方对软件的要求。通常情况下，硬件实时性强，但将使仪器增加投资，且结构复杂；软件可避免上述缺点，但实时性比较差。为保证系统能可靠工作，在软、硬件的设计过程中还包括系统的抗干扰设计。

④ 设计者应掌握生产过程的工艺性能及被测参数的测量方法，以及被控对象的动、静态特性，有时甚至要建立被控对象的数字模型。

单片机应用系统设计主要包括下面几方面内容：

① 应用系统总体方案设计。包括系统的要求，应用方案的选择，以及工艺参数的测量范围等。

② 选择各参数检测元件及变送器。

③ 建立数学模型及确定控制算法。

④ 选择单片机，并决定是自行设计还是购买成套设备。

⑤ 系统硬件设计，包括接口电路、逻辑电路及操作面板的设计。

⑥ 系统软件设计，包括管理、监控程序以及应用程序的设计。

⑦ 系统的调试与实验。

6.1.1.1 系统总体方案的确定

确定单片机应用系统总体方案，是进行系统设计最重要、最关键的一步。总体方案的好坏，直接影响整个应用系统的投资、调节品质及实施细则。

总体方案的设计主要是根据被控对象的工艺要求而确定的。由于被控对象多种多样，要求单片机完成的任务也千差万别，所以确定应用系统的总体方案必须根据工艺的要求，结合具体被控对象而定。

6.1.1.2　应用系统的硬件设计

一个单片机应用系统的硬件设计包括两大部分内容：一是单片机系统的扩展部分设计，它包括存储器扩展和接口扩展；二是各功能模块的设计，如信号测量功能模块、信号控制功能模块、人机对话功能模块、通信功能模块等，根据系统功能要求配置相应的A/D、D/A、键盘、显示器、打印机等外围设备。

在进行应用系统的硬件设计时，首要问题是确定电路的总体方案，并需要进行详细的技术论证。

在进行硬件电路的总体设计时，应完成该项目全部功能所需要的所有硬件的电气连线原理图。初次接触这方面工作的设计人员，往往急于求成，在设计总体方案上不愿花时间，过于仓促地开始制板和调试。这种方法不仅不妥当，而且常常得不偿失。因为对于硬件系统来讲，电路的各部分都是紧密相关、互相协调的，任何一部分电路的考虑不充分，都会给其它部分带来难以预料的影响，轻则使系统整体结构受破坏，重则导致硬件总体大返工，由此造成的后果是可想而知的。因此，希望设计者不要吝啬在硬件总体方案上花的时间，从时间上看，硬件设计的绝大部分工作量往往是在最初方案的设计阶段，一个好的设计方案常常会有事半功倍的效果。一旦硬件总体方案确定下来，下一步工作就能很顺利进行，即使需要做部分修改，也只是在此基础上进行一些完善工作，不会造成整体返工。

在进行硬件的总体方案设计时，所涉及的具体电路可借鉴他人在这方面进行的工作。因为经过别人调试和实验过的电路往往具有一定的合理性，虽然有些电路常与书籍或手册上提供的电路不完全一致，但这也可能正是经验所在。如果在此基础上，结合自己的设计目的进行一些修改，则是一种简便、快捷的做法。当然，有些电路还需自己设计，完全照搬是不太可能的。在参考别人的电路时，需对其工作原理有较透彻的分析和理解，根据其工作机理了解其适用范围，从而确定其移植的可能性和需要修改的地方。对于有些关键和尚不完全理解的电路，需要仔细分析，在设计之前先进行试验，以确定这部分电路的正确性和需要，并在可靠性和精度等方面进行试验，尤其是模拟电路部分，更需要进行这方面的工作。

6.1.1.3　应用系统的软件设计

在进行应用系统的总体设计时，软件设计和硬件设计应统一考虑，相结合进行。当系统的电路设计定型后，软件的任务也就明确了。

系统中的应用软件是根据系统功能要求设计的。一般来说，单片机中的软件功能可分为两大类：一类是执行软件，它能完成各种实质性的功能，如测量、计算、显示、打印、输出控制等；另一类是监控软件，它专门用来协调各执行模块和操作者的关系，充当组织调度角色，也称为Debug程序，是最基本的调试工具。开发监控程序是为了调试应用程序。监控程序功能不足会给应用程序的开发带来麻烦，反之，用大量精力研究监控程序会贻误开发应用程序。把监控程序控制在适当的规模是明智的。由于应用系统种类繁多，程序编制者风格不一，因此应用软件因系统而异、因人而异。

6.1.2　单片机的开发工具

一般来讲，单片机本身只是一个电子元件，只有当它和其它器件、设备有机组合在一起，并配置适当的工作程序（软件）后，才能构成一个单片机的应用系统，完成规定的操作，具有特定的功能。因此，单片机的开发包括硬件和软件两个部分。

很多型号的单片机本身没有自开发功能，需借助于开发工具来排除目标系统样机中硬件故障，生成目标程序，并排除程序错误。当目标系统调试成功以后，还需要用开发工具把目标程序固化到单片机内部或外部 EPROM 中。

由于单片机内部功能部件多、结构复杂、外部测试点（即外部引脚）少，因此不能只靠万用表、示波器等工具来测试单片机内部和外部电路的状态。单片机的开发工具通常是一个特殊的计算机系统——开发系统。开发系统和一般通用计算机系统相比，在硬件上增加了目标系统的在线仿真器、逻辑分析仪、编程器等部件；软件中除了一般计算机系统所具有的操作系统、编辑程序、编译等以外，还增加了目标系统的汇编和编译系统以及调试程序等。开发系统有通用和专用两种类型，通用型配置多种在线仿真器和相应的开发软件，使用时只要更换系统中的仿真器板，就能开发相应的单片机；专用型只能开发一种类型的单片机。

单片机的开发工具有许多，尤其是具有 51 内核单片机的开发工具，更是不计其数。然而经过 20 多年的发展，特别是 ISP 技术的发展，人们逐渐可以不用仿真器进行开发实验，这就需要一个能够教学软件仿真调试、具有友好界面的仿真开发环境。

6.1.2.1 MCU51-63K 仿真器简介

MCU51-63K 仿真器是 WWW. MCU51. COM 网站为单片机爱好者设计的一款性价比较高的单片机仿真器，实物如图 6-1 所示。

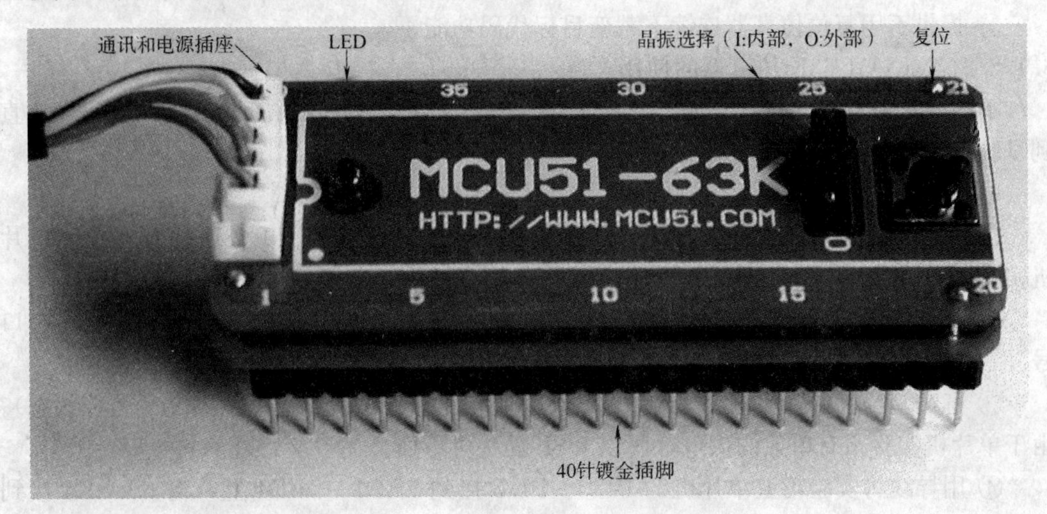

图 6-1 MCU51-63K 仿真器外形图

MCU51-63K 仿真器的技术指标：

① 可以仿真 63K 程序空间，接近 64K 的 16 位地址空间。

② 可以仿真 64Kxdata 空间，全部 64K 的 16 位地址空间。

③ 仿真时仅占用 2 个 sp，仿真更加全面真实。

④ 可以真实仿真全部 32 条 I/O 脚，P30、P31 最好做与上位机的通讯。

⑤ 完全兼容 KeilC51 UV2 调试环境，可以通过 UV2 环境进行单步、断点、全速、

在线编程、目标代码下载等操作。

⑥ 可以使用 C51 语言或者 ASM 汇编语言进行调试。

⑦ 可以非常方便地进行所有变量观察，包括鼠标取值观察，即鼠标放在某变量上就会立即显示出它的值。

⑧ 有脱机运行用户程序模式，这时仿真器就相当于目标板上烧好的一个芯片，可以完全真实地运行，完全不占用任何资源。这种情况下实际上就变成了一个下载器，而且下次上电时仍然可以运行上次下载的程序。

⑨ 支持 0～40MHz 晶振频率。

⑩ 提供串口中断函数包，利用它们可以单步调试串口通讯。

⑪ 片上带有 768 字节的 xdata，可以在仿真时选择使用它们，进行 xdata 的仿真。

⑫ 可以仿真双 DPTR 指针。

⑬ 可以仿真去除 ALE 信号输出。

⑭ 自适应 300～57600b/s 的所有波特率通讯。

⑮ USB 供电，可以单独运行或者为目标板供电。

⑯ 体积非常细小，非常方便插入到用户板中。插入时紧贴用户板，没有连接电缆，这样可以有效地减少运行中的干扰，避免仿真时出现莫名其妙的故障。

⑰ 仿真插针采用优质镀金插针，可以有效地防止日久生锈，同时不会损坏目标板上的插座。

⑱ 仿真时监控和用户代码分离，不可能产生不能仿真的软故障。

⑲ 提供不用复位仿真器连续下载新目标代码功能。

6.1.2.2　MCU51-63K 仿真器的使用

下面将从最基础的知识开始，建立工程，编辑文件，编译文件，仿真和调试程序，直到试验箱上出现了想要的结果。

（1）硬件设置

① 在实验箱关闭电源的情况下，按照管脚的方向，将 MCU51-63K 仿真器插到单片机实验箱上 MCS-51CPU 的插座上。

② 将连线的 5 线端子插在仿真器上；将 9 针串口插在计算机的串口上，并记住串口号。一般计算机靠上面的一个串口是 COM1，下面一个是 COM2。

③ 将实验箱上的开关 K3 打到左侧，使实验箱工作在仿真状态下（右侧是监控状态）。由于单片机实验箱有单独的供电，所以 USB 插头可不插。

④ 用导线将实验箱上单片机的 P1.0～P1.3 接到 LED1～LED4 上，将 K1～K4 接到 P1.4～P1.7 上。

在检查无误的情况下，打开实验箱的电源，按一下仿真器的复位键，可以看到仿真器上的灯短暂地亮了一下，持续大约 0.3s。这表明仿真器各方面情况正常，开始进入等待计算机联机状态。至此，试验的硬件已经准备好了。

（2）软件设置与编程实验

1）先在 D 盘或其它盘的根目录下建“D：/单片机程序”目录，以方便程序的编写和调试，调试过程中产生的文件都将放在这个目录中。

2）打开 KeilC51 软件，可以看到如图 6-2 所示界面。

现在开始建立一个工程。点击菜单 Project/New Project，选择保存在“D：/单片机程序”目录，文件名为“key_led”，点击保存。如图 6-3 所示。

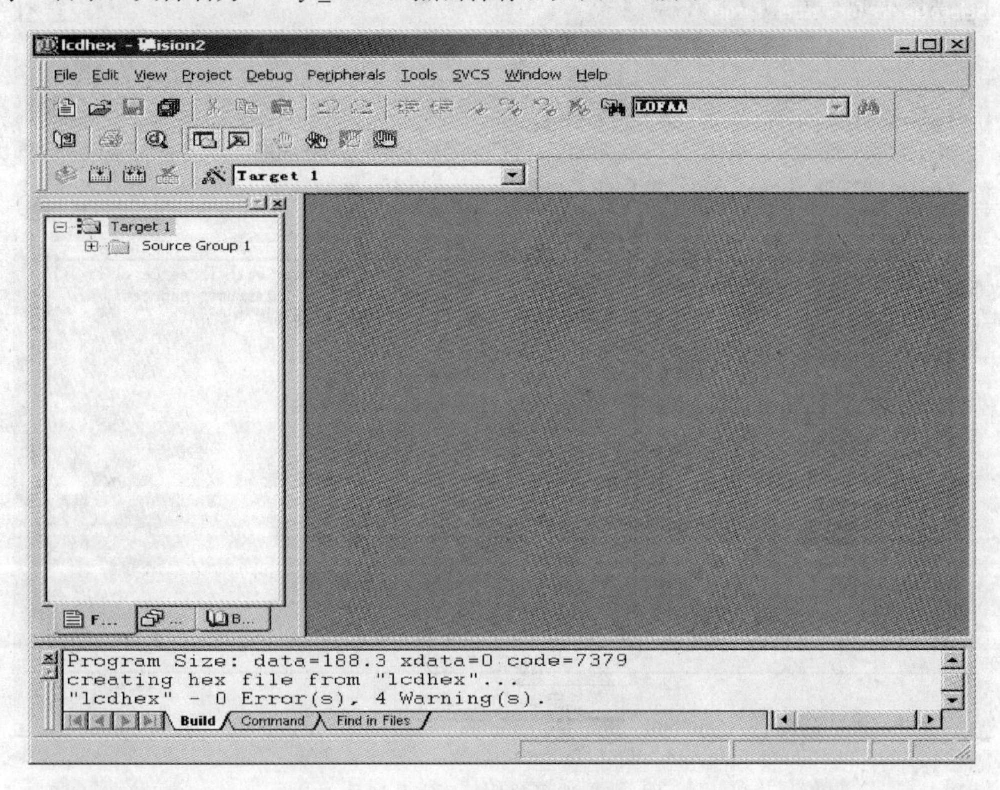

图 6-2　Keil 软件界面

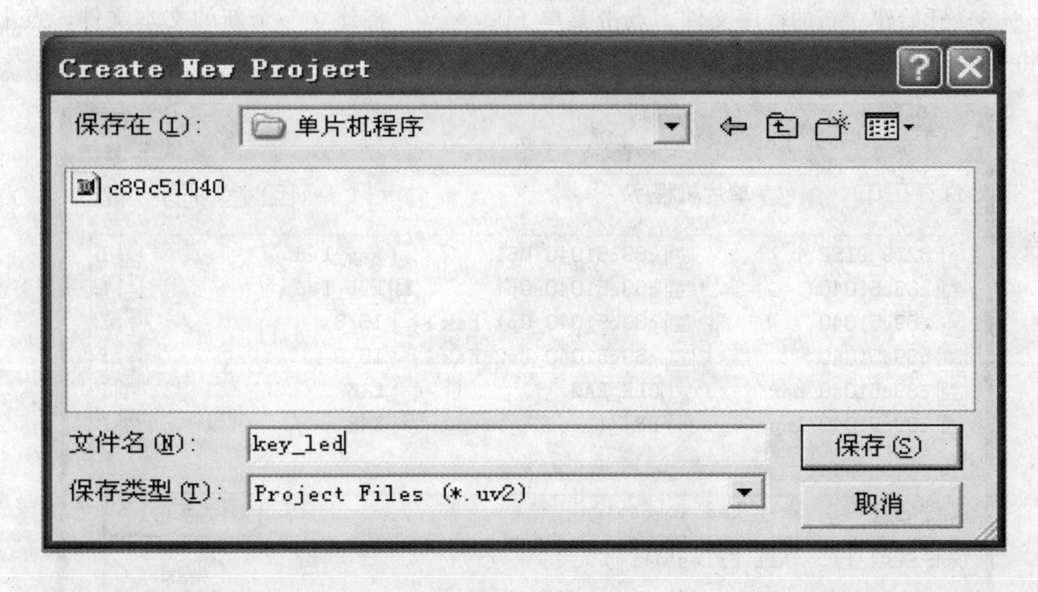

图 6-3　建立新工程

这时，将出现如图 6-4 所示的窗口。综合使用的单片机的规模，在单片机厂家选项中选择 Atmel 公司，芯片选择最常用的 Atmel89C52 或选择 Atmel89C55，这个芯片拥有标准 52 内核，片内资源在右边的框中有显示。点击确定，该页面自动关闭。

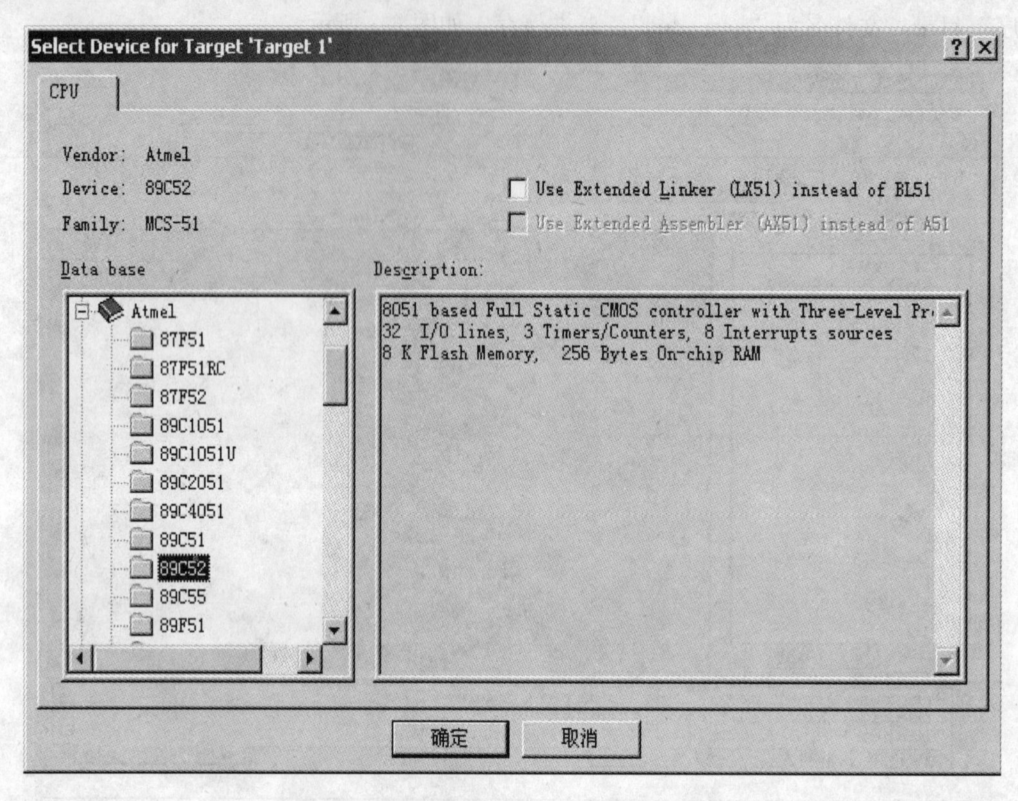

图 6-4　选择单片机厂家及型号

3）开始建立新的程序文件。点击菜单 File/New，将建立一个新的文本文件，点击 File/Save，将这个文件保存为“key _ led. asm”。如图 6-5 所示。

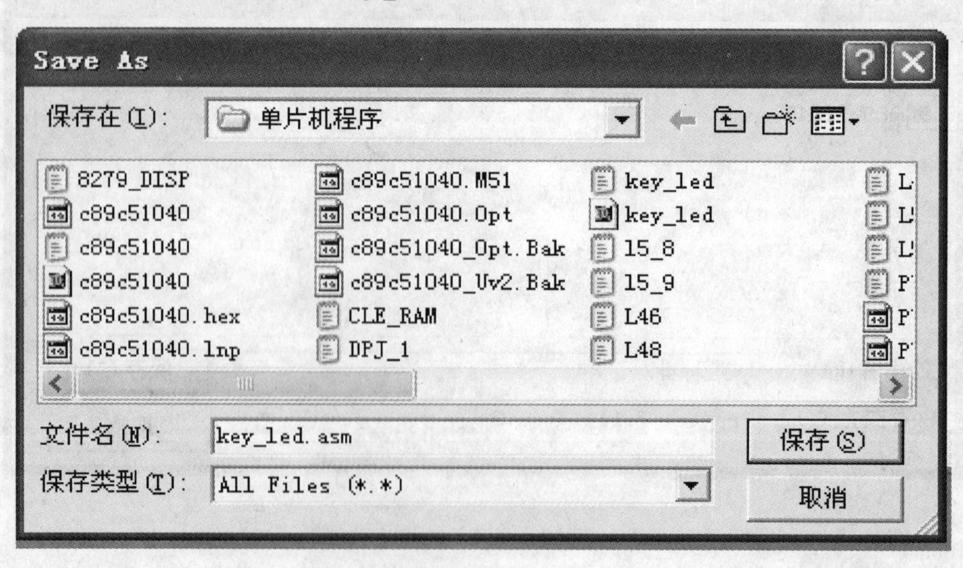

图 6-5　保存源文件

再点击图 6-6 中左边框“Target 1”左边的“+”号。将展开“Source Group 1”项，用右键点击“Source Group 1”项，选择“Add Files to Group ‘Source Group 1’”。程序比较简单，所以一个文件也就足够了。如果功能很复杂，就可以将各个功能的程序放在一个专门的文件中，一般称每个文件为一个程序模块，一个工程里面可以有很多的模块。点击这个文件名，该文件就会被打开并出现在窗口最上方，方便进行编程和修改。现在要在 ked _ led. asm 文件里开始输入程序代码了。

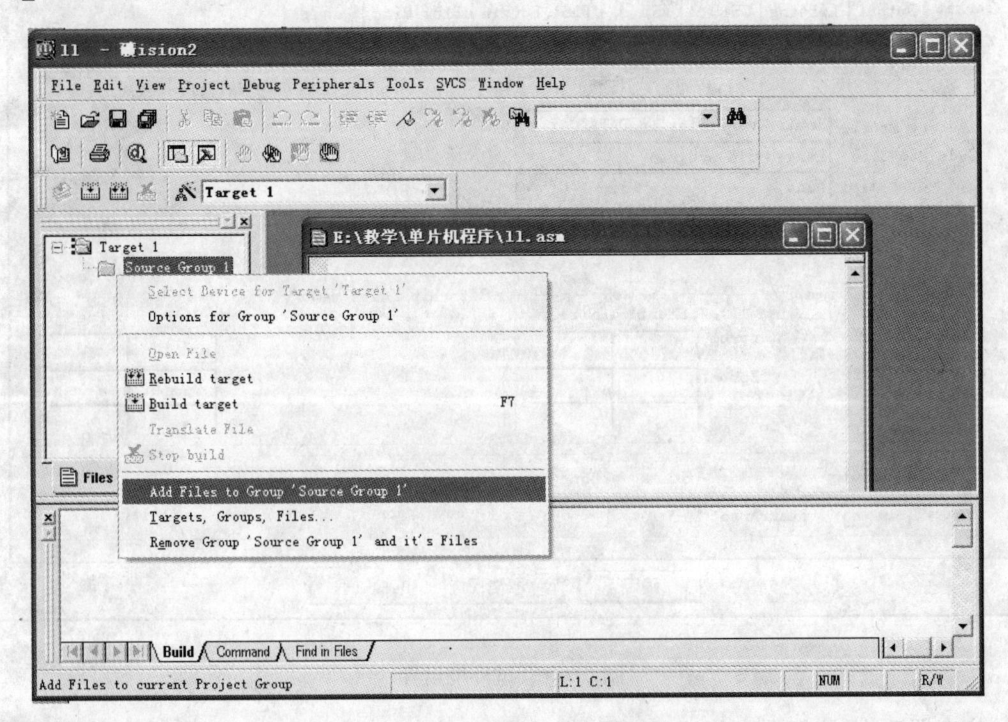

图 6-6　在工程中加入源文件

先输入以下程序：

```
        ORG     00H           MAIN1:  MOV   C, P1.4
        AJMP    MAIN                  MOV   P1.0, C
        ORG     100H                  MOV   C, P1.5
MAIN:                                 MOV   P1.1, C
        CLR     P1.0                  MOV   C, P1.6
        CLR     P1.1                  MOV   P1.2, C
        CLR     P1.2                  MOV   C, P1.7
        CLR     P1.3                  MOV   P1.3, C
                                      AJMP MAIN1
                                      END
```

输入完成后，点击编译按钮，或者按 F7 编译。察看报告框，如果出现 Error 或者 Warning，要根据情况排除错误和警告，具体请查看相关 A51 的编译器说明书籍或文件。直到最后编译成功为止。

4）软件设置

① 晶振频率设置——如果希望编译成功后生成一个 HEX 目标文件，以方便烧写目标芯片，可以右键点击“Target 1”，或按工具条中的选第二项“Options for Target 1”，将出现如图 6-7 所示窗口。

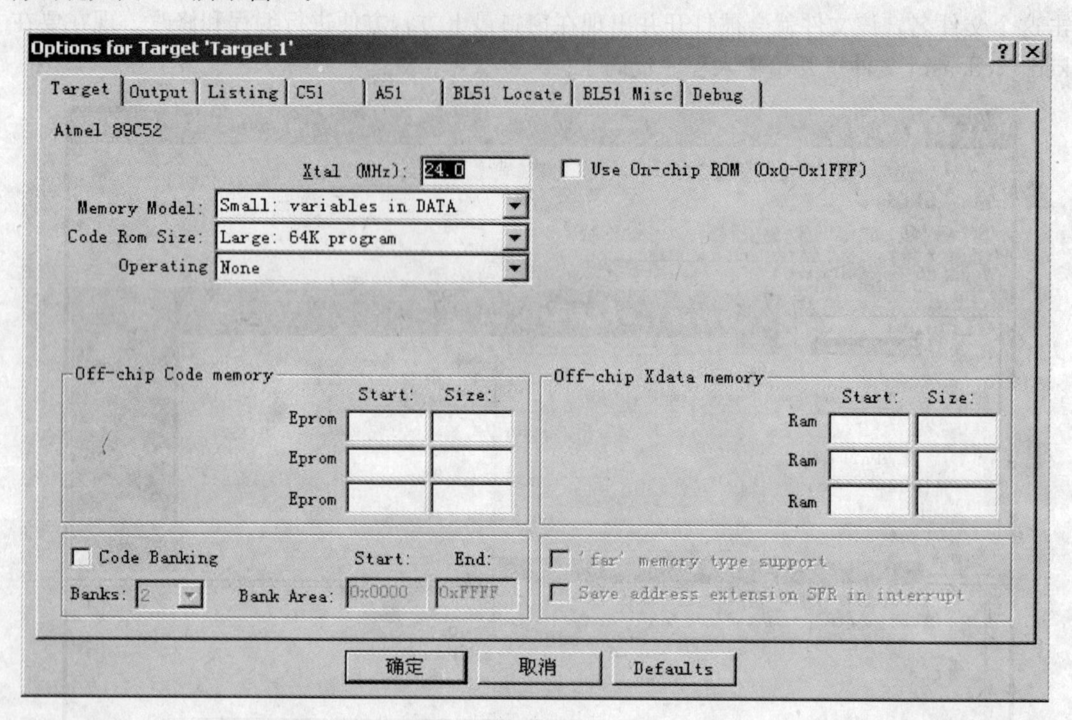

图 6-7　调试环境设置

仿真器上的晶振是 11.0592MHz 的，可以将上面框中的“Xtal”后边框中填入“11.0592”，以便软件仿真时计算程序运行时间。这个值的设置对于硬件仿真是没有影响的。

下面依次是编译的内存模式，用默认的小模式，这时程序中没有注明的变量将编译在芯片内部的 256 字节里，程序空间大小，也用默认的 64k 模式，这个决定编译出来的代码主要是长调用还是短调用。这些设置都是无所谓的，仅仅是编译出来的程序大小有点差别而已。其它的设置都空着即可。

② 生成文件设置——点击设置窗口的“Output”页，选中 Create HEX Flie 项，这样程序编译完成之后就会生成一个 HEX 目标文件。类似的还可以选择生成一个 LIB 库，但是现在还用不到。再下面还可以设置在编译完成是否开始运行 debug，即仿真，或者是否运行指定的某些应用程序。这个设置窗口如图 6-8 所示。

另外几个页：Listing、C51、A51、BL51 locate、BL51 Misc 都用默认设置，将来会在 C51 的高级应用时用到。有关这方面的知识可参阅 Keil 的专门介绍。

③ 软件仿真与硬件仿真设置——选择 Debug 标签，如图 6-9 所示。

在这里，可以设置使用软件仿真或者硬件仿真。由于已经接好了硬件仿真器和电路，选择硬件仿真。另外，在下拉菜单里选择“Keil Monitor－51 Driver”，这是仿真设备类型。下面还可以选择是否进入仿真后立即装载程序到仿真器中。

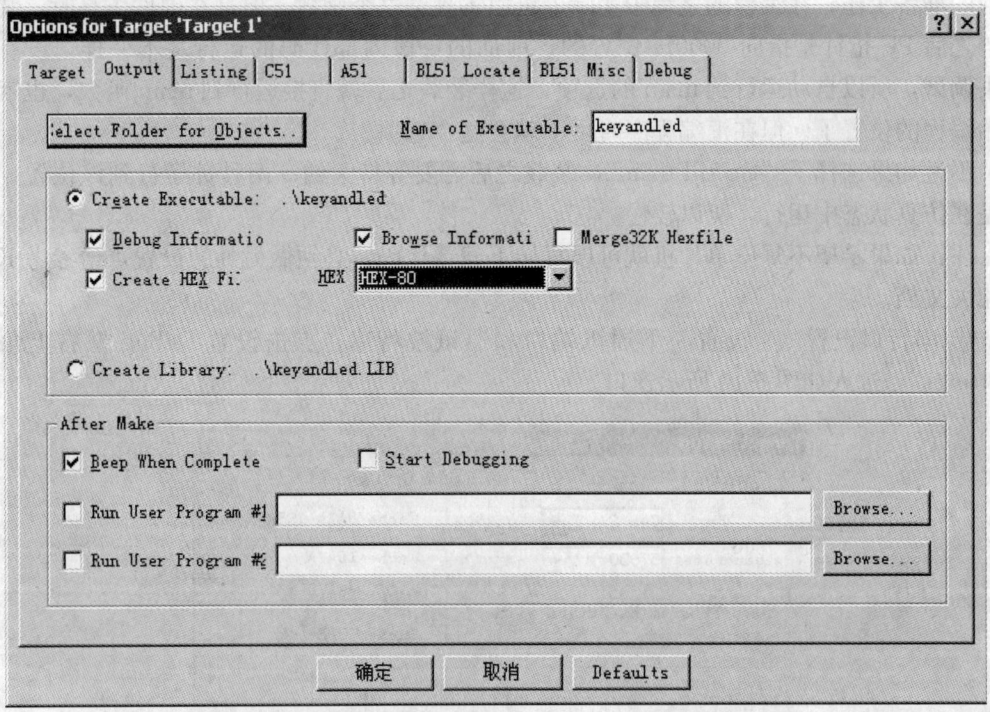

Options for Target 'Target 1'

Target | Output | Listing | C51 | A51 | BL51 Locate | BL51 Misc | Debug

Select Folder for Objects...　　Name of Executable: keyandled

Create Executable: .\keyandled

Debug Informatio　　Browse Informati　　Merge32K Hexfile

Create HEX Fi:　　HEX　HEX-80

Create Library: .\keyandled.LIB

After Make

Beep When Complete　　Start Debugging

Run User Program #1　　Browse...

Run User Program #2　　Browse...

确定　取消　Defaults

图 6-8　选择生成 HEX 文件

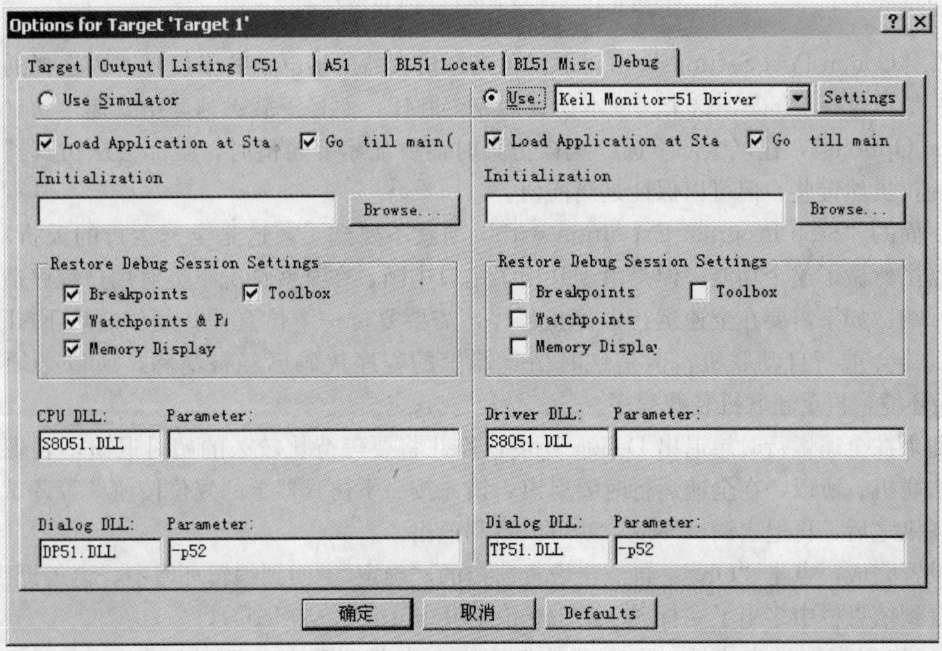

Options for Target 'Target 1'

Target | Output | Listing | C51 | A51 | BL51 Locate | BL51 Misc | Debug

Use Simulator　　Use: Keil Monitor-51 Driver　Settings

Load Application at Sta　Go till main(　　Load Application at Sta　Go till main

Initialization　　Initialization

Browse...　　Browse...

Restore Debug Session Settings　　Restore Debug Session Settings

Breakpoints　Toolbox　　Breakpoints　Toolbox

Watchpoints & P:　　Watchpoints

Memory Display　　Memory Display

CPU DLL: S8051.DLL　Parameter:　　Driver DLL: S8051.DLL　Parameter:

Dialog DLL: DP51.DLL　Parameter: -p52　　Dialog DLL: TP51.DLL　Parameter: -p52

确定　取消　Defaults

图 6-9　选择硬件仿真

如果使用 C51 编程，可选“Go till main”选项。因为 C51 的编译中实际上在内部还调用了一个初始化函数，这个函数的作用是清除所有内存、设置 sp 指针等运行 main 程序之前的准备工作，在编程的过程中实际上可以不理会这个函数。但是在硬件仿真时，装载代码之后 PC 指针是指向 0000H 位置的，前面的一段内部代码的运行基本一样，没有必要去调试，所以自动运行到 main 的选项，这样装载之后就直接运行到 main 函数，也就是开始编程的位置了。但在汇编程序时可不理会这个选项。

不过如果选择了“Go till main”，装载之后需要等待大约一两秒钟运行到该位置，因为是在仿真状态中运行，所以较慢。

注：如果希望不复位单片机就可以直接下载新代码，必须做另外的设置，请参考 Keil 的相关文档。

④ 串行口设置——设置一下通讯端口和通讯波特率，点击设置 Debug 框右上角的“Settings”，进入如图 6-10 所示窗口。

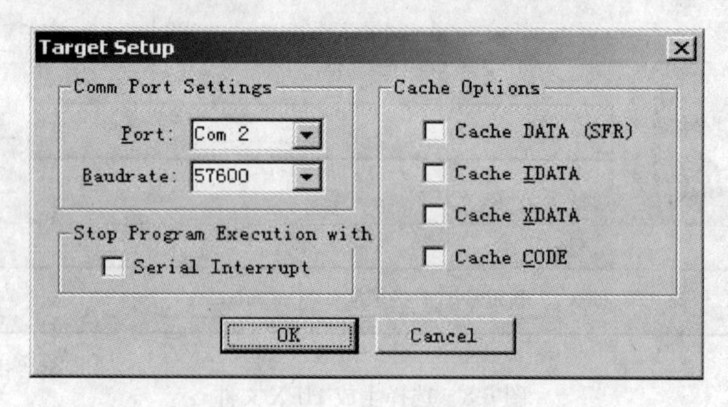

图 6-10　选择通讯口与通讯波特率

在“Comm Port Settings”窗口下，可选择仿真器所接电脑的串口号；再选择通讯速度，一般可选择 57600，这个速度本仿真器完全胜任，而且下载迅速、仿真速度快。另外“Cache Options”，建议全部不选，这样仿真时需要显示变量值时，全部会从仿真器中读最新的，虽然慢些，但可以保证是当前值。

下面的“Stop Program Execution with”项就不要选了，这是全速运行的夭折功能，仿真器虽然做了这个功能，但是由于共用了串口中断，在某些情况下会对用户程序造成一定的影响。如果需要在全速运行中停止程序，需要复位一下仿真器，复位之后 Keil 环境和仿真器会重新自动联机，但是这时仿真器里的程序代码已经被清除，所以必须退出 Debug环境，再重新联机装载程序。

如果在全速运行时想退出 Debug 环境，Keil 将要等待比较久的超时退出，表现为报告无法联机。所以，在全速运行时要退出，请先按一下仿真器上的复位按钮，等调试环境重新联机之后，再退出调试环境，就可以顺利退出了。

设置完成，点击“OK”，再点击设置窗口的“确定”。回到编辑环境中，再编译一次。可以看到信息栏中多出了一行“Creating hex file form ″key _ led″ ...”.

5）将程序编译完成后，下面开始仿真。点击菜单 Debug 下的“Start/Stop Debug Session”，或工具条中的 进入仿真状态。

6）在下面几种情况中，会出现连接不上的提示框：

① 硬件没有连接好。(仔细连接好)

② 计算机的串口号设置错了。(重新设置)

③ 波特率设置过高，如 115200。(重新设置)

④ 计算机串口被其它应用程序占用了。(关闭其他应用程序)

⑤ 仿真器正在全速运行。(按仿真器复位键，使程序停止运行)

⑥ 仿真器处于脱机运行状态并且在运行用户程序。(按仿真器复位键，并在 2s 内联机)

⑦ 用户板对通讯口 P3.0 和 P3.1 造成了干扰。(拔除用户板，测试是否可以联机，再检查用户板)。这时会出现如图 6-11 所示窗口。

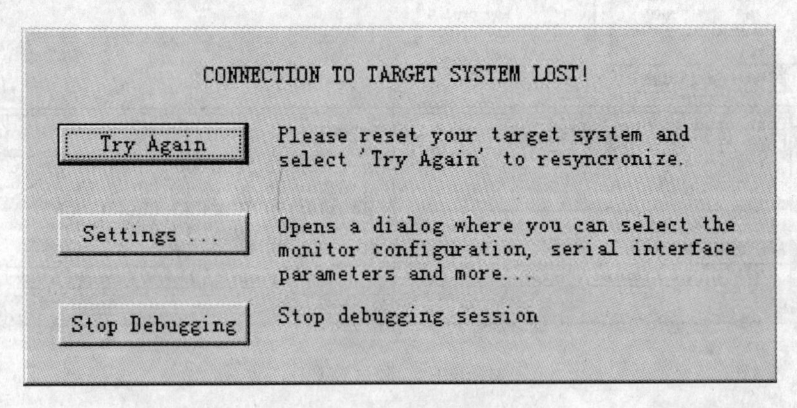

图 6-11　通讯出现问题

按下“Settings”就可以重新进入通讯设置，将正确的串口号和波特率设置好。将其它使用这个串口的应用程序关闭；再仔细检查连线，按照开始的说明接好；再按一下复位按钮，看灯是否会闪一下。闪一下，过 2s 之后并没有再闪 3 下，就是正常仿真状态，随时都可以进行连接；如果闪一下，过 2s 之后又闪了 3 下，这时仿真器是处于脱机运行状态，必须在两次闪烁之间的 2s 之内进行连接才可以连通，如果不行，可按“Stop Debugging”回到编译状态，按一下仿真器的复位按钮，再进入调试状态。点击“Try Again”，正常连通，出现如图 6-12 所示窗口。

7）等待片刻，程序自动运行到第一条指令，那里的一个小箭头就是指向当前的一句代码。左下角是命令输入框，可以输入需要的调试命令。右边两个是观察窗口和内存窗口。在存储器的输入框中分别输入 i：00、x：00、c：00，可观察内部存储器、外部存储器、程序存储器状况。命令窗口分为底下的输入行和上面的状态栏，在状态栏里可以看到有“Connected to Monitor-51 V505”字样，“V505”就是本仿真器的版本号，用来代表该仿真器的编号。每一台 MCU51-63K 仿真器都有不同的编号。

窗口中间有一排快捷按钮，表示的含意如图 6-13 所示。

现在点击单步“Step Over”或按 F10，可以看到程序代码一句句被运行。运行到 mov p1，#off 时，试验箱上的灯 LED1～LED4 全亮；当单步运行到 clr p1.0～clr p1.3 时，LED1～LED4 依次灭。按全速运行键，如试验箱没有反应，这时按一下，将 K1 键打到上面，LED1 亮；依次将 K1～K4 打到上面，LED1～LED4 依次点亮。

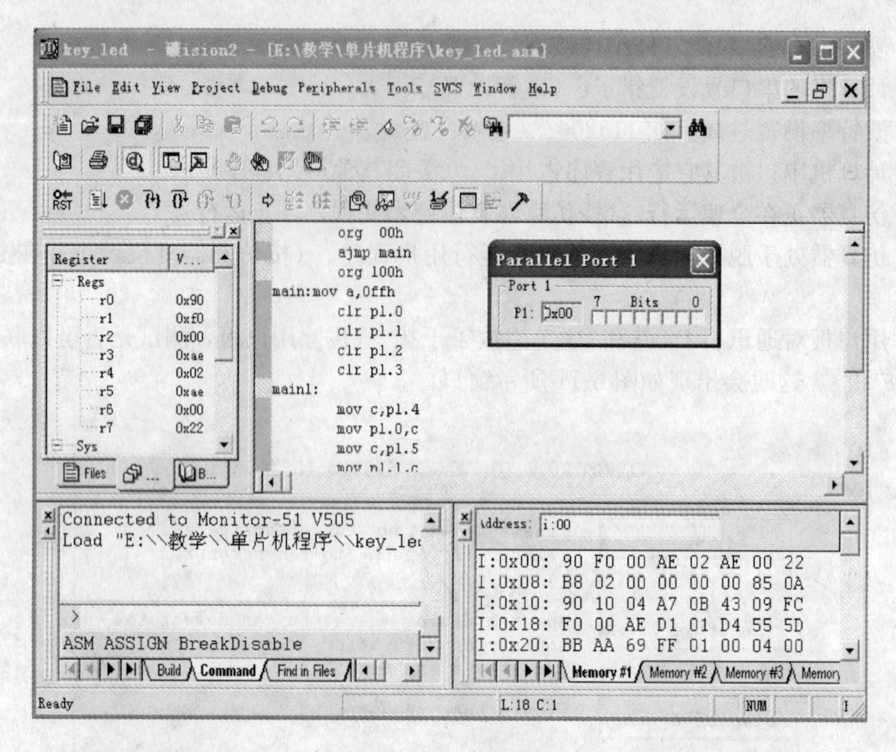

图 6-12　调试窗口

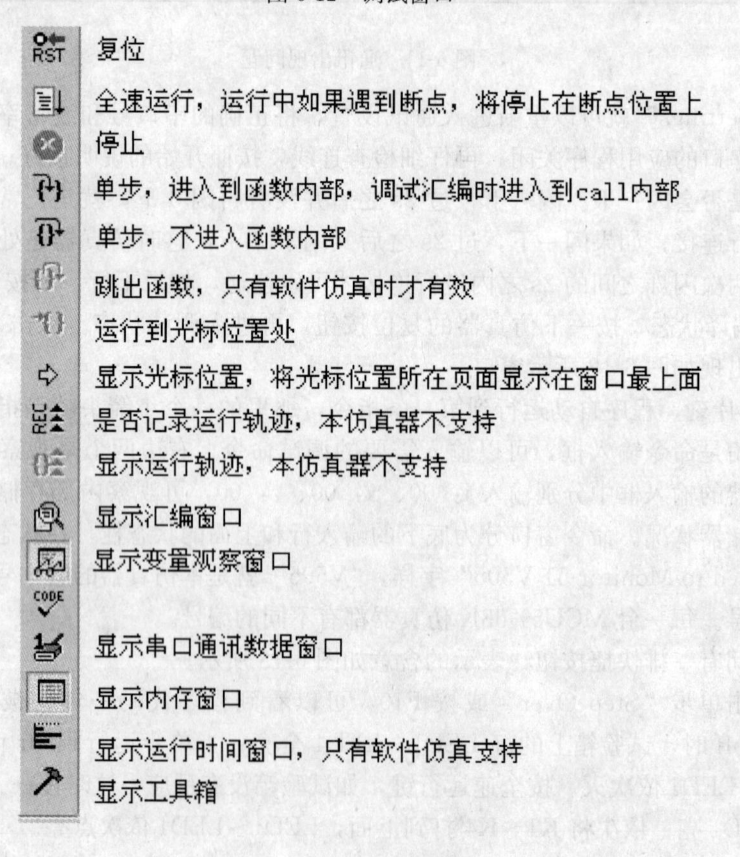

图 6-13　工具条说明

8）断点设置。当程序在全速运行时，希望程序运行到某一条指令时停止，可用断点设置。此时可将光标移到指令前，按工具条中的，在程序前有一个红点，当全速运行时程序会在此处停止。如想取消断点，可按。Keil 可设置多达 10 个断点。

6.2 温控系统实例

数据采集处理系统是一个把模拟电信号转换成数字信号，经过计算机加工处理，再把处理后的数字信号转换成模拟信号的闭环系统。

在科研、生产和人们的日常生活中，模拟量的测量和控制是经常的。为了对温度、压力、流量、速度、位移等物理量进行测量和控制，都是通过传感器把上述物理量转换成能模拟物理量的电信号，即模拟电信号。将模拟电信号经过处理并转换成计算机能识别的数字量，送进计算机，这就是数据采集。计算机将采集来的数字量根据需要进行不同的辨识、运算，得出所需要的结果，这就是数据处理。数据处理结果显示于显示器或屏幕上，或由打印机打印在纸上，以便对某些物理量进行监视，再将数据处理结果的数字量转换成模拟信号去控制某些物理量，这就是监控。这一数据采集、计算机处理、数—模转换的监控系统，就是一种数据采集处理系统。现代数据采集系统具有如下主要特点：

① 现代数据采集系统一般都由计算机控制，使得数据采集的质量和效率大为提高，节省了硬件投资。

② 软件在数据采集系统的作用越来越大，这增加了系统设计的灵活性。

③ 数据采集与数据处理相互结合得日益紧密，是当今信号处理系统的重要组成部分。

④ 数据采集过程一般都具有“实时”特性，实时的标准是能满足实际需要。对于通用数据采集系统，一般希望有尽可能高的速度，以满足更多的应用环境。

⑤ 随着微电子技术的发展，电路集成度的提高，数据采集系统的体积越来越小，可取性越来越高，甚至出现了单片数据采集系统。

⑥ 总线在数据采集系统中有着广泛的应用，总线技术对数据采集系统结构的发展起着重要作用。

下面主要介绍一种基于 AD590 的温度巡回检测单片机控制系统。

6.2.1 系统硬件设计

基于 AD590 的温度巡回检测系统框图如图 6-14 所示。各点温度由 AD590 温度传感器检测，并经屏蔽线传送到模拟开关，由模拟开关切换后，经放大器放大，再由转换器转换成数字信号。89C51 单片机读取转换的数字信号并进行必要处理后，将结果存入内存 RAM 中供打印机打印，同时送 LED 显示器显示。另外，

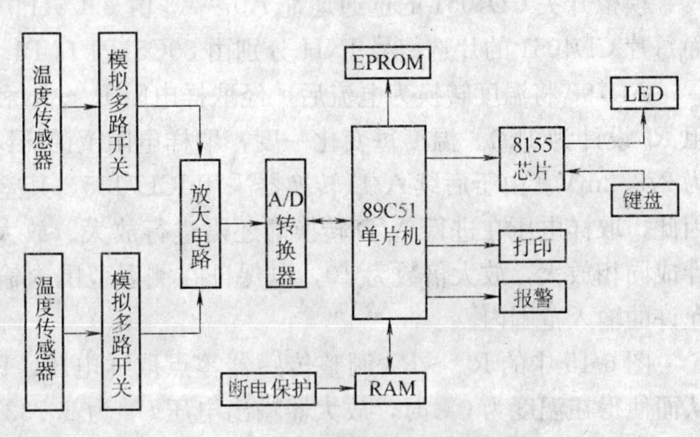

图 6-14　温度巡回检测系统框图

89C51 还将依据由键盘输入的温度上下限报警温度值对所检测的温度进行越限声光报警处理。

6.2.1.1 AD590 温度传感器的测温原理及其特点

AD590 是一种两端集成电路式半导体温度传感器，输出电流与它所感受的温度成线性关系，工作电压可以从 4～30V 范围内选用，测温范围为－55～150℃，属于低温传感器。它与大多数其它形式的温度传感器相比，不存在线性化问题；与热电阻相比，不需要设计输入电桥和微弱信号放大器；与热电偶相比，不需要进行冷端补偿。而且，它是以高阻抗恒流源形式输出，传输线上的压降不影响输出电流值，可以进行远距离传输。因此，它具有使用方便、抗干扰能力强的特点，特别适用于较远距离的温度巡回检测系统的设计。该系统根据待检测温度点分布的特点和要求，选用 AD590 作为温度传感器。

AD590 是一恒流源器件，输出的电流值与它所测的绝对温度有精确的线性关系。由于厂家生产时采用激光微调来校正集成电路内的薄膜电阻，使其在 0℃（对应热力学温度为 273.2K）输出电流为 273.2μA，灵敏度为 μA/K，当其感受温度升高或降低时，输出电流以 μA/K 的速率增大或减小，从而将被测温度线性转换为电流形式输出。在测量线路中，将其电流转换为电压，则可用电压形式来表示对应温度的大小。由于 AD590 输出电流设计为与开氏温标对应，而且工作电压范围大，因此，在实际应用中应注意以下几个问题：

① AD590 在 0℃时，输出电流值为 273.2μA，它与热力学温度 273.2K 相对应。而人们习惯用摄氏温标表示温度，摄氏温标与开氏温标的转换关系即 T（K）＝273.2＋t（℃），在信号处理时，应将开氏温度转换为摄氏温度。

② AD590 的工作电压虽可以在 4～30V 范围内选用，但某一工作电压一经确定后，尽可能使其稳定，因为工作电压波动将引起 AD590 输出电流在一定程度上的相对漂移，造成测量误差。

③ AD590 输出电流在远距离传输时，虽然它对导线产生的压降不敏感，但应避免传输导线回路受电磁干扰影响产生感应电势而导致回路电流变化，造成测量误差。

6.2.1.2 采样放大电路

检测系统采样放大电路的设计如图 6-15 所示。

48 个温度传感器 AD590 检测 48 点温度，6 个 CD4051 模拟开关对应控制采样每一个温度信号，通过 CD4051 采样的信号由同相放大器 741 进行放大，放大后的信号送 A/D 转换器。

模拟开关 CD4051 的选通地址 A0～A3 由 89C51P0 口的低位地址 P0.0～P0.2 控制，而每片 CD4051 的片选信号 INH 分别由 89C51P1 口 P1.0～P1.5 来控制。

AD590 将温度转换为电流后，经取样电阻 R_0～R_7 和 R_{0w}～R_{7w} 转换为电压信号取样电阻 R_P 设计为 1kΩ。温度每变化一度，取样电阻上的压降变化 1mV，在 0℃时，取样电压为 273.2mV。由于后续 A/D 转换器采用 ICL7135，其差动输入电压量程为 0～±1.999V，因此，取样电压在进行 A/D 转换前还需进行放大。放大器采用通用 741 运算放大器，设计成同相放大，放大倍数为 10，以保证在测温范围内输入的电压在 ICL7135A/D 转换器允许的输入范围内。

图 6-15 中的 R_{0w}～R_{7w} 调整传感器零点取样电压，R_{0w}～R_{7w} 调整放大器的放大倍数。从而使得在温度为 0℃时，放大器输出电压 U_0 为 2.732V；温度为 100℃时，放大器输出电压 U_0 为 3.732V。

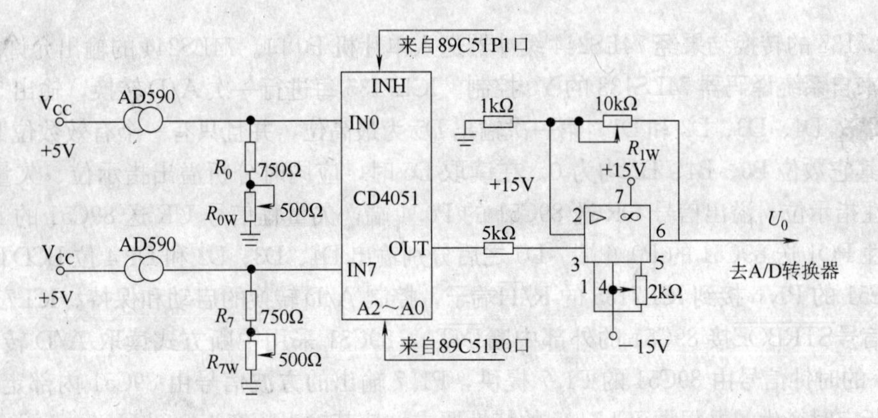

图 6-15　采样放大电路

6.2.1.3　A/D 转换电路

如图 6-14 所示的温度巡回检测系统，是采用 $4\frac{1}{2}$ 位双积分式 A/D 转换器 ICL7135 实现模/数转换的。其硬件设计如图 6-16 所示。

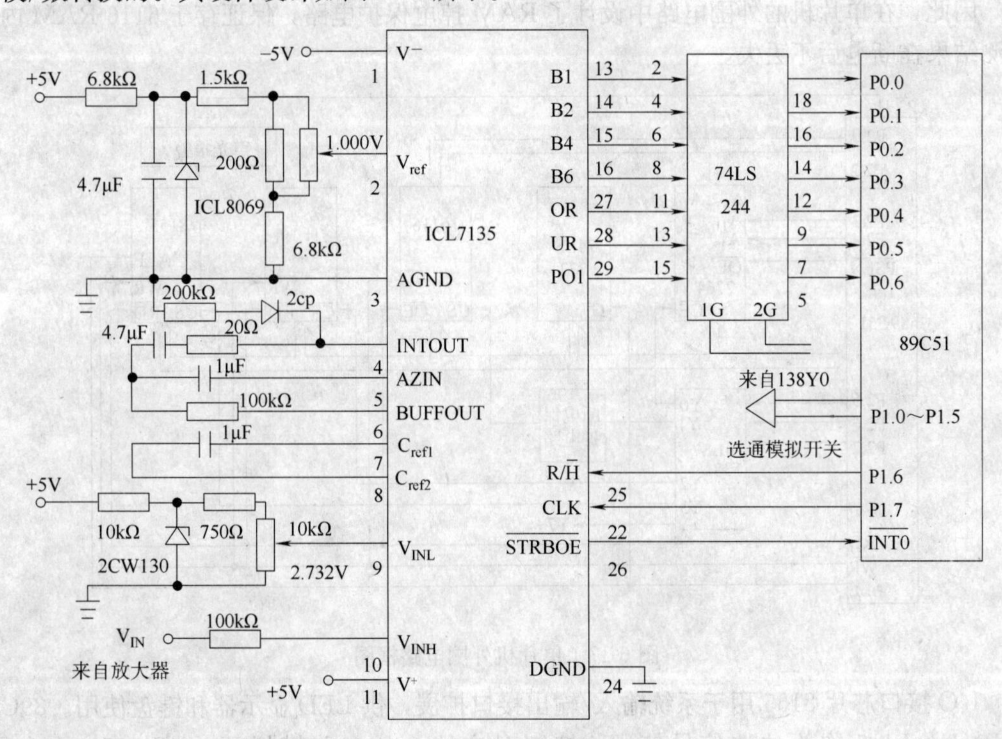

图 6-16　A/D 转换电路

ICL7135 工作于差动方式，V_{INL} 通过精密稳压管 2CW130 和分压电阻获得 2.732V 的直流电平输入。此举目的之一，是为补偿 AD590 在 0℃时加到 ICL7135V_{INL} 上的 2.732V 的偏置电压，使 ICL7135 在 0℃时，差动输入电压为零；此举目的之二，是保证 ICL7135 在测温范围内所接收的差动输入电压在其允许的转换量程范围内。ICL7135 的参考电压 V_{ref} 设定为 1.000V，由稳压管 ICL8069 和分压电阻提供。

ICL7135 的转换结果经 74LS244 缓冲器送入单片机 P0 口。74LS244 的输出允许端 1G 和 2G，由来自系统译码器 74LS138 的 Y0 控制。ICL7135 每进行一次 A/D 转换，输出 5 位 BCD 码，即 D5、D4、D3、D2 和 D1。第一次输出 D5 为最高位，并且只有一个有效数位 B1（为 1 或 0），其它数位 B6、B4、B2 均为 0。在读取 D5 时，应同时分析溢出指示位、欠量程指示位和极性指示位，溢出信号 OR 送 89C51 的 P0.4 端，欠量程信号 UR 送 89C51 的 P0.5 端，信号极性 PO1 送 89C51 的 P0.6 端。D5 之后分别输出 D4、D3、D2 和 D1 4 位 BCD 码。

89C51 的 P1.6 接到 ICL7135 的 R/$\overline{H}$端子，控制 A/D 转换的启动和保持。ICL7135 的输出选通信号$\overline{STRBOE}$接 89C51 的外部中断$\overline{INT}0$，89C51 采用中断方式读取 A/D 转换结果。ICL7135 的时钟信号由 89C51 的 P1.7 提供，P1.7 输出的方波信号由 89C51 内部定时器 T0 通过中断定时产生，并根据 ICL7135 的特性要求，使其输出频率为 200kHz。

6.2.1.4　单片机外围电路

如图 6-14 所示的温度巡回检测系统是以 89C51 单片机为核心器件，由一片 2764 EPROM、一片 6116RAM、一片 8155 I/O 接口芯片、一片 74LSl38 译码器及一些必要的逻辑器件构成，其框图如图 6-17 所示。由于检测系统需要对检测的温度数据进行记录保存，因此，在单片机的外围电路中设计了 RAM 掉电保护电路，保证存于 6116 RAM 内的检测结果在断电后不丢失。

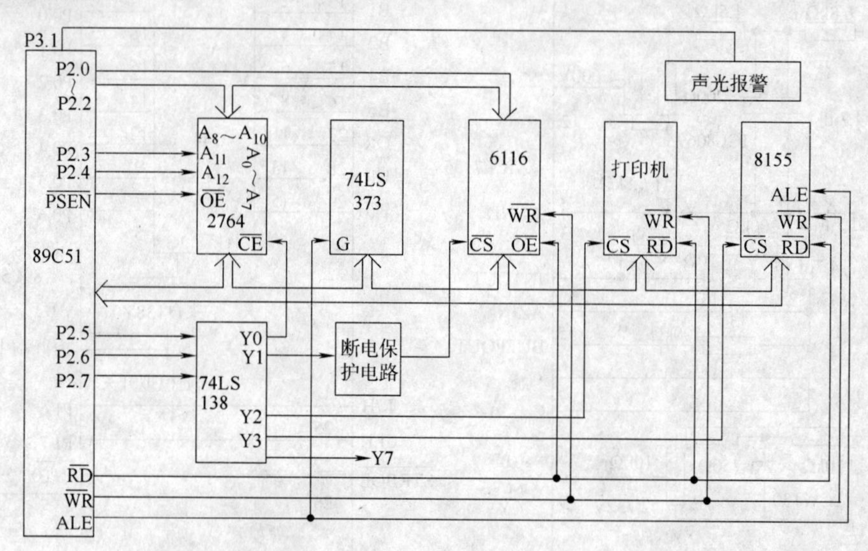

图 6-17　单片机外围电路框图

I/O 接口芯片 8155 用于系统输入/输出接口扩展，供 LED 显示器和键盘使用。89C51 的 P1.0～P1.5 作为位选信号使用，控制对应的 6 片多路模拟开关 CD4051 的选通。74LSl38 译码器的输出 Y7 用于 A/D 转换器的口地址，去控制 74LS244 缓冲器输出允许端。89C51 对采样的温度数据进行处理后，可送 8155 进行巡回显示或定点显示，同时，也可由打印键控制或定时控制，由打印机随机打印输出或定时打印输出。

6.2.1.5　显示器/键盘接口

检测系统利用 8155 芯片完成系统显示器/键盘的接口任务，其结构框图如图 6-18 所示。

8155 PA 口作为键盘输入口，系统设置 7 个小键和一个开关。其中：PA0、PA1 分别定义为左移键和加 1 键，用这两个键代替 10 个数字键向系统输入有关参数；PA2 定义为上限温度报警参数设定键；PA3 定义为下限温度报警参数设定键；PA4 定义为定位显示键；PA5 定义为打印键；PA6 定义为停止报警键；PA7 是一个硬开关。

PB 口定义为 BCD 码、小数点、符号输出口。其中：PB0～PB3 作为 BCD 码输出位；PB4 作为小数点输出位；PB5 对应符号输出位。当检测温度为负时，使该位输出低电平，点亮对应的 1 个发光二极管；若检测温度为正时，该位输出高电平，对应发光二极管不亮。

PC 口定义为输出口，作为 6 位 LED 显示器的位选通输出。6 位 LED 的低 4 位作为温度数值的显示，高 2 位用于通道号数的显示，显示过程采用动态扫描方式。各点温度可以巡回显示，也可由定位显示键控制进行定点显示。

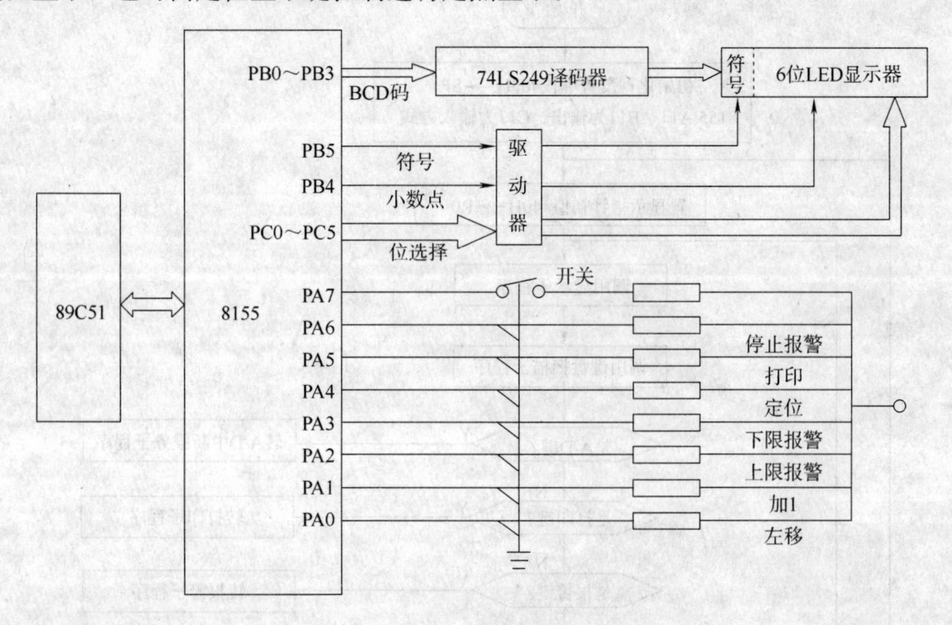

图 6-18　显示器/键盘接口框图

6.2.2　系统软件设计

系统软件设计采用模块化结构。整个程序由主程序、显示、键盘扫描、A/D 转换等子程序模块组成。

89C51 单片机系统中，片内、外 RAM，EPROM 以及 I/O 口存储空间的地址是统一的。地址分配如下：

① 堆栈栈顶地址设置在片内 RAM 数据缓冲区 60H；

② 显示缓冲区设在片内 RAM：40H～47H 单元；

③ 2764 EPROM 存储区地址为：8000H～9FFFH；

④ 6116 RAM 地址定为：3800H～3FFFH；

⑤ 8155：状态口为 AF00H，RAM 为 AE00H～AEFFH，A 口为 AF01H，B 口为 AF02H，C 口为 AF03H；

⑥ ICL7135：口地址为 DFFFH。

系统软件主要由初始化程序、主程序、A/D 转换程序、打印程序及监控程序等组成。

初始化程序是对 89C51 内部特殊功能寄存器 SFR 及 8155 芯片的 PA 口、PB 口和 PC 口的工作方式进行设定；监控程序完成对键盘输入的扫描及显示器的输出显示；A/D 转换程序完成对信号的采样和 A/D 转换；主程序对采集的数据进行处理。其中，A/D 转换程序是 89C51 响应 ICL7135A/D 转换器的中断服务程序；打印程序是 89C51 响应定时器 T0 的定时中断服务程序，或是响应打印键的键处理程序。下面主要介绍主程序、A/D 转换程序及显示、键盘程序的设计。

6.2.2.1　主程序

图 6-19 所示是主程序流程。

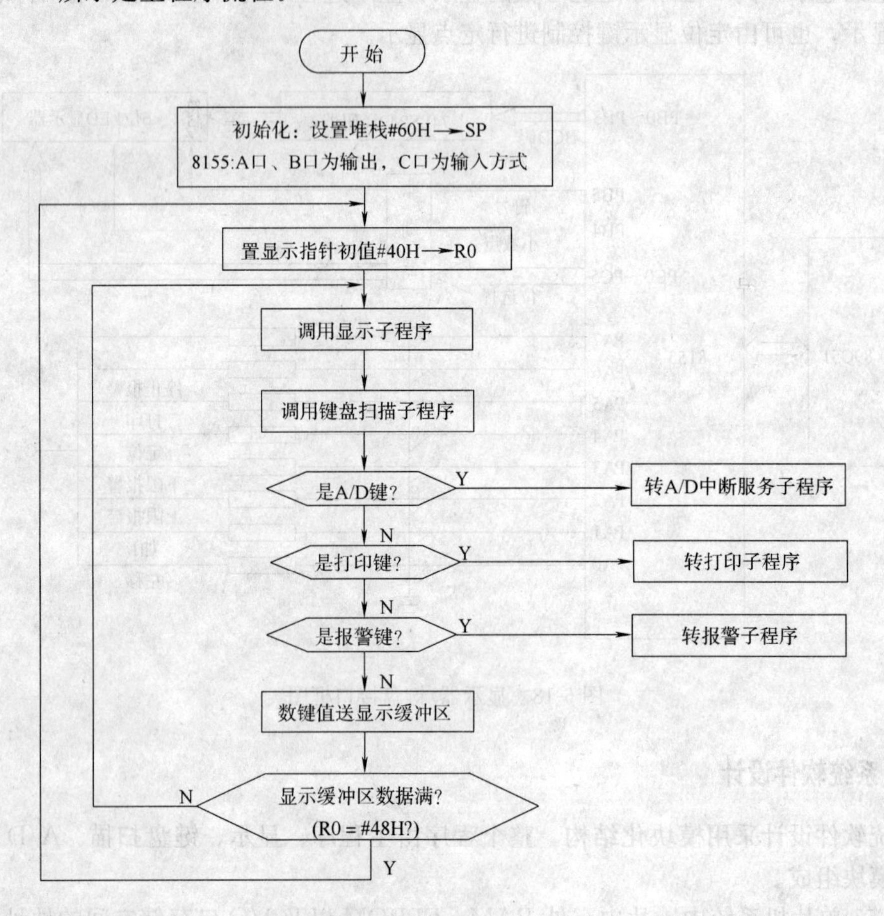

图 6-19　主程序流程

主程序清单如下：

```
        ORG     8000H
MAIN：  MOV     SP，＃60H          ；设置堆栈
        MOV     DPTR，＃0AF00H     ；8155A 口、B 口为输出
        MOV     A，＃03H           ；C 口为输入方式
        MOV     R0，＃40H          ；显示缓存区 40H～47H 清 0
        MOV     A，＃00H
ML0：   MOV     @R0，A
```

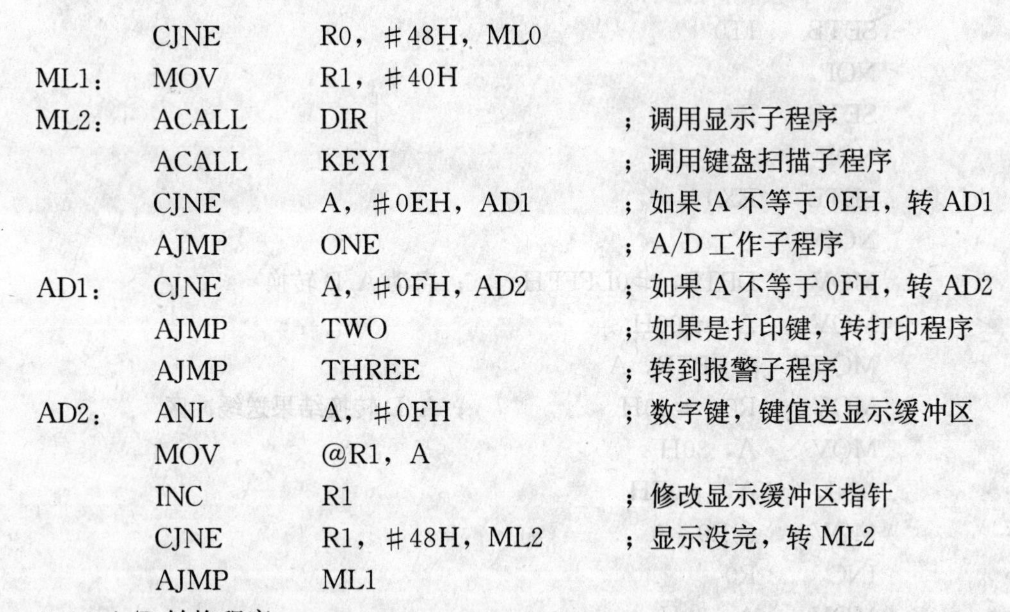

```
        CJNE    R0，#48H，ML0
ML1：   MOV     R1，#40H
ML2：   ACALL   DIR                 ；调用显示子程序
        ACALL   KEYI                ；调用键盘扫描子程序
        CJNE    A，#0EH，AD1        ；如果A不等于0EH，转AD1
        AJMP    ONE                 ；A/D工作子程序
AD1：   CJNE    A，#0FH，AD2        ；如果A不等于0FH，转AD2
        AJMP    TWO                 ；如果是打印键，转打印程序
        AJMP    THREE               ；转到报警子程序
AD2：   ANL     A，#0FH             ；数字键，键值送显示缓冲区
        MOV     @R1，A
        INC     R1                  ；修改显示缓冲区指针
        CJNE    R1，#48H，ML2       ；显示没完，转ML2
        AJMP    ML1
```

6.2.2.2　A/D转换程序

图6-20所示为A/D转换程序的框图。

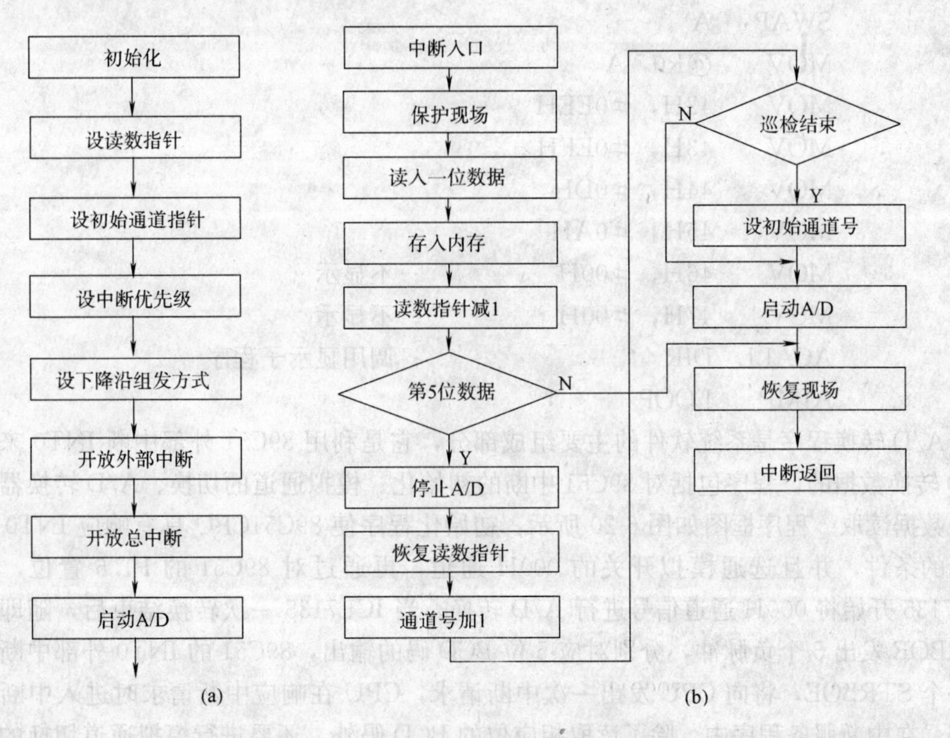

图6-20　A/D转换程序框图

(a) 中断初始化框图　(b) 中断服务程序框图

```
ONE：   MOV     31H，#00H
        MOV     20H，#0FFH
        MOV     21H，#37H
```

```
        SETB    IT0
        NOP
        SETB    EA
        NOP
        SETB    EX0
        NOP
        MOV     DPTR，#0DFFFH       ；启动A/D转换
        MOV     A，#00H
        MOVX    @DPTR，A
        MOV     R0，#40H            ；A/D转换结果送缓冲区
        MOV     A，30H
        ANL     A，#0FH
        MOV     @R0，A
        INC     R0
        MOV     A，30H
        ANL     A，#0F0H
        SWAP    A
        MOV     @R0，A
        MOV     42H，#0EEH
        MOV     43H，#0EFH
        MOV     44H，#0DH
        MOV     45H，#0AH
        MOV     46H，#00H           ；不显示
        MOV     47H，#00H           ；不显示
        ACALL   DIR                 ；调用显示子程序
        AJMP    LOOP
```

A/D转换程序是系统软件的主要组成部分，它是利用89C51外部中断INT0来读取A/D转换数据的，程序包括对89C51中断的初始化、模拟通道的切换、A/D转换器的启动及数据读取。程序框图如图6-20所示，初始化程序使89C51CPU具有响应INT0外部中断的条件，并且选通模拟开关的000H通道，再通过对89C51的P1.6置位，启动ICL7135开始将000H通道信号进行A/D转换。当ICL7135一次转换结束后，随即通过STRBOE发出5个负脉冲，分别对应5位BCD码的输出，89C51的INT0外部中断每接收一个STRBOE，将向CPU发出一次中断请求，CPU在响应中断请求时进入中断服务程序。在中断服务程序中，除了读取相应位的BCD码外，还要进行模拟通道切换的调整工作，从而实现巡回检测和相应通道的A/D转换。

6.2.2.3 中断服务程序

```
PINT1： PUSH    PSW                 ；保护现场
        PUSH    ACC
        PUSH    DPL
```

```
        PUSH   DPH
        INC    31H
        MOV    A，31H
        CJNE   A，#0FFH，CCT
        MOV    31H，#00H
        MOV    DPTR，#0DFFFH    ；A/D 转换结果送入 RAM
        MOVX   A，@DPTR
        MOV    30H，A
        MOV    DPL，20H         ；修改 RAM 地址
        MOV    DPH，21H
        INC    DPTR
        MOV    A，30H
        MOVX   @DPTR，A
        MOV    20H，DPL
        MOV    21H，DPH
        MOV    A，21H
        RLC    A
        RLC    A
        RLC    A
        RLC    A
        CJNE   C，1，CCT        ；如果 A 不等于 1，转 PINT1
        CLR    EA
        INC    A
        AJMP   ONE
CCT：   POP    DPH              ；出栈返回
        POP    DPL
        POP    ACC
        POP    PSW
```

6.2.2.4　显示、键盘处理程序

测量系统采用 6 位 LED 动态扫描方式显示所检测的温度，高 2 位显示对应检测点的通道号，低 4 位为该点的温度值。温度值的 BCD 码在主程序进行数据处理时装入显示缓冲单元字节的低 4 位，即 D0～D3 位；而温度的小数点及极性装配在 D4、D5 位。它们都从 8155 的 PB 口输出到 LED，8155PC 口的每一位对应一个 LED 的位选通，通过扫描方式分时每次选通一个 LED 点亮，从而实现动态显示。

在设计键盘处理程序时，首先考虑到 8155 芯片的 PA 口与键盘输入是采用一键一位对应方式设计的，因此，CPU 查询是否有键动作或判断是哪个键动作都很方便；其次，由于仅用左移键和加 1 键代替 10 个数字键，就要求这两个键处理程序密切配合，而且尽可能使操作者在计数时直观方便。键盘扫描程序框图如图 6-21 所示。

左移键处理程序的主要任务是为操作者提供直观的显示和要修改的 LED 位。当它被

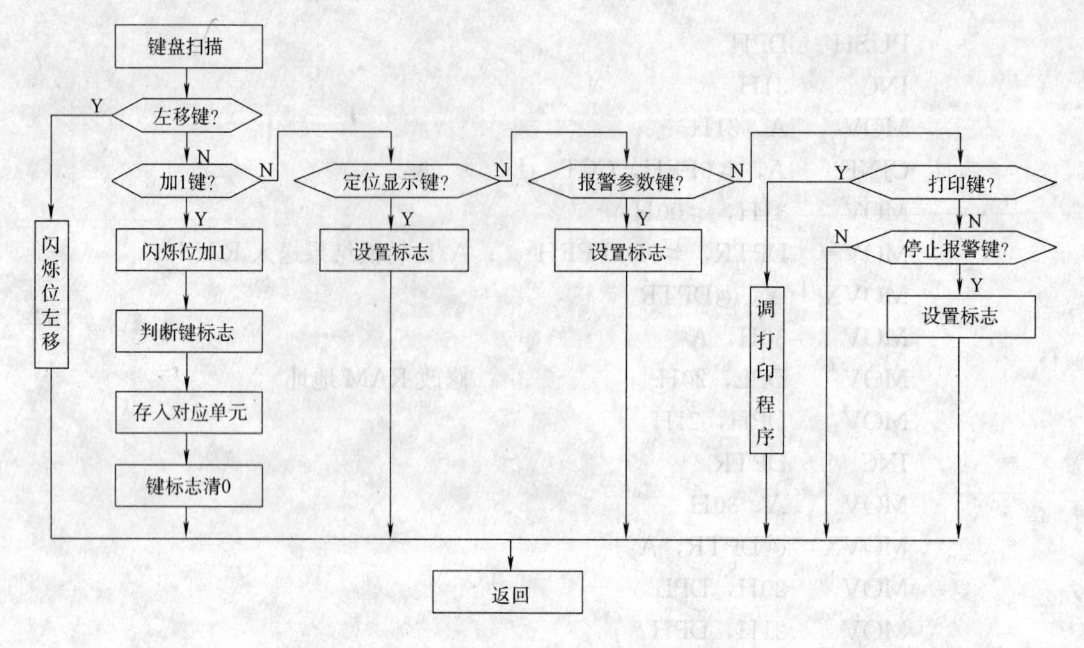

图 6-21　键盘扫描程序框图

按 1 次，6 位 LED 的某位闪烁，以表示该位可以进行新的数字设置。该位数字设定完成后若需设定另一位 LED 的数字，则可再按左移键，闪烁位将由低位向高位左移达到所要设定的位。通过重复按左移键可实现 7 位循环（第 7 位是不闪烁的）。

加 1 键是在左移键的配合下，使闪烁的 LED 位内容加 1。当左移键使某位 LED 闪烁后，再按加 1 键，则该位的显示数加 1。若重复按加 1 键，LED 内容累计加 1，当加到 9 后，再按加 1 键，则 LED 显示器内容为 0。CPU 在使 LED 内容加 1 的同时判断按键标志，以确定当前所修改的数据是属于哪个按键的要求，并将修改后的数据存入对应键的缓冲单元，达到所要修改参数的目的。

PA 口的 PA7 作为硬开关输入位，当键盘扫描程序检测该位为低电平，内部设置标志，表示系统将定时打印检测数据；若检测系统为高电平，内部设置另一标志，表示系统由打印键控制随机打印检测数据。

键盘扫描程序检测到报警参数键被按下时，则设置相应标志，表示下面要修改的数据是报警参数，并将修改后的参数存入相应单元。键盘扫描程序检测到定位显示键按下时，设置相应标志，表示下面要修改显示通道号，并将要显示的通道号存入相应单元，使 CPU 固定显示所指定的通道温度。当打印键或停止报警键按下后，CPU 将执行相应的动作，完成相应的功能。系统键扫描是利用系统提供的基准时间进行定时扫描的，其定时扫描时间设置为 100ms。

6.3 步进电机控制系统实例

步进电机是一种典型的将数字脉冲量转换成机械位置量的一种元件（设备）。它广泛应用于各种机电一体化设备中，如打印机的走纸机构、打印头移动机构等都离不开步进电机。在本节中介绍 MCS-51 单片机对步进电机实行控制时的接口及程序。

6.3.1 步进电机的工作原理

步进电机是单片机控制系统中一种十分重要的自动化执行元件。它与单片机的数字系统结合，可以把脉冲数字转换成角位移，并且可用作电磁制动轮、电磁差分器、电磁减法器或角位移发生器等。

步进电机有许多种类，无论哪一类步进电机工作原理大致都是一样的，即利用电磁效应使步进电机旋转一定的角度。在单片机应用系统中常用的步进电机是反应式步进电机。如图 6-22 所示是三相反应式步进电机结构图。

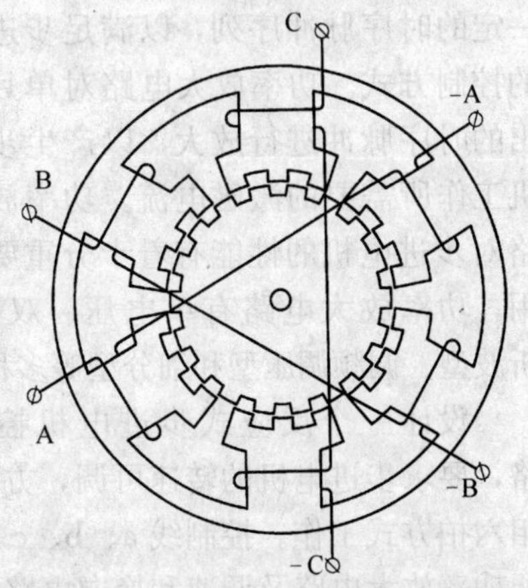

图 6-22　反应式步进电机结构示意图

从图 6-22 中可以看出，在反应式步进电机中，分成定子和转子两大部分。在定子上有六个大的磁极，在每个大的磁极上面向转子的一侧分布着多个小齿，这些小齿大小相同、间距相等。每个磁极上绕有绕组，相对的两个磁极是一个绕组，共有 A、B、C 三个绕组。转子由软磁材料制成，外部是齿状的圆柱体。

步进电机设计原则是当某一相通电时，转子的齿与通电相的定子齿是对齐的（对齿），而其它两相的定子齿则是错开的（错齿），正是因为步进电机的这种结构才会使其旋转。

对于三相反应式步进电机来说，每相磁极空间相差 120°，而相邻磁极相差 60°。如果转子有 40 个齿，转子的转矩角 θ_z 为：

$$\theta_z=\frac{360^\circ}{40}=9^\circ$$

反应式步进电机的步距角可以做到很小，例如 3°、1.8°、1.5°、1°、0.9°、0.5°等。

步进电机的工作就是转动。在一般的步进电机工作中，其电源都是采用单极性的直流电源。要使步进电机转动，就必须按照一定的时序对三相绕组供电。

对三相反应式步进电机而言，工作方式有三拍和六拍之分，三拍就是在转动一个齿时换相三次，六拍则要换相六次。而在三拍方式中还有单三拍和双三拍之分。各种工作方式换相情况如图 6-23 所示。

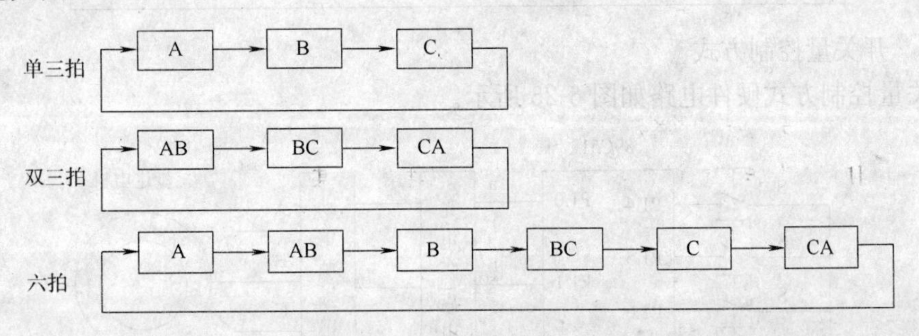

图 6-23　三相反应式步进电机的三种工作方式

在三相反应式步进电机的三种工作方式中，六拍工作方式的综合性能是最好的。六拍工作方式时，步进电机有较好的平滑性。一方面是因为它的电磁阻尼作用，另一方面是因为它的步距比单三拍及双三拍都要小，转子中产生的过冲摆动明显减少。同时，在六拍工作方式中，由于绕组中的电流较大，故能产生较大的旋转力矩。

6.3.2 步进电机与 MCS-51 单片机的接口

步进电机与 MCS-51 单片机的接口系统框图如图 6-24 所示。在图 6-24 中，单片机产生一定的时序脉冲序列，以满足步进电机的控制方式。功率放大电路对单片机输出的时序脉冲进行放大，以产生步进电机工作所需要的激磁电流。功率放大电路对步进电机的性能有着十分重要的作用，功率放大电路有单电压、双电压、斩波型、调频调压型和细分型等多种。

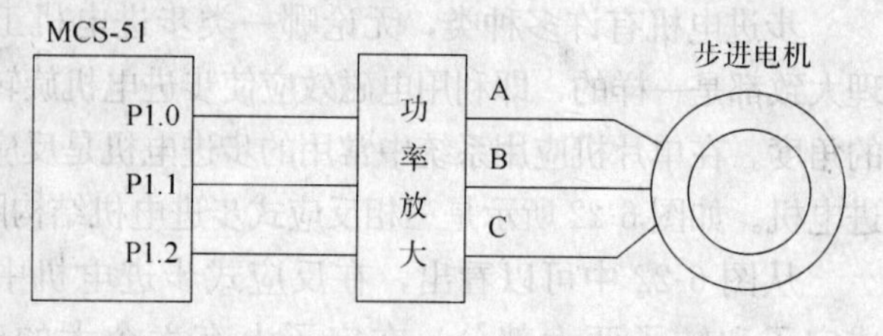

图 6-24 步进电机与单片机的接口电路

设计一个反应式步进电机控制电路，要求步进电机的转速可调，方向可调。设 CPU 的工作频率为 12MHz，步进电机以三相六拍方式工作。控制线 a、b、c 在低电平时，相应的相通电。可利用 MCS-51 单片机外配功率放大电路及调速和换向电路完成要求，在调速和换向电路中可采用开关量控制方式也可采用模拟量控制方式。在开关量控制方式时，利用单片机的 I/O 接口设计 4 个输入开关，分别是速度升、速度降、正向、反向，只要按下相应的开关就可改变步进电机的运行状态。对于模拟量控制方式，可在单片机系统中扩展一片 A/D 芯片，其输入电压为 0～5V：输入电压在 0～2.4V 范围内是反向运行，输入电压越高转速越快；在 2.4～2.6V 之间是停止状态；在 2.6～5V 之间是正向运行，输入电压越高速度越快。

正向旋转驱动时序为：

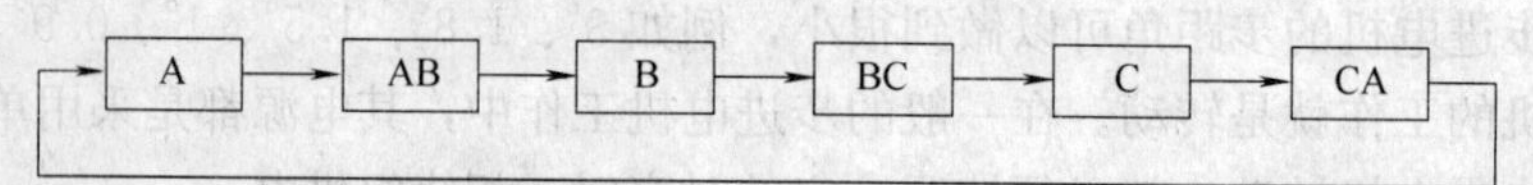

反向旋转驱动时序为：

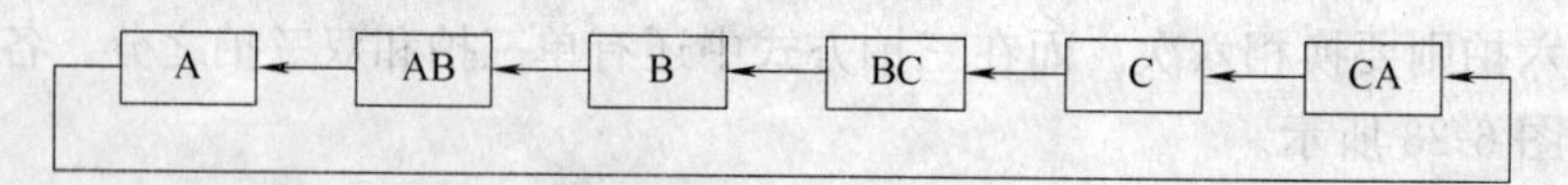

6.3.2.1 开关量控制方式

开关量控制方式硬件电路如图 6-25 所示。

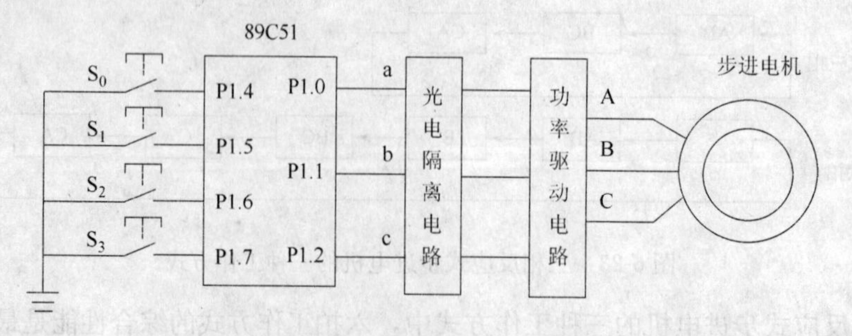

图 6-25 开关量控制方式的步进电机电路

在图 6-25 中，设 S_0 为加速、S_1 为减速、S_2 为正转、S_3 为反转。根据正反向驱动时序，以及硬件接线情况，可编制出单片机的驱动表，如表 6-1 所示。

表 6-1　　步进电机驱动状态表

正向旋转状态	反向旋转状态	A B C a b c	单片机输出口状态 P1.7～P1.0
0	5	0 1 1	11111110
1	4	0 0 1	11111100
2	3	1 0 1	11111101
3	2	1 0 0	11111001
4	1	1 1 0	11111011
5	0	0 1 0	11111010

根据表 6-1，可画出步进电机驱动时序图，如图 6-26 所示。

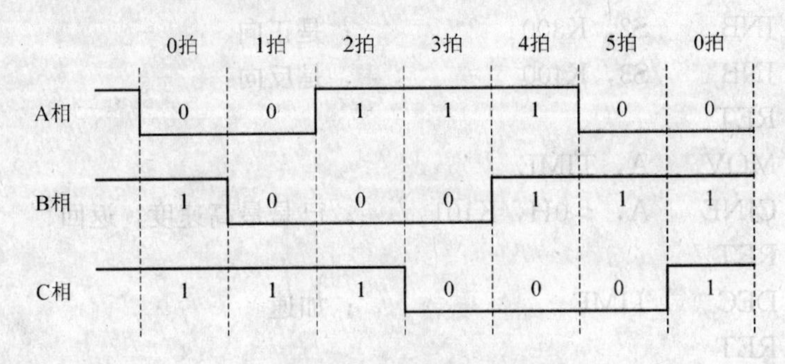

图 6-26　步进电机驱动时序

程序有主程序、键盘程序、正转程序、反转程序、延时程序。步进电机转速的调整可通过调节每一拍状态的持续时间，每拍持续时间越短速度越快，每拍持续时间越长速度越慢。调节正反向，可将查表的顺序反向就可将步进电机的转向由正向变到反向。

```
TIME    EQU     30H            ；定义延时时间单元，控制转速
S0      BIT     P1.4           ；加速键
S1      BIT     P1.5           ；减速键
S2      BIT     P1.6           ；正向运转键
S3      BIT     P1.7           ；反向动转键
BS0     BIT     20H.0          ；正反向运转标志：0 正向运转，1 反向
                                 运转
        ORG     00H
        AJMP    MAIN
        ORG     30H
MAIN：  MOV     SP，#6FH
        MOV     TIME，#0FFH    ；清延时单元
```

```
        CLR    BS0              ；开始为正向运转
MAIN1：
        LCALL  KEY              ；调键盘子程序
        JB     BS0，MAIN2       ；是否为反向运转吗
        MOV    R2，＃0
        LCALL  DJZX             ；是正向运转，调正向运转子程序
        AJMP   MAIN1
MAIN2： MOV    R2，＃5
        LCALL  DJFX             ；是反向运转，调反向运转子程序
        AJMP   MAIN1
；键处理子程序
KEY：   JNB    S0，K100         ；是加速键按下
        JNB    S1，K200         ；是减速键按下
        JNB    S2，K300         ；是正向
        JNB    S3，K400         ，是反向
        RET
K100：  MOV    A，TIME
        CJNE   A，＃0H，K101    ；已是最高速度，返回
        RET
K101：  DEC    TIME             ；加速
        RET
K200：  MOV    A，TIME
        CJNE   A，＃0FFH，K201  ；已是最低速度，返回
        RET
K201：  INC    TIME             ；减速
        RET
K300：  JNB    BS0，K301        ；是正转
        CLR    BS0              ；原来是反转，改变转向
K301：  RET
K400：  JB     BS0，K401        ；是反转
        SETB   BS0              ；原来是正转，改变转向
K401：  RET
；正转子程序，正顺序送驱动码
DJZX：  MOV    A，R2            ；取状态
        MOV    DPTR，＃DJTAB    ；将表首址送地址指针
        MOVC   A，@A+DPTR       ；查驱动码
        ORL    P1，＃07H
        ANL    P1，A            ；送驱动码
        LCALL  DELAY0           ；延时
```

```
        INC     R2              ；指向下一个状态
        CJNE    R2，#6，DJZX    ；六拍没送完
        MOV     R2，#0
        RET
；反转子程序，反顺序送驱动码
DJFX：  MOV     A，R2
        MOV     DPTR，#DJTAB
        MOVC    A，@A+DPTR
        ORL     P1，#07H
        ANL     P1，A
        LCALL   DELAY0
        DEC     R2
        CJNE    R2，#0FFH，DJFX
        MOV     R2，#5
        RET
；延时子程序，时间越长速度越慢
DELA    Y0：
        MOV     R7，TIME
DELAY1：MOV     R6，#100
        DJNZ    R6，$
        DJNZ    R7，DELAY1
        RET
DJTAB： DB  0FEH，0FCH，0FDH，0F9H，0FBH，0FAH
        END
```

6.3.2.2　模拟量控制方式

模拟量控制方式的电路结构如图 6-27 所示。在图 6-27 中，只要调节电位器就可调节电机的速度与方向。

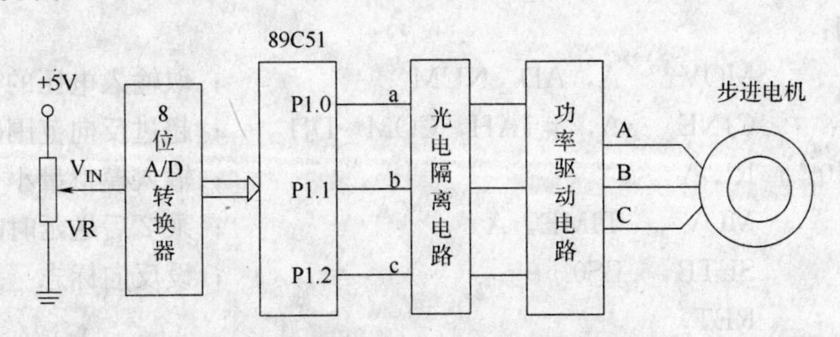

图 6-27　步进电机的模拟量控制方式

在这种控制方式中，只要读取电位器的输入电压，根据电压的大小及范围就能决定电机的转速和转向。如果 A/D 转换器的输入电压为 0～5V，可设当输入电压为 0～2.4V 时为反转，值越大速度越低；在 2.4～2.6V 之间为停止区；在 2.6～5V 之间为正转，值越

大速度越高。假设 A/D 的转换结果已保存在内部单元的 AD_NUM 内。输入模拟电压与数字量输出关系如表 6-2 所示。

表 6-2　　输入电压与输出数字量关系

输入电压	0～2.4V	2.4～2.6V	2.6～5V
数字量	00H～07AH	07BH～84H	85H～0FFH

据此可编写如下驱动程序：

```
AD_NUM      EQU     31H
BS0         BIT     20H.0
TIME        EQU     30H
            ORG     00H
            AJMP    MAIN
            ORG     30H
MAIN:       MOV     SP, #6FH
            MOV     TIME, #0FFH
            CLR     BS0
MAIN1:      LCALL AD_READ
            LCALL   COM_DJ
            JB      BS0, MAIN2
            MOV     R2, #0
            LCALL   DJZX
            AJMP    MAIN1
MAIN2:      MOV     R2, #5
            LCALL   DJFX
            AJMP    MAIN1
;输入量处理及控制程序
COM_DJ:
            MOV     A, AD_NUM               ;取输入电压的数字量
            CJNE    A, #7AH, COM_DJ1        ;超过反向范围吗
COM_DJ0:    RL A                            ;输入模拟量小于等于反向值
            MOV     TIME, A                 ;乘2后送延时时间常数单元
            SETB    BS0                     ;设反向标志
            RET
COM_DJ1:    JC      COM_DJ0                 ;小于反向范围
            CJNE    A, #84H, COM_DJ2        ;大于反向范围，再判断是停
                                            止还是正向范围
            ORL     P1, #07H                ;是停止范围内，停止
            RET
```

```
COM_DJ2:  CLR    C                    ;在正向范围内
          MOV    B,A
          MOV    A,#0FFH              ;数字量反向,以便与调速数
                                      值相对应
          SUBB   A,B
          RL     A
          MOV    TIME,A               ;送延时单元
          CLR    BS0                  ;启动正向运转
          RET
;正转子程序,正顺序送驱动码
DJZX:     MOV    A,R2                 ;取状态
          MOV    DPTR,#DJTAB          ;将表首址送地址指针
          MOVC   A,@A+DPTR            ;查驱动码
          ORL    P1,#07H
          ANL    P1,A                 ;送驱动码
          LCALL  DELAY0               ;延时
          INC    R2                   ;指向下一个状态
          CJNE   R2,#6,DJZX           ;六拍没送完
          MOV    R2,#0
          RET
;反转子程序,反顺序送驱动码
DJFX:     MOV    A,R2
          MOV    DPTR,#DJTAB
          MOVC   A,@A+DPTR
          ORL    P1,#07H
          ANL    P1,A
          LCALL  DELAY0
          DEC    R2
          CJNE   R2,#0FFH,DJFX
          MOV    R2,#5
          RET
;延时子程序,时间越长速度越慢
DELA      Y0:
          MOV    R7,TIME
DELAY1:   MOV    R6,#100
          DJNZ   R6,$
          DJNZ   R7,DELAY1
          RET
;A/D采样程序,略
```

```
AD_READ:
        M
        RET
DJTAB:  DB   0FEH, 0FCH, 0FDH, 0F9H, 0FBH, 0FAH
        END
```

参考书目

1. 曹天汉. 单片机原理与接口技术. 北京：电子工业出版社，2007
2. 王沫南，康维新. 单片机原理及应用. 北京：中国计量出版社，2003
3. 张毅刚. 单片机原理及应用. 北京：高等教育出版社，2004
4. 李朝青. 单片机原理与接口技术. 北京：北京航空航天大学出版社，2004
5. 丁元杰. 单片微机原理及应用. 北京：机械工业出版社，2004
6. 张毅刚，彭喜源. MCS-51 单片机应用设计. 哈尔滨：哈尔滨工业大学出版社，2005
7. 李广弟，朱月秀. 单片机基础. 北京：北京航空航天大学出版社，2005